服装实用技术·应用提高

大衣结构与纸样设计

孙晓宇　编著

中国纺织出版社

内 容 提 要

大衣的各种结构造型在空间中表现出不同的轮廓形态，本书依据作者多年实践经验，在16款男、女大衣中，重点讲解大衣结构理论及结构绘制方法，将实用性与学习性结合，使读者可以举一反三，掌握大衣的结构设计原理，并完成纸样设计。

书中详尽绘制了大衣造型过程中的每个步骤，并配以同步文字说明，可以使读者更好地理解体会每条结构线和轮廓线缝制后的成衣效果。

适用于服装专业读者与广大爱好者。

图书在版编目（CIP）数据

大衣结构与纸样设计/孙晓宇编著. —北京：中国纺织出版社，2018.1

服装实用技术·应用提高

ISBN 978-7-5180-3056-9

Ⅰ. ①大… Ⅱ. ①孙… Ⅲ. ①大衣-服装结构 ②大衣-纸样设计 Ⅳ. ①TS941.714

中国版本图书馆CIP数据核字（2016）第257753号

策划编辑：魏 萌 杨美艳 责任编辑：杨 勇 责任校对：楼旭红
责任设计：何 建 责任印制：王艳丽

中国纺织出版社出版发行
地址：北京市朝阳区百子湾东里A407号楼 邮政编码：100124
销售电话：010—67004422 传真：010—87155801
http://www.c-textilep.com
E-mail:faxing@c-textilep.com
中国纺织出版社天猫旗舰店
官方微博http://weibo.com/2119887771
北京通天印刷有限责任公司印刷 各地新华书店经销
2018年1月第1版第1次印刷
开本:787×1092 1/16 印张:15.25
字数:219千字 定价:49.80元

序 | PREFACE

大衣作为着装系统中的重要品类，其魅力是不言而喻的。大衣带给人们的不仅仅是保暖功能，更令穿着者表现出廓型的潇洒和雍容的气度。我院在建立服装设计系初期，就把《大衣设计与制作》列为重点服装实践课程之一，在教学过程中，将结构设计的基本原理、基本概念、基本方法贯穿于实际应用之中，将课程的理论科学性和技术实践性进行和谐的统一。

本书作者孙晓宇为鲁迅美术学院服装设计专业骨干教师，多年来潜心研究服装造型与结构设计，在长期的服装实践中积累总结了科学精准的服装结构制图经验与方法。作者在全国核心期刊上发表过多部学术论文与服装设计作品，至今有七项服装科研课题获得省级科研立项并取得了丰硕的研究成果，在服装结构与设计领域中取得了很好的成绩。本书共分六章，重点在第三章到第六章，制图规范严谨、各部位放量恰当，归纳了大衣在各种廓型下，结构线的不同变化和走势。此书为确保图例的准确性、结构线和数据的科学性，多年历经数次反复实践、检查、修正，不失为一本有价值的服装理论与实践书籍，也为这方面的教学提供了系统的教材。作者在撰写过程中不断完善自身建设，锲而不舍，坚持不懈，终至完成，表现出了难得的工匠精神。希望其内容能为服装设计专业学生及其服装爱好者提供结构设计方法的借鉴以及有益的实践范例。

鲁迅美术学院染服系副主任

任　绘　教授

2017年11月

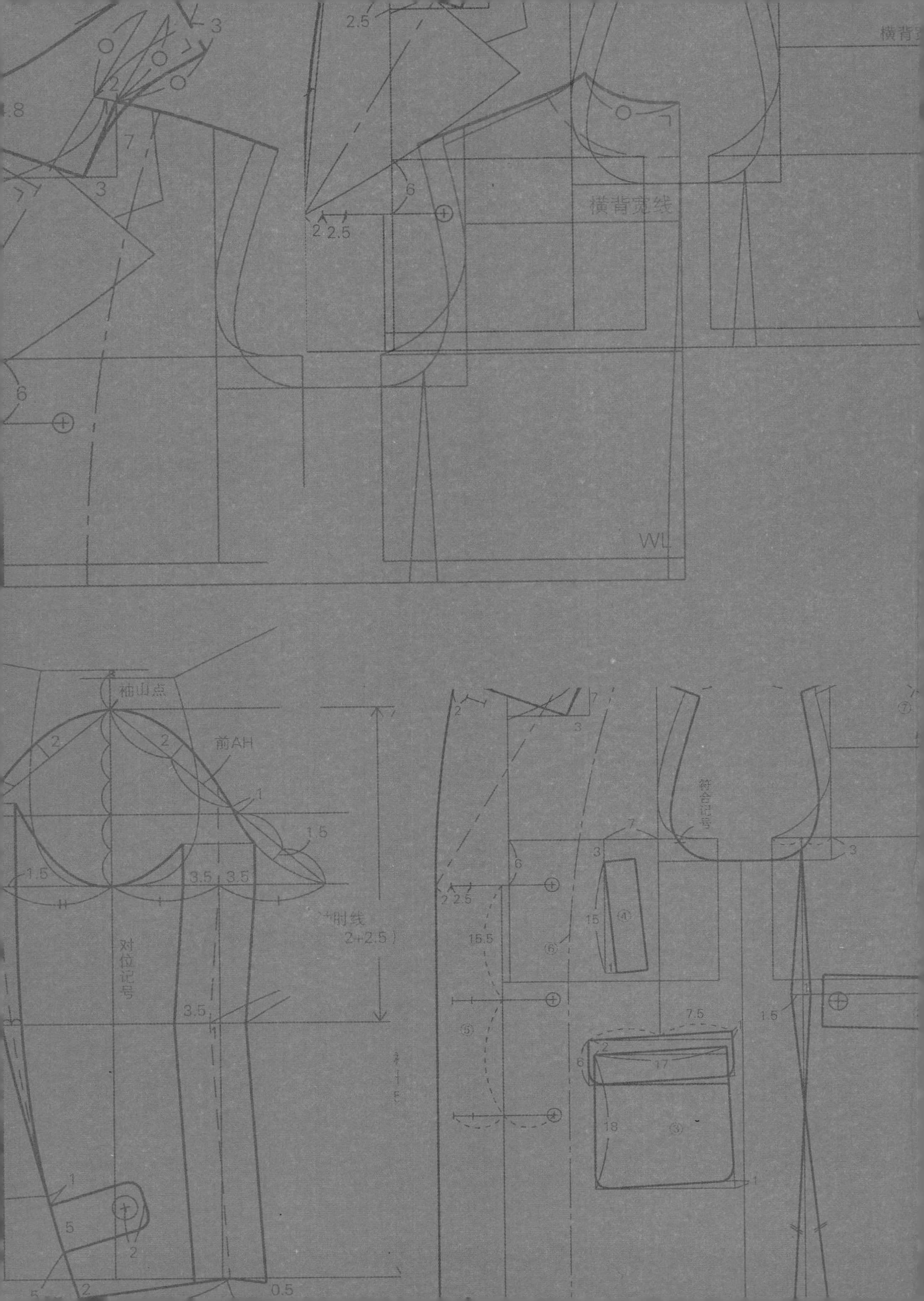
横背宽线
WL
袖山点
前AH
对位记号
符合记号

前言（FOREWORD）

服装结构设计是服装造型的关键，大衣作为服装中的品类之一，是人们日常生活中的常用服装品种，但它的结构、形态和造型却具有特殊性。笔者在三十余年的服装实践以及教学过程中，深刻认识到理解与掌握大衣结构设计，可以很好地促进学生提升和把握整体服装造型的能力。大衣结构设计与制作课程已被很多高等服装教育专业设置为实践训练课程之一，此课程的特点也符合艺术院校倡导的艺术与技术结合、理论与实践结合的教学理念，并在教学过程中发挥着重要作用。

本书充分研究和总结了大衣各种结构造型在空间中表现出的不同轮廓形态，针对学生在学习过程中所遇到的实际问题，结合教学中的实践情况，重点讲解大衣结构的绘制方法。其目的在于为学习服装的学生和服装爱好者提供一些参考以及提高服装专业教学课程的质量。

在制图过程中需要立体思维与平面思维并用，再由平面结构制图设计转化为立体服装形态，通过这样一个抽象思维的过程，来塑造大衣的空间形态。本书以原型制图为主线，运用图解的方式讲述，直观明了。女大衣部分以日本女装文化式新原型（第八代）为理论基础进行结构制图，但在立领女大衣和覆肩式女大衣的结构制图中采用的是第七代文化式原型，这样可以使学生了解两代原型的运用方法及其各自特点；男大衣部分运用文化式男装原型作为理论基础来完成结构制图设计。笔者在进行大衣的结构设计制图时，结合多年的实践经验，在领口深度设计、绱领线角度设计以及结构线、轮廓线走势的设计上都充分考虑到了现代审美趋势对服装造型的要求，在尺寸设定上具有一定的特点，这一点请读者在制图的时候通过实践来体会。

本书在撰写过程中得到了领导和同事的大力支持，在研究过程中遇到困难的时候大家给予了很多的帮助与配合。由于需要更全面、准确地把更多的讯息介绍给读者，在注重本书制图质量、详细介绍制图过程的同时还参考了相关学者的研究论著，以及采纳或借鉴了相关网站的图片和资讯。在此谨向这些作者和给予本书支持的人士表示衷心感谢。

孙晓宇

2017年8月

目录

CONTENTS

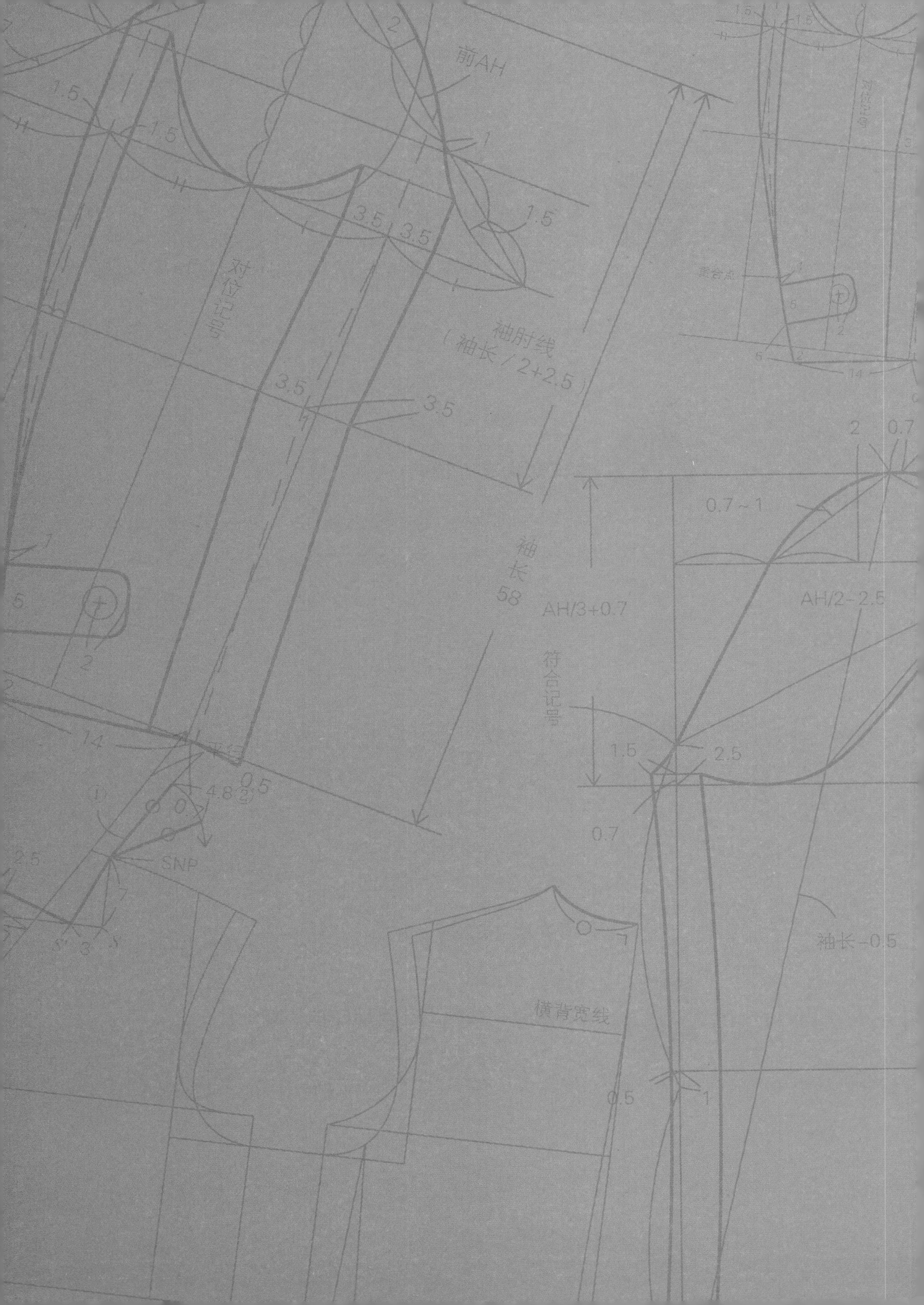

前AH
1.5
3.5
对位记号
袖肘线
（袖长/2+2.5）
袖长
58
14
4.8
0.5
SNP
2.5
AH/3+0.7
符合记号
AH/2-2.5
0.7～1
1.5
2.5
0.7
横背宽线
袖长-0.5
0.5

第一章

概 述

第一节 大衣基础知识

大衣也被称为外套，顾名思义是指穿在最外面的服装，衣长过臀的外穿服装统称为大衣，因此，广义上也包括风衣、雨衣等。它的作用是防寒、防风，有些用特殊面料制作的大衣还具有防雨、防尘的作用。大衣的款式会随着不同时期服装的流行而变化。

一、大衣的产生与发展

1. 大衣的历史

在1730年前后，欧洲上层社会男装款式中出现了男式大衣，其款式一般在腰部横向剪接，腰围合体，当时称为礼服大衣或长大衣。到19世纪20年代，大衣逐渐成为日常生活服装，衣长至膝盖下，大翻领，收腰，门襟为单排纽扣或双排纽扣。约1860年，大衣长度又变为齐膝，腰部无接缝，翻领缩小，衣领缀以丝绒或毛皮，以贴袋为主，大衣多采用粗呢面料制作。

1730年男士着装

1860年男士着装

女式大衣约于19世纪末出现，由女式羊毛长外衣发展而成，衣身较长，大翻领，收腰，大多采用天鹅绒的面料。西式大衣的样式在19世纪中期与西装同时传入中国。

19世纪中期女士着装

19世纪末期女士着装

当代大衣的服装造型逐渐简约化，着装理念也发生了显著变化，其原因是服装产业发生了显著变化，取暖设备以及汽车更普及，气候变暖还带来了暖冬现象等，因此，大衣的作用不仅有其实用性、功能性，时尚性也成为重要的因素，特别是在面料、辅料及制作方法上，当代大衣趋于合体、轻快的方向发展。

大衣作为外套，就不能不考虑里面服装的穿着因素。随着里面所穿衣服的种类不同、宽松度不同，大衣的形状也随之不同。现代男式大衣大多为直身的宽腰式，款式主要在领、袖、门襟、口袋等部位变化；女式大衣一般随流行趋势而不断变换式样，无固定格局，有的采用多块衣片组合成衣身，有的下摆呈波浪形，有的配以腰带等附件。

2. 现代大衣经典款式介绍

（1）吉尔·桑达（Jil Sander）大衣：这款简洁的外套造型呈H型，干练清爽。设计线条流畅简洁，腰围线上的分割线将视觉分成大小两部分，比例和谐。色彩以白、灰、黑三色为主角，淡雅朴实，超小的翻领、硬朗的线

吉尔·桑达

条，透露出拉夫·西蒙（Raf Simons）对于简洁风尚的理解。

（2）麦克斯蔻（MAX&CO.NATURA）2014秋冬款大衣：这款大衣造型是茧型的轮廓线。面料采用柔软的针织羊毛面料，融入了创新性的混纺纤维，传达出一种全新原创的理念，手感毛绒柔软，轻巧透气，温暖且能提供保护，呈现出奢华的质感特点。整件大衣的精湛剪裁技术，更赋予它时尚而前卫的整体感观。

（3）麦克斯蔻时尚长款大衣：大衣面料采用独特的几何复古图案，时尚感极强，超长的款式，兼具了传统大衣的功能性，同时，还能在视觉上给人舒服的感觉，更富亲和力。

（4）博柏利·珀松（Burberry Prorsum）秋冬大衣：收腰的长大衣稍带些军装的痕迹，宽挺的袖襻和腰襻，每条缝边都以皮革压制包边。搭配松软的毛衣和飘舞的收口裙是典型的新性感风格。面料的色彩运用黑色、深红色、咖啡色，充满怀旧情绪。

麦克斯蔻

麦克斯蔻

佩戴毛线帽长围巾演绎出英伦街头飘逸的奢华风。

（5）麦克斯蔻时尚大衣：大衣的款式造型为H型，灰色系的羊毛面料镶嵌着华丽的水晶石，奢华的面料立刻让大衣变成一件艺术品。

博柏利·珀松

麦克斯蔻

二、大衣的类别

大衣可以有以下几种分类方法：

1. 按衣身长度划分

大衣按衣身长度分类，可分为长、中、短三种。长度至膝盖以下，约占人体总高度5/8+7cm为长大衣；长度至膝盖或膝盖略上，约占人体总高度1/2+10cm为中长大衣；长度至臀围或臀围略下，约占人体总高度1/2为短大衣。

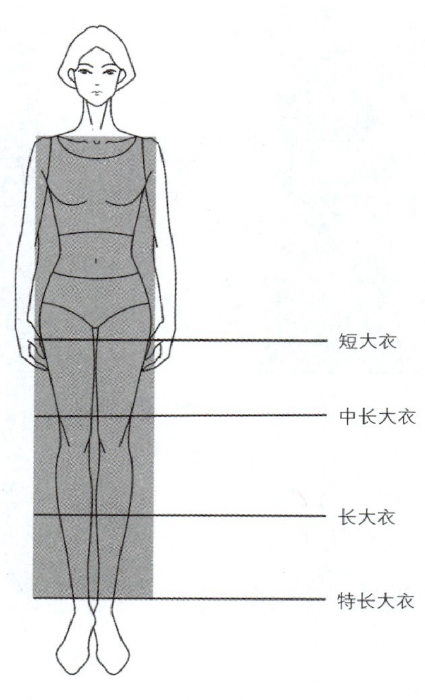

大衣长度

2．按大衣面料质地划分

大衣使用的面料很多，有用厚型呢料裁制的呢大衣；用动物毛皮裁制的裘皮大衣；用棉布作面、里料，中间絮棉的棉大衣；用皮革裁制的皮革大衣；用贡呢、马裤呢、巧克丁、华达呢等面料裁制的春秋大衣；在两层面料中间絮羽绒的羽绒大衣；还有圈圈羊毛呢大衣。大衣面料应选择具有厚实、暖和、挺括不易起皱、下垂感较好等特征的面料，这样可以免去经常熨烫的烦恼，并可以保持较好的体量感和悬垂感。

3．按用途功能划分

可以分为礼仪活动穿着的礼服大衣；防御风寒的连帽风雪大衣；兼具御寒、防雨作用的两用大衣等。

4．按轮廓造型划分

根据大衣的外轮廓变化可分为H型（筒型）、X型（束腰型）、A型、梯型、倒梯型、锥型、斗篷型等。

H型大衣

X型大衣
A型大衣
梯型大衣
斗篷型大衣

漏斗型大衣

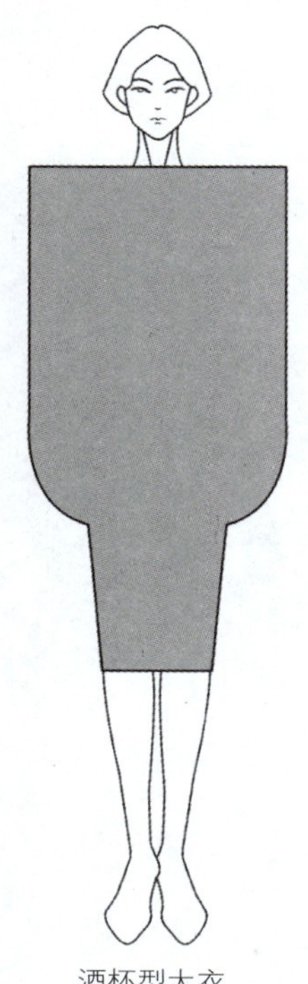
酒杯型大衣

倒梯型大衣

三、决定大衣造型变化的主要部位

大衣造型离不开人体的基本体型，因此大衣外轮廓的变化不是盲目、随心所欲的，而是依照人体的形态结构进行新颖大胆、优美适体的设计。大衣的廓型离不开支撑衣服的肩、腰、底边和围度等因素。

1. 肩部

肩是大衣造型设计中限制较多的部位，大衣设计的肩部处理无论是平肩还是耸肩，基本上都是依附肩部的形态略作变化而产生新的效果，落肩大衣所塑造的廓型具有更丰富的表达手段。

2. 腰部

腰是大衣造型中举足轻重的部位，

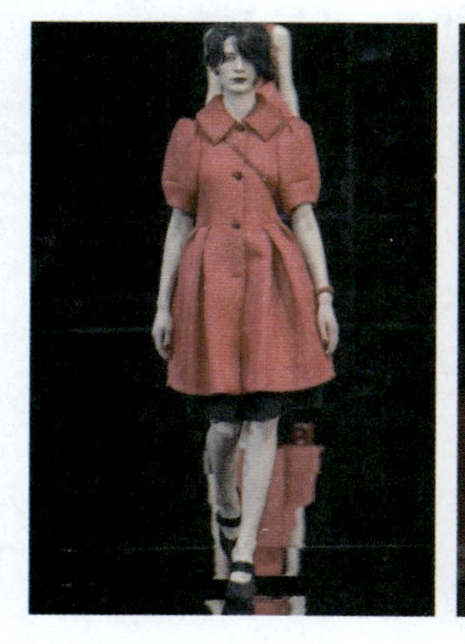

耸肩型

落肩型

变化极为丰富。腰部的形态变化大致有两种：

（1）束腰与松腰：腰部设计可归纳为X型和H型。X型即束腰，由于腰部紧束，能显示女性的窈窕身材，展现轻柔、纤细之美。H型即松腰，腰部不束，呈自由宽松形态，具有简洁、庄重之美。束腰与松腰这两种形式常交替变化，20世纪就经历两者循环出现的变换过程，而每一次变化都给当时的时尚领域带来新鲜感。

（2）腰节线的位置：大衣腰节线的位置可分为高腰、中腰、低腰，大衣上下部分长度比例的差别，使大衣呈现不同的形态与风格。从服装的发展历史看，腰节线的高低变化也具有一定的规律性。

3. 衣摆

大衣衣摆的底边线的状态，直接影响到大衣外型的比例和时代精神。底边线在形态上变化丰富，如普通的直线形底边、曲线形底边、非对称式底边等，由于底边线的变化，使大衣外形呈现多种风格。

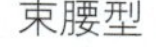

束腰型

松腰型

高腰型

低腰型

底边变化

四、大衣常见领型与袖型

1. 领子造型

服装的领型是最富于变化的一个部件，由于领子的形状、大小、高低、翻折线等不同，形成了各具特色的服装款式，有时甚至能引导一种流行时尚，举例四种类型：

（1）立领：立领是一种没有翻领只有领座的领型。领座造型可分为三种形式：一种是竖直式立领，领座紧贴颈部周围；另一种为倾斜式立领，领座与颈部有一定倾斜距离，比竖直式立领稍宽松，倾斜式立领也可采用与衣片连裁的式样，造型简练别致；最后一种是卷领，则是一种感觉柔和的立领，它将布料斜裁，形成流畅、松软的领子造型。

（2）翻领：翻领有衬衫领、小翻领等。翻领可分为无领座、有领座和有后领座三种形式。翻领的前领角是款式变化的重点，可以设计成尖角形、方形、椭圆形、抹角形等。一些形状奇特的翻领如大翻领或波浪领等，则主要依靠领子轮廓线的造型变化而产生的。

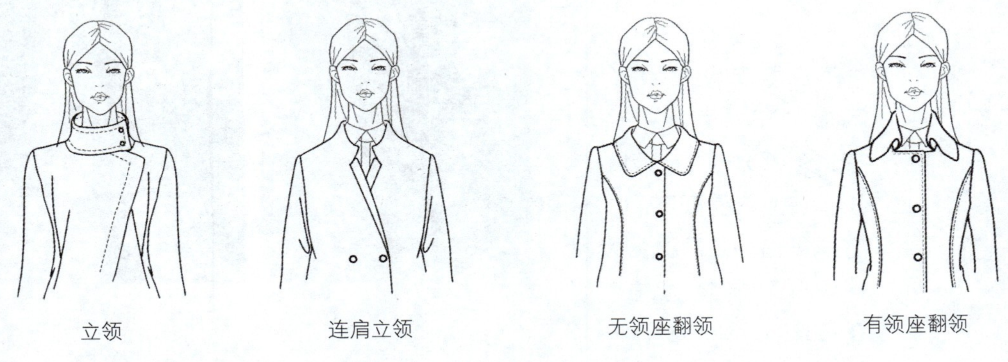
立领　　连肩立领　　无领座翻领　　有领座翻领

（3）坦领（平领）：坦领是平展贴肩的领型，一般领座不高于1cm。

（4）驳领：驳领是前门襟V字型的领型，它是由领座、翻领和驳头三部分组成的，如常见的西服领、青果领等。

平领　　平领　　西服领　　青果领

2. 袖子造型

袖型的分类方法较多。按袖片的数目多少可分为一片袖、两片袖、三片袖和多片袖；按袖子装接方法不同可分为装袖、插肩袖、连肩袖和组合袖等。

第二节

大衣结构设计课程的教学目的与教学任务

一、大衣结构设计课程的教学目的

课程目的之一是通过理论教学和实践操作的基本训练，使学生能够系统地掌握大衣的构成原理，学生应重点掌握以下几点：

（1）熟悉人体体表特征部位与服装结构中点、线、面的关系；性别、年龄、体型的差异与服装结构的关系；成衣规格的制定方法和表达形式。

（2）理解服装结构与人体曲面的关系，掌握服装适合人体曲面的各种结构处理方法；相关结构线的吻合以及整体结构的平衡；服装细部与整体之间形态、数量的匹配关系。

（3）掌握基础纸样的构成方法，应用服装原型进行大衣结构制板。经过反复实践，把握好内结构线与外轮廓线相辅相成的关系。

（4）培养学生分析服装效果图的结构组成、部件与整体的结构关系、各部位比例关系以及具体部位规格尺寸的综合分析能力，使其具有从款式造型到纸样结构全面的服装设计能力。

课程目的之二是了解大衣结构设计课程是服装结构实践课程的重要组成部分。

大衣结构设计课程是高等院校服装专业的专业理论课之一，也是较全面训练提高学生的实践能力的较有难度的服装课程。学生实践过程中，需要研究大衣的立体形态与平面构成之间的对应关系；装饰性与功能性的优化组合；以及结构的分解与构成规律。

大衣结构设计的理论研究和实践操作是整体服装结构设计的重要组成部分，其知识范畴涉及服装材料学、流行学、数理统计学、服装人体功能学、服装图形学、服装CAD、人体测量学、服装造型学、产品企划学、服装生产工艺学、服装卫生学等，是一门艺术和技术相互融合、理论和实践密切结合，且偏重实践操作的课程。

二、大衣结构设计课程的教学任务

1. 熟练运用服装原型进行制板

指导学生通过反复实践，掌握以原型制图方法为主线，分析原型的构成原理、变化运用，解析服装造型的构成元素以及各元素的构成原因，从立体思维分析方法入手、基于人体体型，进行款式造型的平面结构设计。

2. 大衣结构设计制图的基本流程

（1）确定大衣款式、进行款式分析；

（2）进行大衣规格设计，确定细部尺寸；

（3）选择原型（或者基础纸样）；

（4）进行大衣结构设计、纸样绘图；

（5）根据纸样对坯布样衣进行补正、纸样修正；

（6）根据修正纸样对面料样式试样进行补正、纸样修正；

（7）样衣造型的确认、样衣纸样的确定；

（8）根据系列规格的纸样推档。

第三节 大衣常用面料、辅料与用料计算方法

一、常用面料

1. 冬季大衣面料

冬季大衣常用面料有：羊绒、法兰绒、麦尔登呢、人字呢、烤花呢、雪花呢、骆驼呢、疙瘩呢、仿毛皮等。总之是织物织纹较密或比较厚重、保暖的面料。

2. 春秋两季兼用的大衣面料

春秋季大衣常用面料有：直贡呢、条绒布、柞丝绸（厚）、格呢、中厚花大呢、提花织物、涂层呢绒绸等。

3. 纯毛呢绒与化纤呢绒的区别

纯毛呢绒和化纤呢绒外观上有较明显区别。纯毛呢绒的色泽柔和发亮，而化纤呢绒的色泽则光泽较暗；纯毛呢绒的手感柔软，化纤呢绒的手感硬挺不柔和；纯毛呢绒弹性好，回复性好，而化纤呢绒的弹性则在抓紧放松后有显见的折皱痕。

4. 选择呢绒面料的方法

（1）外观：一般好的呢绒面料大衣柔软光洁，有光滑油润的感觉，在日光或较强灯光下照看，呢绒面料表面疙瘩越少越好，色泽要均匀，光彩要柔和，表面要平坦。对于哔叽、花呢、凡立丁、华达呢等精纺呢绒，呢面应平整光洁，织纹清晰整齐。

（2）触摸：不论哪种呢绒面料大衣，在触摸面料时都应有柔软、光滑而富有油润的手感，抓紧一把放开，织物应立即弹开回复原状，或稍有皱折而能逐渐自行平复。用双手稍揉搓，呢绒表面不应起毛，织物短纤维脱落越少越好。对于驼绒、长毛绒等起毛呢绒面料大衣，则要求绒头挺立平整，用手拂动不掉毛，不能有露底、秃绒、斑痕或绒头高低、疏密不匀等现象。

5. 部分呢绒面料的特点

（1）华达呢：是精纺呢绒的重要品种之一。风格特点：呢面光洁平整，不起毛，纹路清楚挺直，纱线条干均匀，手感滑糯，丰满活络，身骨弹性好，坚固耐磨。光泽自然柔和，无极光，显得较为庄严。

（2）哔叽：哔叽是精纺呢绒的传统品种。风格特点：色光柔和，手感丰厚，身骨弹性好，坚牢耐穿。

（3）花呢：花呢是精纺呢绒中品种花色最多、组织最丰富的产品。利用各种精梳的彩色纱线、花色捻线、嵌线做经纬纱，并运用平纹、斜纹、变斜或经二重等组织的变化和组合，能使呢面呈现各种条、格、小提花及颜色隐条效果。如按其重量可分薄型花呢、中厚型花呢、厚型花呢三种：

① 薄型花呢：织物重量一般在280g/m^{2}以下，常用平纹组织织造。手感滑糯又轻薄，弹性身骨好，花型美观大方，颜色艳而不俗，气质高雅。

② 中厚型花呢：织物重量一般在285～434g/m^{2}之间，有光面和毛面之分。特点是呢面光泽自然柔和，色泽丰富，鲜艳纯正，手感光滑丰厚，身骨活络有弹性。适于制作西装、套装。

③ 厚型花呢：织物重量一般在每平方米434克以上，有素色厚花呢，也有混色厚花呢等。特点是质地结实丰厚，身骨弹性好，呢面清晰，适于制作秋、冬季各种长短大衣。

（4）凡立丁：又名薄毛呢，风格特点：呢面经直纬平，色泽鲜艳匀净，光泽自然柔和，手感滑、挺、爽，活络富有弹性，具有抗皱性，纱线条干均匀，透气性能好，适于制作各类冬季套装。

（5）贡丝绵、驼丝绵：是理想的高档职业装面料，风格特点：呢面光洁细腻，手感滑挺，光泽自然柔和，结构紧密无毛羽。

（6）板司呢：是精纺毛织物中最具立体效果的职业装面料，风格特点：呢面光洁平整，织纹清晰，悬垂性好，滑糯有弹性。

派力司、哈味呢、马裤呢、麦尔登、法兰绒、大衣呢、女式呢等品类也是大衣材质的合适选择。

二、大衣常用面料的图片

1．全毛凡立丁　　2．哔叽　　3．涤毛舍味呢

4．纯毛女士呢　　5．驼丝锦　　6．开司米

7. 纯毛西服呢
8. 直贡呢
9. 纯毛麦斯林
10. 纯毛毛府绸
11. 缩绒哔叽
12. 波拉呢
13. 纯毛薄型织物
14. 花式双面华达呢
15. 粗花呢
16. 格花呢
17. 麦尔登呢
18. 皱纹呢
19. 海力斯粗花呢
20. 纯毛格花呢
21. 苔绒格呢
22. 混纺粗格呢
23. 多纳加呢
24. 格伦方格呢

25．克尔赛呢　26．海力蒙粗呢　27．千鸟格呢

28．法兰绒　29．苔毛织物　30．鼓花缎粗格呢

31．混纺格呢　32．千鸟格呢　33．弹力朱罗纱呢

34．盘花绣混纺呢　35．混纺双层织物　36．羊绒织物

37．毛结粗纺呢　38．珠绒花式大衣呢　39．珠绒花式大衣呢

40．大提花呢

三、大衣制作中常用的里料

里料是相对于面料来讲的，也是用来制作服装的材料。服装里料对人体的舒适性起到了特别的贡献。在服装大世界里，因人们个性化的需求，服装的里料五花八门，日新月异。但是从总体上来讲，优质、高档的里料，大都具有穿着舒适、吸汗透气、悬垂挺括、视觉高贵、触觉柔美等特点。

1. 里料的作用

（1）使服装穿脱滑爽方便，穿着舒适；

（2）减少面料与内衣之间的摩擦，起到保护面料的作用；

（3）增加服装的厚度，起到保暖的作用；

（4）使服装平整、挺括；

（5）提高服装档次；

（6）对于有絮料服装来说，作为絮料的夹里，可以防止絮料外露；作为皮衣的夹里，它能够使毛皮不被沾污，保持毛皮的整洁。

2. 里料的选择标准与方法

（1）里料的性能应与面料的性能相适应，这里的性能是指缩水率、耐热性能、耐洗涤、强力以及厚薄、轻重等；

（2）按照穿用的目的和面料的材质、厚度、织造方法来选择。以既轻又薄、光滑、结实、不能透出衬和缝头的里料为好。为了保持大衣的造型，有的面料需要有一定的厚度而且挺实的里料。

（3）里料的颜色一般要同面料顺色，比面料稍深一些，有时也特意选用同面料成对比色的里料，或者选用绒面、条纹、格子的里料。

3. 里料的分类及特点

（1）里料分类：服装里料种类较多，分类方法也不同，这里主要介绍以下两种分类方法。

① 按里料的加工工艺分：

活里：由某种紧固件连接在服装的贴边上，便于拆脱洗涤。

死里：固定缝制在服装上，不能拆脱。

② 按里料的使用原料分：

棉布类：如市布、粗布、条格布等。

丝绸类：如塔夫绸、花软缎、电力纺等。

化纤类：如美丽绸、涤纶塔夫绸等。

混纺交织类：如羽纱、棉/涤混纺里布等。

毛皮及毛织品类：各种毛皮及毛织物等。

（2）里料特点：由于里料原料组成的差异，形成了性能特点的不同。

① 棉布类里料：棉布里料具有较好的吸湿性、透气性和保暖性，穿着舒适，不易产生静电，强度适中，不足之处是弹性较差，不够光滑，多用于童装、夹克衫等休闲类服装。

② 丝绸类里料：真丝里料具有很好的吸湿性、透气性，质感轻盈、美观光滑，不易产生静电，穿着舒适，不足之处是强度偏低、质地不够坚牢、经纬纱易脱落，且加工缝制较困难，多用于裘皮服装、纯毛服装及真丝等高档服装。

③ 化纤类里料：化纤里料一般强度较高，结实耐磨，抗褶性能较好，具有较好的尺寸稳定性、耐霉蛀等性能，不足之处是易产生静电，服用舒适性较差，由于其价廉而广泛应用于各式中、低档服装。

④ 混纺交织类里料：这类里料的性能综合了天然纤维里料与化纤里料的特点，服用性能都有所提高，适合于中档及高档服装。

⑤ 毛皮及毛织品类里料：这类里料最大的特点是保暖性极好，穿着舒适，多应用于冬季及皮革服装。

四、大衣制作中常用的黏合衬

黏合衬是一种涂有热熔胶的衬里，是服装制作经常用到的辅料之一。黏合衬经过加温熨压附着在布料的背面，当布料需要挺括、保证一定厚度时，可以通过添加黏合衬加以体现，又或者布料太过柔软滑溜难以操作时，添加黏合衬可以使布料变得乖顺听话。

黏合衬可分为：无纺黏合衬、布质黏合衬、双面黏合衬。

1. 无纺黏合衬

是以非织造布（无纺布）为底布，相对布质黏合衬价格上比较占优势，但质量无疑略逊一筹。无纺衬适用在服装一些边边角角的位置，比如开袋、锁扣眼等。无纺黏合衬也有厚薄之分，它们的厚度会直接体现在所使用的位置，可根据需要来选择。

无纺黏合衬

2. 布质黏合衬

是以针织布或者机织布为底布，最常用的是机织布。布质黏合衬常用于作品主体或重要位置，布质黏合衬同样有软硬之分，需酌情挑选。

布质黏合衬

3. 双面黏合衬

常见的双面黏合衬薄如蝉翼，与其说是衬，不如说是胶更合适一些。通常用它来黏连固定两片布，例如在贴布时可用它将贴布黏在背景布上，操作十分方便。市场上还有整卷带状的双面黏合衬，这种黏合衬在折边或者滚边时十分有用。

双面黏合衬

五、大衣所用面料、里料、黏合衬的估算方法

1. 一件大衣所用面料的估算

（1）单排纽扣大衣：

① 无领或小领，幅宽为150cm，可采用如下计算方法：

［衣长+（10～15）cm（边和肩的缝份）］×2，例如（100+10）×2=220cm。

② 衣领较大、并采用贴袋，可采用如下计算方法：

［衣长+（20～25）cm（边和肩的缝份）］×2。

（2）双排纽扣大衣：

如领子较大，幅宽为150cm，可在估算公式上再加上袖子长度和（10～15）cm的缝份。

［衣长+（10～15）cm（边和肩的缝份）］×2+袖长+（10～15）cm（如有特殊的大贴袋还要根据贴袋的大小适当增加米数）。

（3）90cm的单幅面料计算公式为：

（衣长+10cm）×2+（袖长+10cm）×2+领宽。

遇到有倒顺毛、格子的面料就要多买些面料，格子要多加2个格份。如有特殊设计，面料的估算方法还要有变化。

2. 一件大衣所用里料和黏合衬的估算

里料：衣长+袖长+10cm。

黏合衬：衣长+（10～15）cm。

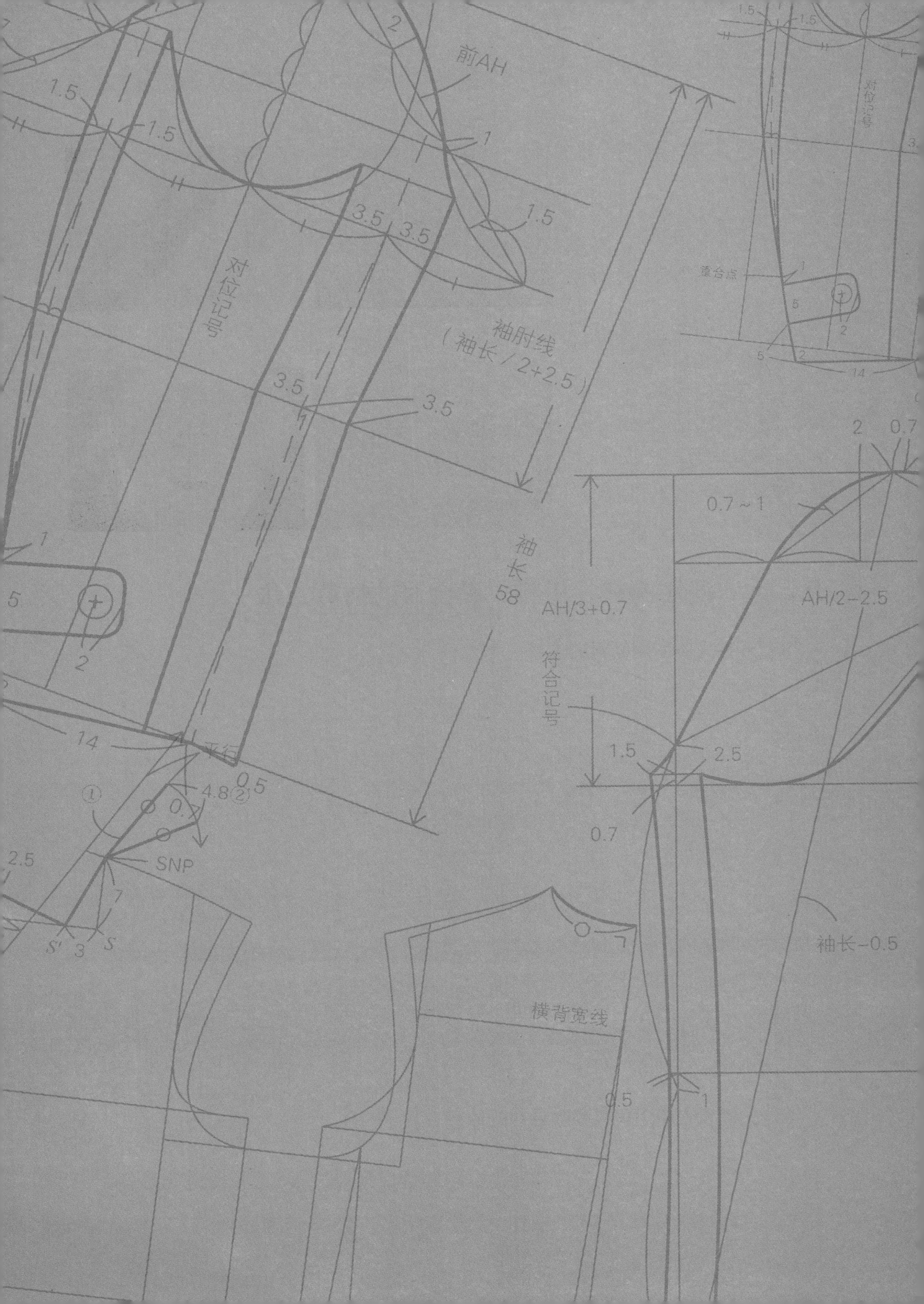

前AH
1.5
1.5
1
1.5
3.5
3.5
对位记号
袖肘线
（袖长／2+2.5）
3.5
3.5
袖长58
1
5
2
14
平行
0.5
①
4.8②
0.7
SNP
2.5
7
S'
3
S
对位记号
重合点
1
5
2
5
2
14
2
0.7
0.7～1
AH/3+0.7
AH/2−2.5
符合记号
1.5
2.5
0.7
袖长−0.5
横背宽线
0.5
1

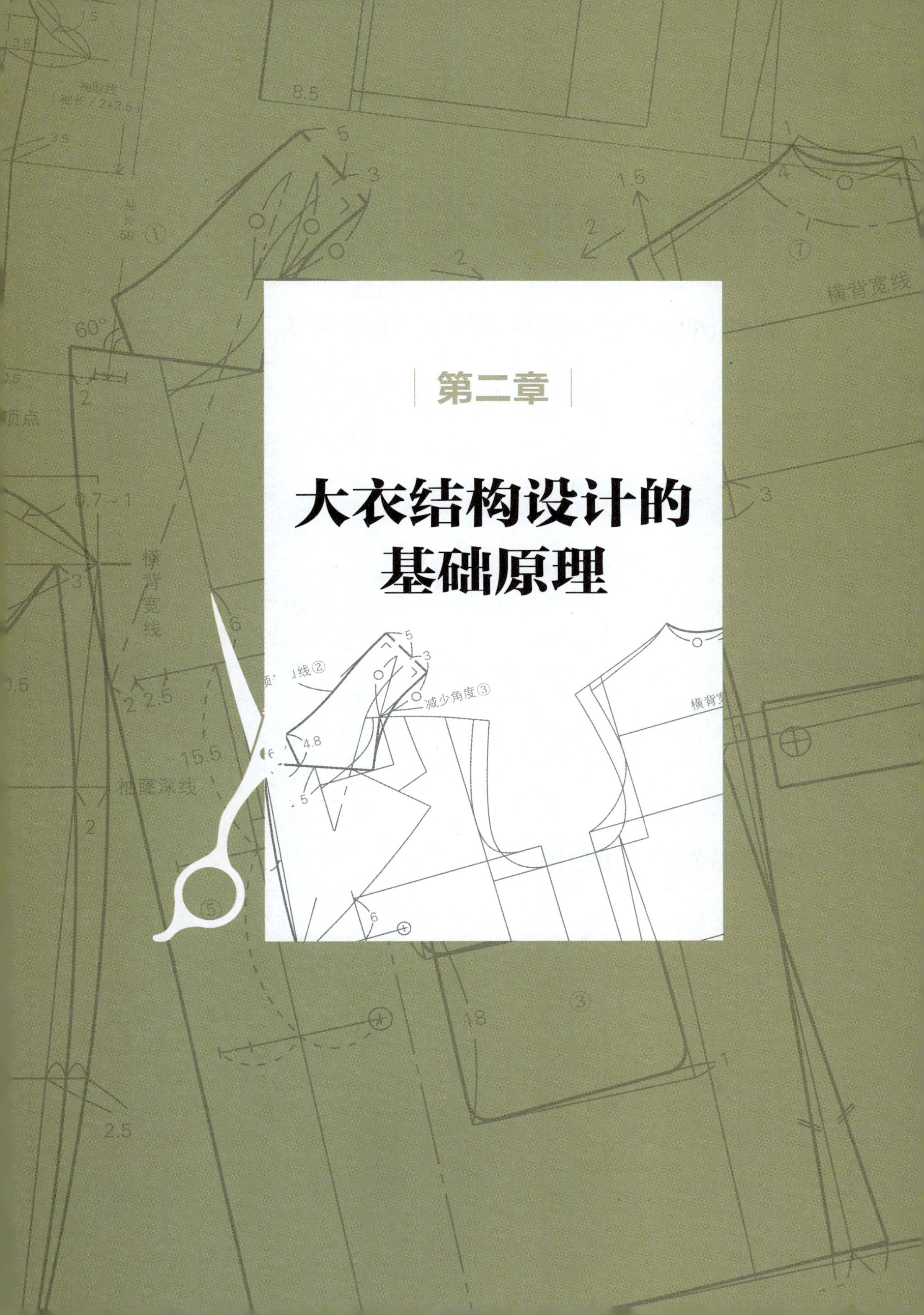

第二章

大衣结构设计的基础原理

第一节

运用原型制图的意义

一、服装原型制图是一种科学的平面裁剪方法

原型制图是以人的净尺寸数值为依据，将三维人体平面展开后加入基本放松量制成的服装基本纸样，然后以此为基础进行各种的服装款式设计，根据款式造型的需要，可在某些部位做收省、褶裥、分割、拼接等处理，按季节和穿着的需要增减放松量等。服装原型只是服装平面制图的基础，不是正式的服装裁剪图。

人体是多种曲面的集合体，人们用平面的材料通过各种方法组合成曲面去符合人体，达到贴体、舒适、美观的目的。而这平面的几何形状则是原型的基本构成形式。

原型是人体的基本型，是理想化的图形，它的形成经过了从立体到平面，又从平面到立体的实践过程。而且是在测量了许多人体部位的数值，并对数据经过科学分析和数理统计等方法后才确定的较为合理，具有代表性的量值，最后依据其量值设计一个标准化、理想化的图形，它是达到款式造型设计的基本途径与手段。

由于原型反映了正常人体外观的基本形状，应用原型进行制图，能够确保服装与人体的吻合，服装原型是承载服装变化基本功能的服装基本纸样，应用原型制图能够最大限度地进行款式变化，为服装设计师进行创造性设计、研究服装结构、将效果图有效准确的转化为服装裁剪图提供了可靠的、灵活的裁剪制图方法。

二、服装原型的应用范围

服装原型使用面广泛，适用性强，无论何种体型，只要胸围相同均可以使用同一规格的原型。而同一个人的内衣乃至外套大衣也仍可以使用同一规格的原型，只要根据相应款式的需要决定调整量的大小和形状，但调整量大小问题较难掌握，需要在实践中摸索和总结。

由于地理相邻，人体体型相近，日本文化式原型在中国得到广泛的运用。因此，日本文化式原型的每次变化都值得我们密切注意，掌握其发展变化的新趋势，并在实践应用中加以借鉴，有助于提高我们制衣行业样板设计的能力。日本文化服装学院的新文化式原型，跟以往的原型相比，尤其是与目前国内仍在使用的第七代原型相比，该原型有了显著的变化。了解其新特点，对服装结构设计具有重要意义。

本书将着重介绍运用新原型（第八代）进行大衣结构设计的方法，同时也会介绍几款运用第七代原型进行结构设计的方法。

第二节

文化式女装原型制图

本书采用文化式服装原型为制图基型，以文化式新原型（第八代）制图为主，并兼顾老原型（第七代）的应用方法。

上身原型是利用胸围和背长尺寸进行制图。女装原型的制图状态为人体的右侧着装状态。

一、新原型（第八代）文化原型

步骤1

①～⑮为衣身原型基础线的制图顺序。

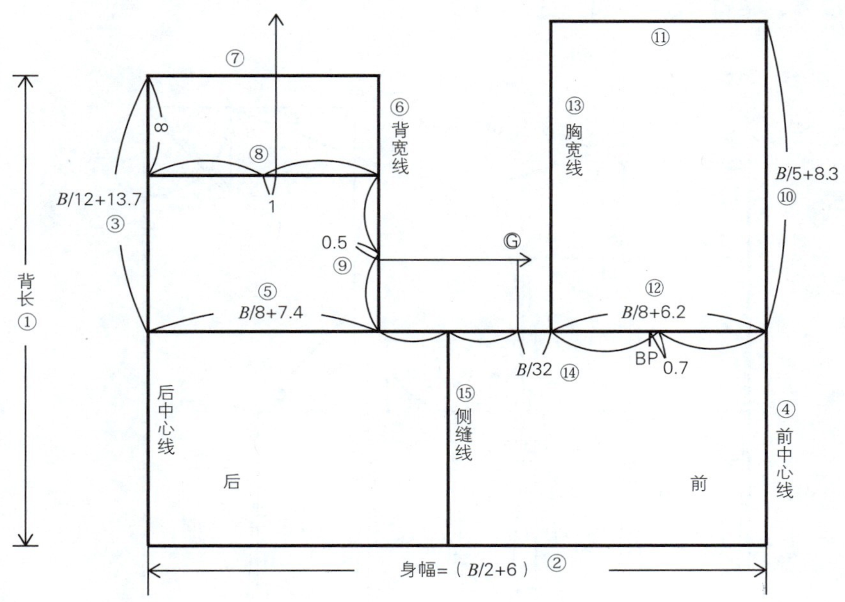

步骤2

绘制原型轮廓线。

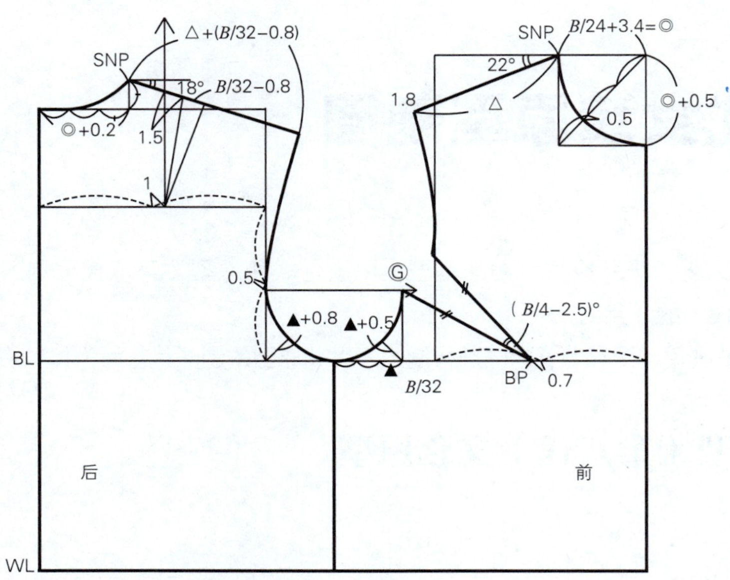

步骤3

绘制腰省，腰省大小=前后身宽−（W/2+3）。

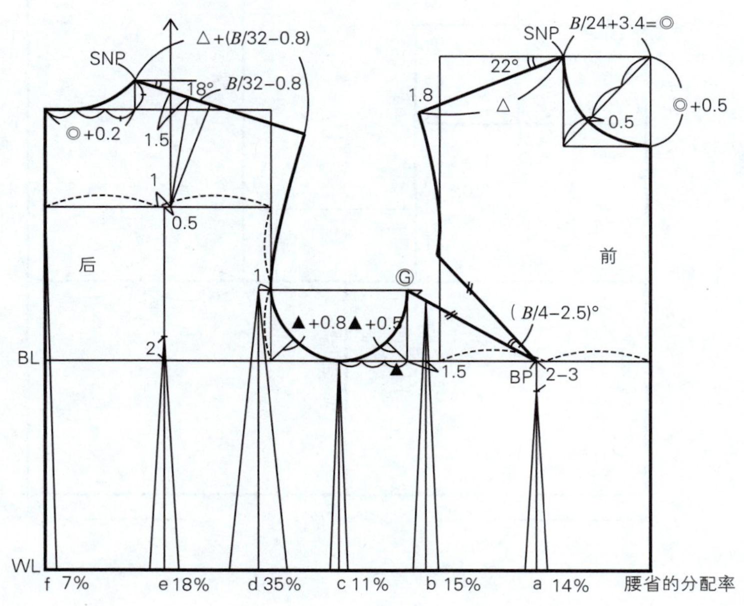

二、第七代文化原型

步骤1

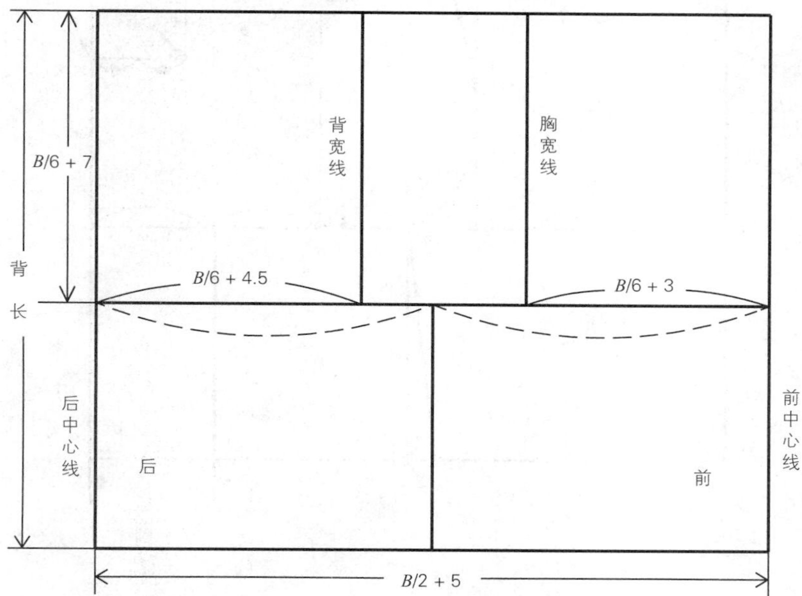

步骤2

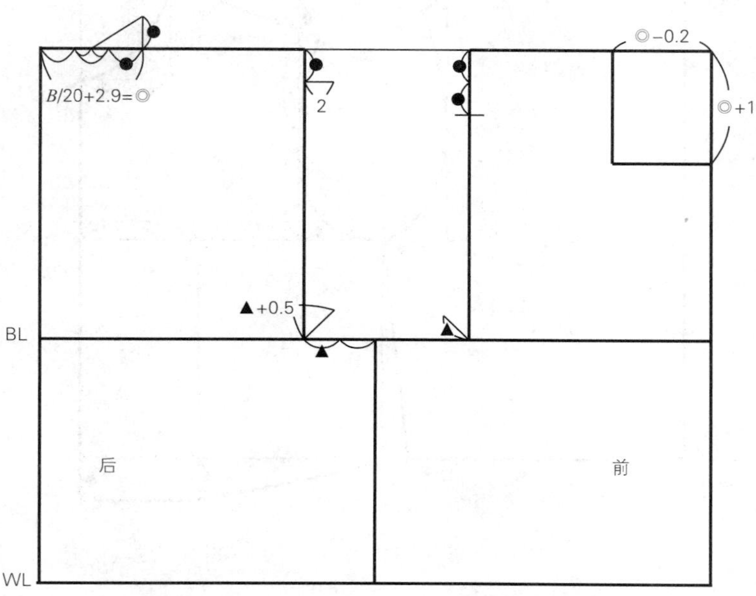

步骤3

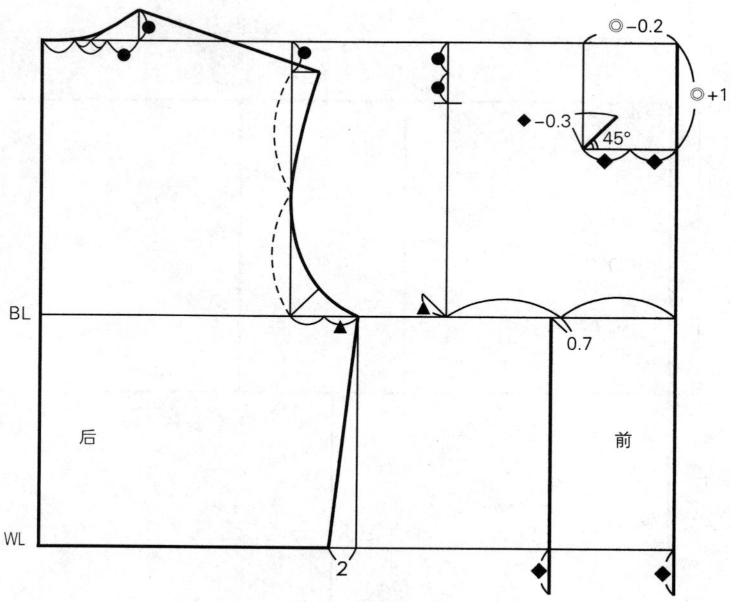

步骤4

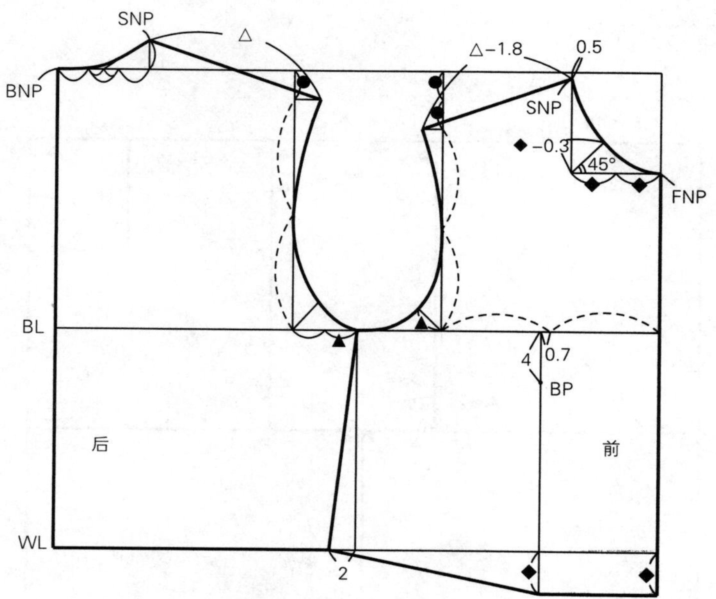

三、第八代原型与第七代原型比较

（1）在制图过程中可以明显看到，第七代原型比较简单，而第八代原型比较复杂，但两代原型制图所需要的尺寸是相同的，都只要两个尺寸，即胸围尺寸和背长尺寸。

（2）第八代原型增加了省道设计，而且将省道划分得很细，位置分配亦很合理，还依其位置的不同设计了不同的省道量，更加明显地突出了女性的人体体型，也提高了服装的造型功能。可以说，第八代原型是经过加工的原型，更接近实用。而第七代原型，仅仅提供了一个操作平台，所有一切都需要进行重新设计，虽然适用面广，但使用起来并不方便。

（3）第八代原型的前、后腰线处于同一水平线上，而不像第七代原型，前、后衣片的腰节错开了一定的量。造成这种现象的根本原因，就是两者对胸凸量的处理方法不同。第八代原型是将胸凸量在胸围线以上的部位中处理掉了，而第七代原型则是将其置于胸围线以下的部位。正是由于胸凸量处理方法不同，使得两者的使用性能发生了较大的变化。用过第七代原型的人都深有体会，胸凸量的处理比较麻烦，需要同时考虑腰节线以及和袖窿深互相配合的问题。而第八代原型，则很好地将这个问题进行了处理，将胸凸量置于胸围线上，这样，在单独考虑胸凸量的处理时，如非造型设计上需要，就不会牵涉到腰节线与袖窿深了，使得胸凸量的处理变得简单，方便了应用。

（4）第八代原型的定寸用得比较多，如其前后肩斜采用了固定的角度，使得肩斜的变化不受其他尺寸的影响。从人体结构的角度来说，这是合理的。因为，正常体型的人体，除了肩宽不同，其肩斜的角度大致是相同的。至于特殊的肩型，可在原型基础上进行补正。而第七代原型将肩斜与胸围尺寸相挂钩，从同一体型不同号型的角度考虑，人体的胸围与肩斜之间存在确定的比例关系。但对不同体型来说，这一比例关系是不相同的，特别是同一个人的身体在有胖瘦变化时，其胸围的变化是明显的，而肩斜是不会改变的。这就明确说明将肩斜与胸围联系在一起是不合理的。定寸用得较多的另一个体现是，在根据胸围来推算其他尺寸时，在公式中增大了定寸的值，相应地缩小了比例系数。

第三节

文化式男装原型制图

一、衣身原型制图

步骤1

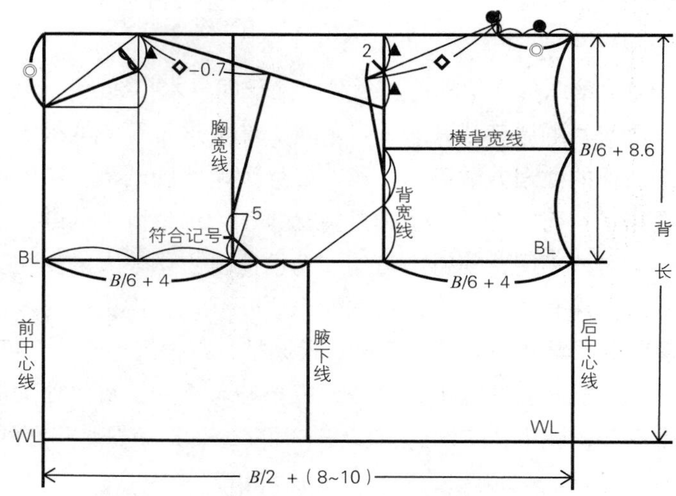

步骤2

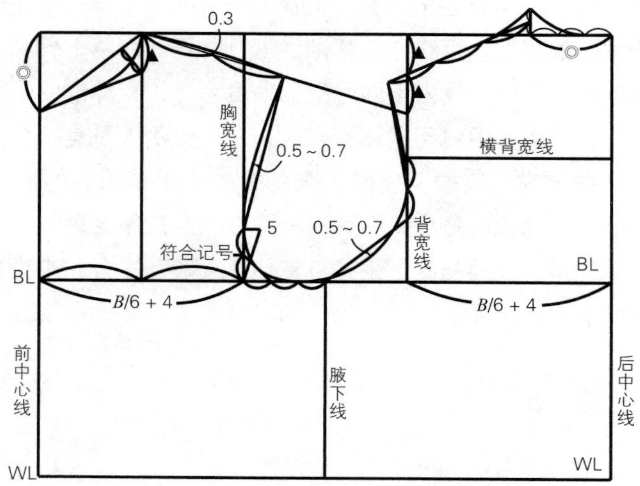

步骤3

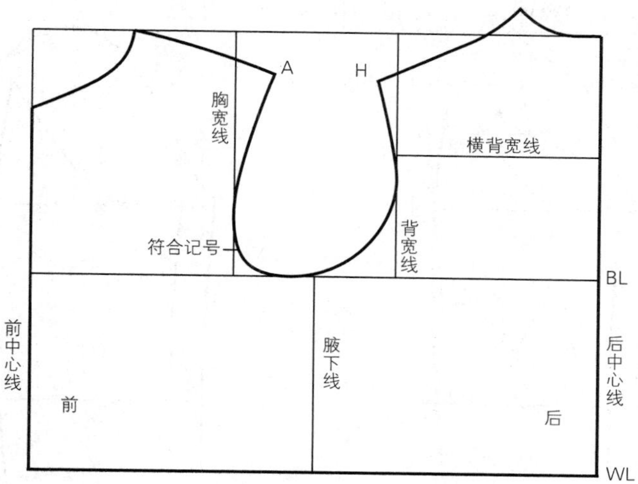

二、袖子原型制图

步骤1（首先量取AH长度）

步骤2

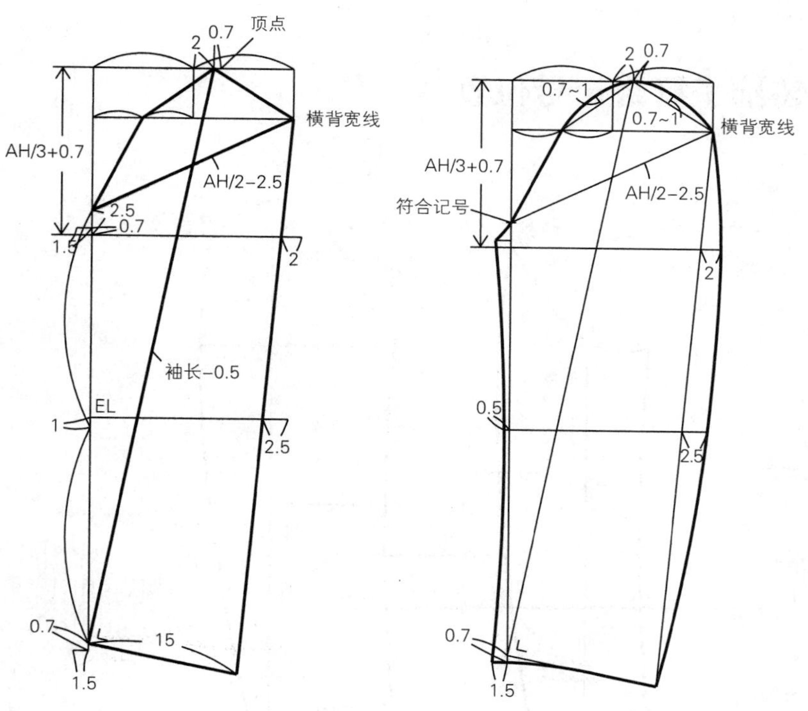

步骤3

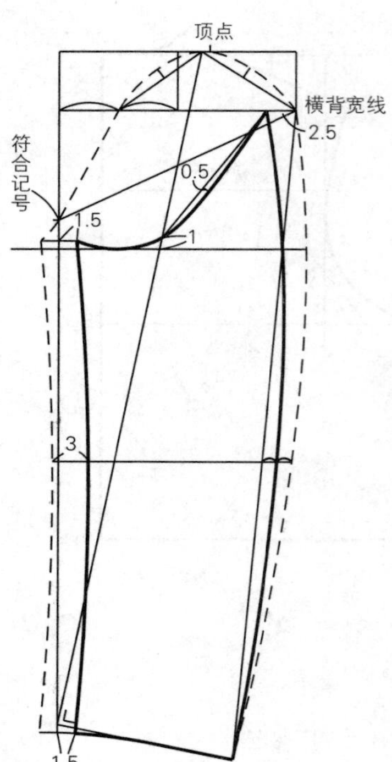

步骤4

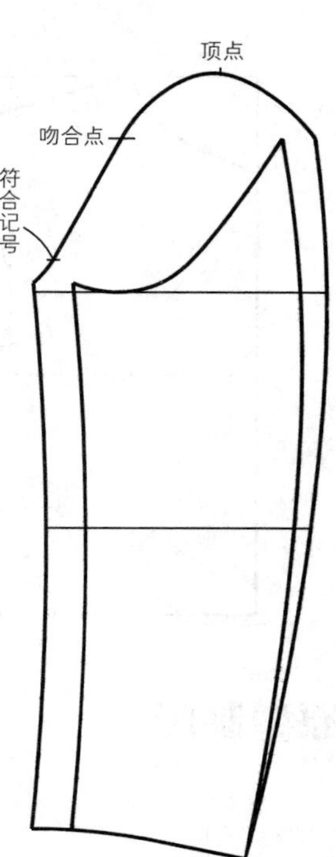

三、男装袖子符合记号位置

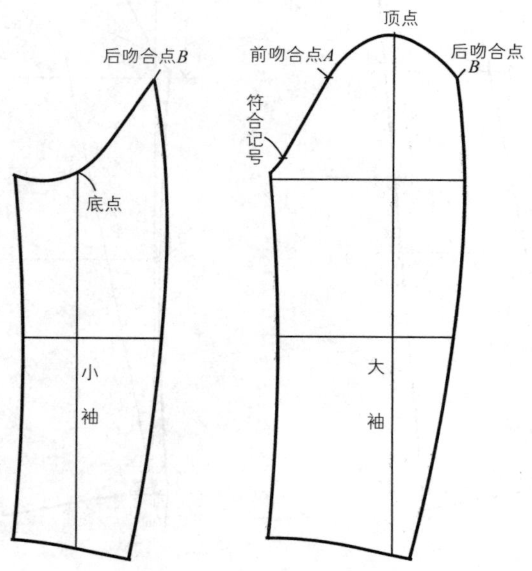

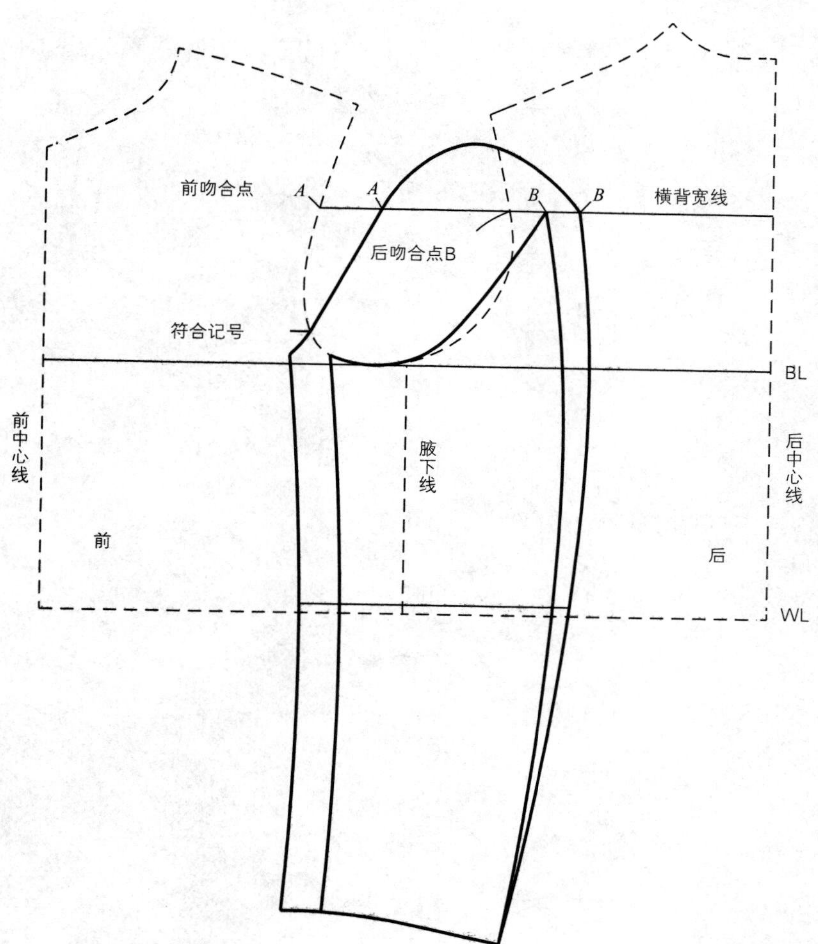
前吻合点
A
A
B
B
横背宽线
后吻合点B
符合记号
BL
前中心线
腋下线
后中心线
前
后
WL

第三章

女式长大衣

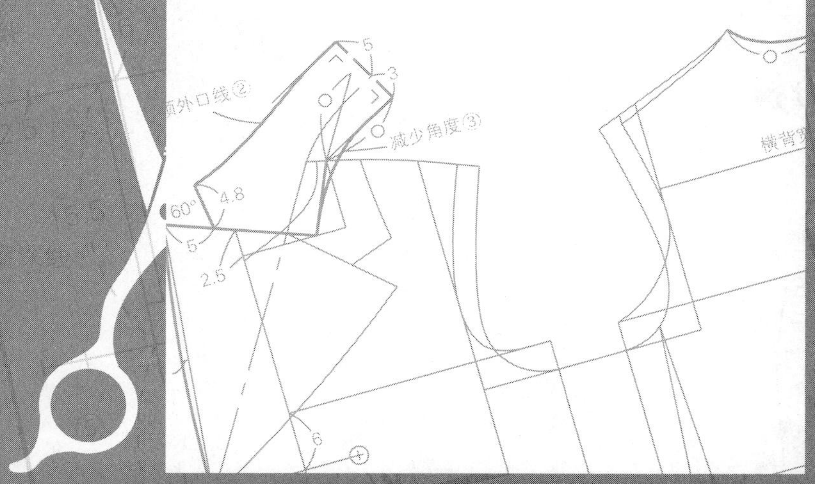

在进行女式大衣结构设计时，首先要思考并把握好大衣的特点，大衣作为外穿的服装，面料比较厚实，并且在制作过程中加黏合衬和里布，所以要注意松量的适当加放。大衣的衣身较长面料较厚重，因此对服装结构的要求应该更加考究，肩部的适当松量、腰部的收腰量分配平衡，这些都要求做到恰到好处。

其次，大衣的面料多采用毛料，可以充分利用面料可归拔的特性。归拔熨烫的运用可以提高工艺质量，但要根据面料特性设定合适的熨烫归拔量。

最后，要注意两片袖、插肩袖和连身袖的各自特点及构成要素，插肩袖和连身袖同样有直身袖和弯袖之分，构成要素以及变化特征与装袖有一些共同之处，可以结合理解掌握。

第一节 驳翻领长大衣

一、款式分析

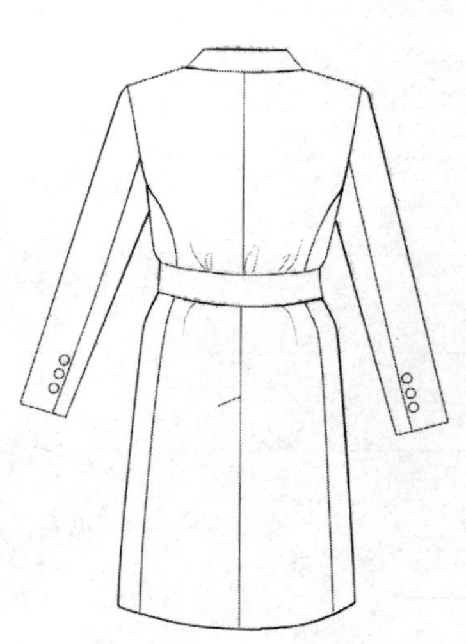

· 衣身廓型：X型，前后衣片袖窿公主线，四开身构成。
· 前衣片：公主线收腰、侧缝插袋、暗门襟，各部位加适当的放松量。
· 后衣片：后中缝、公主线收腰，后中缝臀围线下5cm处做开衩，各部位加适当的放松量。
· 衣领造型：翻驳领。
· 衣袖造型：圆装袖——两片袖、弯袖。

二、面料、里料、辅料

· 面料：幅宽150cm，长220cm。
· 里料：幅宽130cm，长200cm。
· 厚布质黏合衬：幅宽90cm，长150cm，用于前衣片、领底。
· 薄布质黏合衬：幅宽90cm，长60cm，用于侧片、贴边、领面、下摆、袖口、袋口、驳头。
· 黏合牵条：1.2cm宽斜丝牵条，用于止口、袖窿处。
· 肩垫：厚度0.7cm，一副。
· 纽扣：门襟用扣4粒（前叠门用），袖口开衩用扣6粒，直径1.5cm。

三、规格设计与结构设计流程

① 示例规格：160/84A。

单位：cm

部位	净尺寸	成品尺寸	放松量
后衣长（*L*）（BNP~底边）	101	101	—
胸围（*B*）	84	100	16
腰围（*W*）	68	80	12
臀围（*H*）	92	106	14
胸宽	33	35	2
背宽	35	37	2
肩宽（*S*）	39	40	1
背长	38	38	—
袖长（SP~腕骨）	53	56	3
袖肥	—	34	—
袖口宽（1/2）	—	13	—
前搭门宽	—	2.5	—
后领面宽	—	5	—
后领座宽	—	3	—
领口宽	—	3.8	—
袖窿底点~BL	—	1.5	—

② 准备新文化服装原型（第八代原型）。

③ 根据面料的厚度、款式造型进行主要部位放松量的设计。

④ 设计成衣胸围放松量。

⑤ 设计成衣腰围放松量。

⑥ 设计成衣衣长尺寸。

⑦ 用原型借助方法，进行制图设计。

四、制图步骤与方法

1. 原型借助

准备新文化原型：

① 根据各部位测量值使用原型作图，并根据个体的体型情况对原型做补正，以便假缝试穿时候少做一些修改。

② 与后中心线垂直画出腰围线，放置后衣片原型。在腰线（WL）同一水平线上放置前衣片原型。省道以及BP点处做出记号，通过G点做水平线Ⓖ线，该线用于袖子部分的制图。

③ 后衣片肩省量的1/2合并，剪开袖窿，分散合并省量，修正肩线、袖窿线。

④ 前衣片从前中心线的胸围线处剪开到BP点，然后在前颈点处将原型逆时针移动1cm，作为撇势量，闭合胸省。

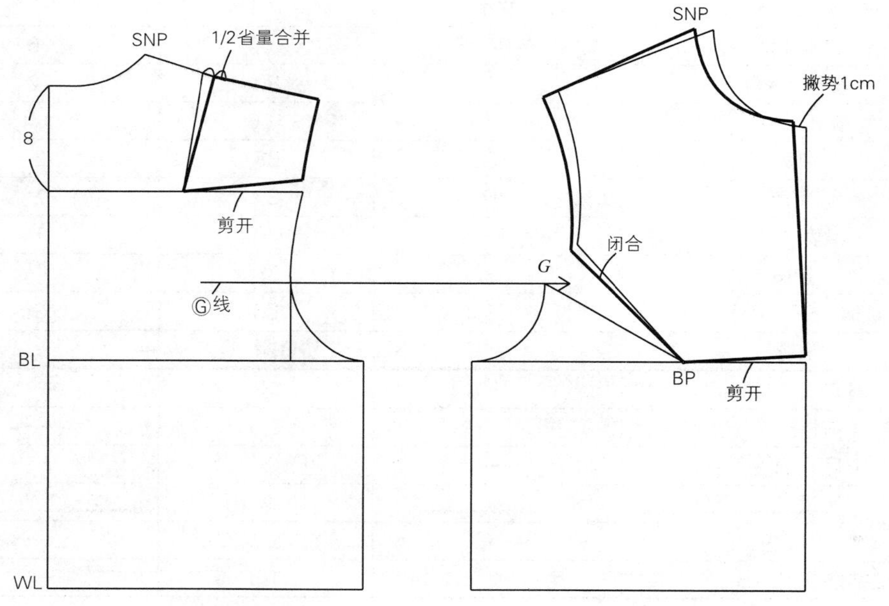

2. 衣身制图

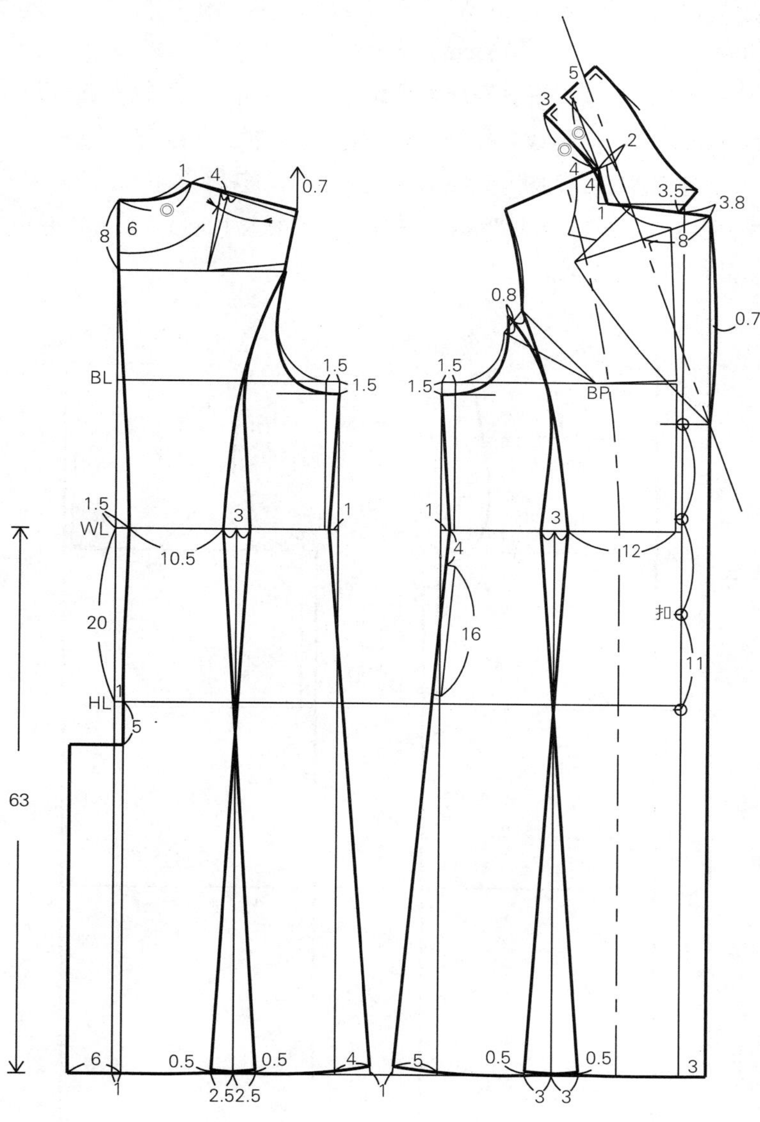
1
4
0.7
8
6
BL
1.5
1.5
1.5
WL
10.5
3
1
20
HL
1
5
63
6
1
0.5
0.5
2.5
2.5
4
1
5
3
2
4
4
1
3.5
3.8
8
0.8
0.7
1.5
1.5
BP
1
3
12
4
16
扣
11
0.5
0.5
3
3
3

3. 衣身制图步骤

步骤1

① 与前中心线平行，向右追加0.7cm做制板的前中心线，0.7cm为面料的厚度量。

② 画臀围线（HL）：从腰围线（WL）向下取20cm画出水平线，成为臀围线。

③ 画底边线：从腰围线向下取63cm，画水平线，作为底边线。

④ 画前、后衣身领弧线：后衣身原型肩颈点扩大1cm，与后领深连接领弧线；前衣身原型肩颈点扩大1cm，向下做垂线4cm，过该点画水平线相交于前中心线。

⑤ 肩线：作为垫肩量在后肩端点追加0.7cm，与新肩颈点连接，画后肩线，前肩线与原型一致。

⑥ 前、后片宽：前后衣身在胸围线上袖窿处加出松量1.5cm，后片袖窿再向下1.5cm。

⑦ 画前、后衣身袖窿弧线。

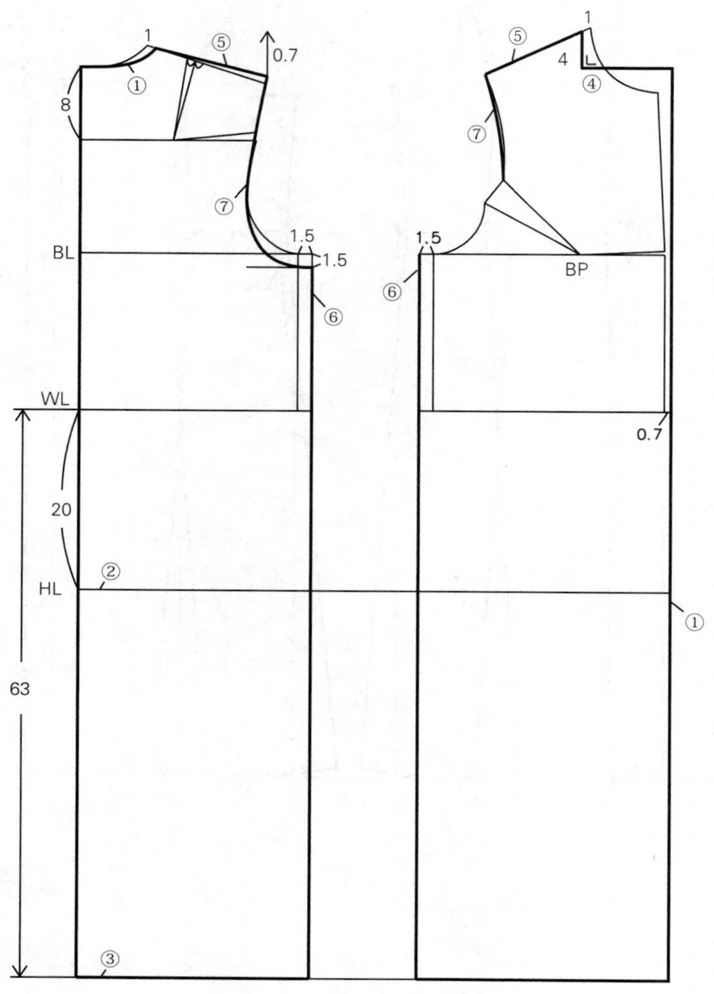

步骤2

① 后中心线：在WL线上取1.5cm背省，在HL线上取1cm，然后垂直画线到底边。

② 后刀背缝：以袖窿剪开处为起点A，到距后中心线10.5cm的WL位置点B连线，过该点向右侧取3cm，确定点C，将3cm两等分，过其中点向下画垂线，直到底边，确定点D，在底边点D处向侧缝方向撇2.5cm，确定点E，连接袖窿、WL、HL、下摆上各点，形成后片刀背缝。

③ 前刀背缝：从原型的袖窿省位置点F开始连接到WL线上距离前中心线12cm的位置点H，向左侧取3cm，确定I点，将3cm两等分，过其中点向下画垂线，定点J。在底边点J处向侧缝方向撇3cm，确定点K，连接各点成前片刀背缝。

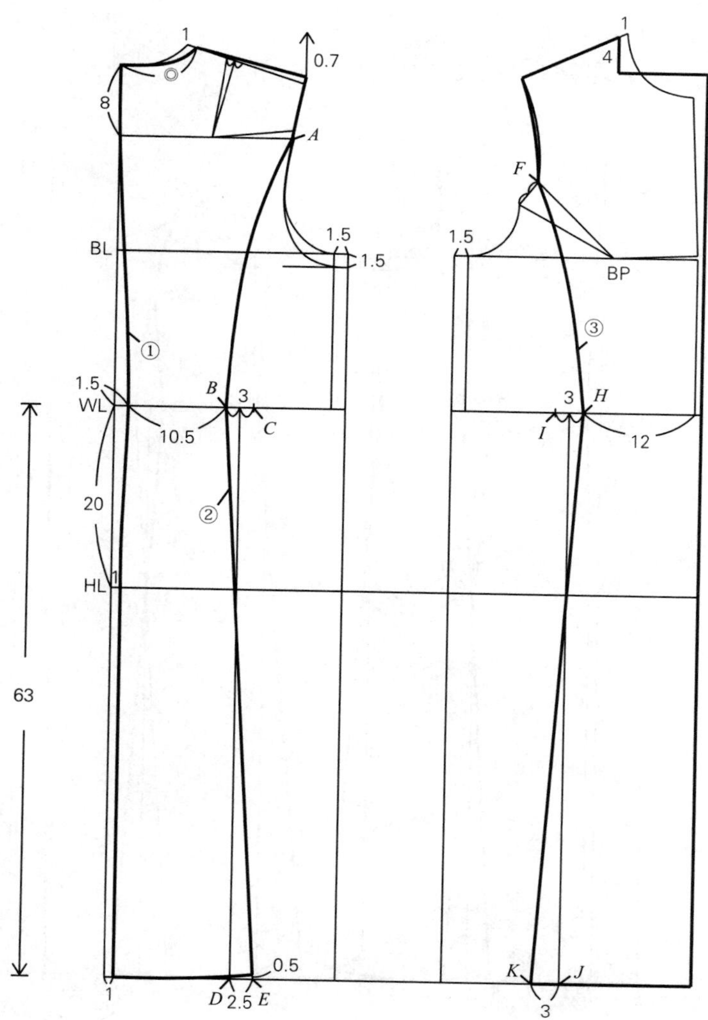

步骤3

① 后侧片刀背缝：连接*A*点（袖窿）、*C*点（WL）、*M*点（HL）、底边上的*D*点形成后侧片刀背缝。

② 画后片侧缝：从袖窿点起，曲线连接侧缝，在WL上向左1cm定点，过该点直线连接侧缝，在下摆处撇4cm定点，连接各点形成后片侧缝。

③ 前侧片刀背缝：连接*F*点（袖窿）、*I*点（WL）、*N*点（HL）、底边上的*J*点形成前侧片刀背缝。

④ 画前片侧缝：从袖窿点起，曲线连接侧缝，在WL上向右1cm定点，过该点直线连接侧缝，在下摆处撇5cm定点，连接各点形成前片侧缝。

⑤ 画前袖窿弧线：把前刀背缝合上，画顺前袖窿弧线。

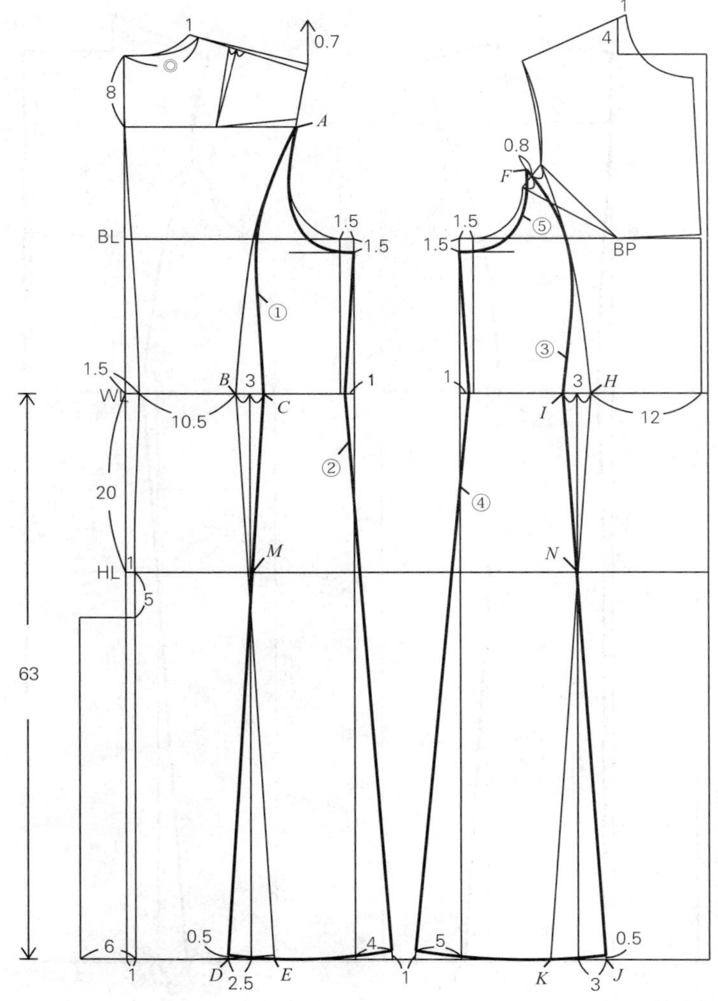

步骤4

① 绘制止口：距前中心线3cm画止口线，止口线平行于前中心线。

② 绘制领口、驳口线（翻折线）。

③ 在后中心线HL线下5cm处，做开衩。

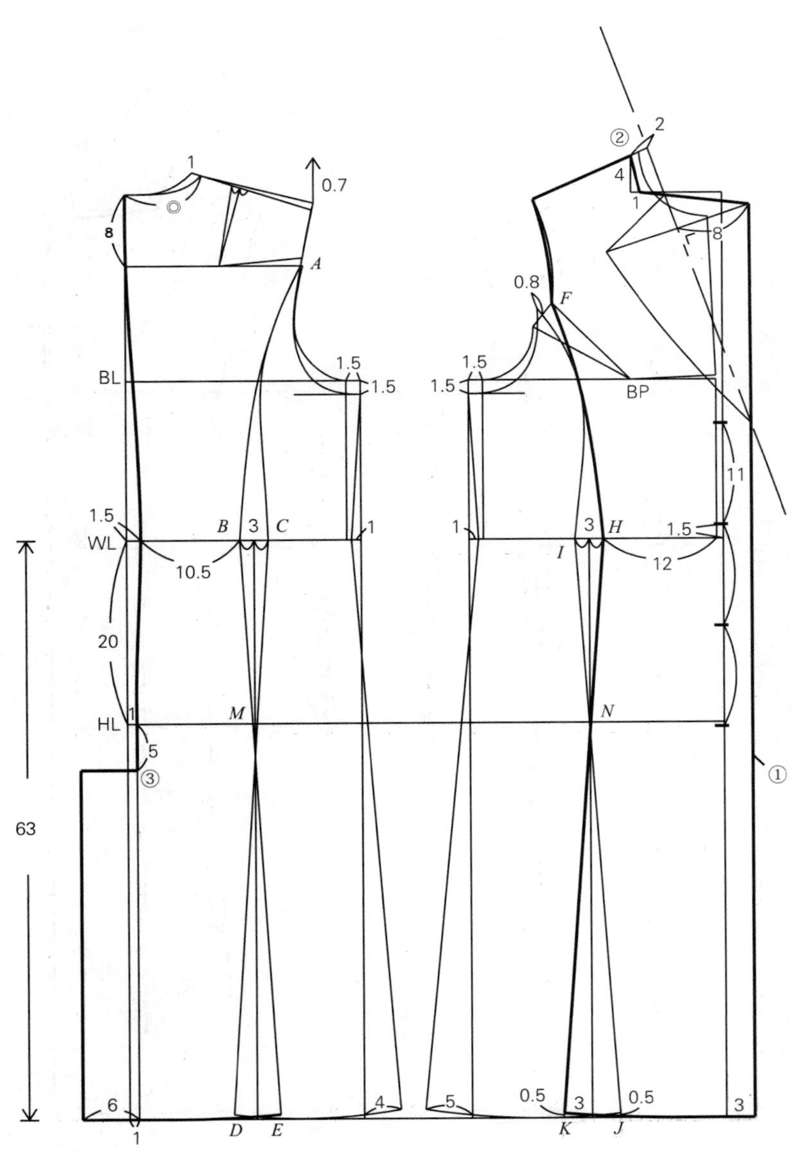

步骤5

① 确定袋口的位置：在前衣身侧缝线上ML向下4cm处为袋上口位置，袋口大16cm。

② 过面：在肩线处取4cm，在底边处取10cm，画出过面。

③ 后领贴边：在肩线处取4cm，在后中心线上从后中心点向下取6cm，画出后领贴边。

④ 画领子（领子作图，参考领子部分）。

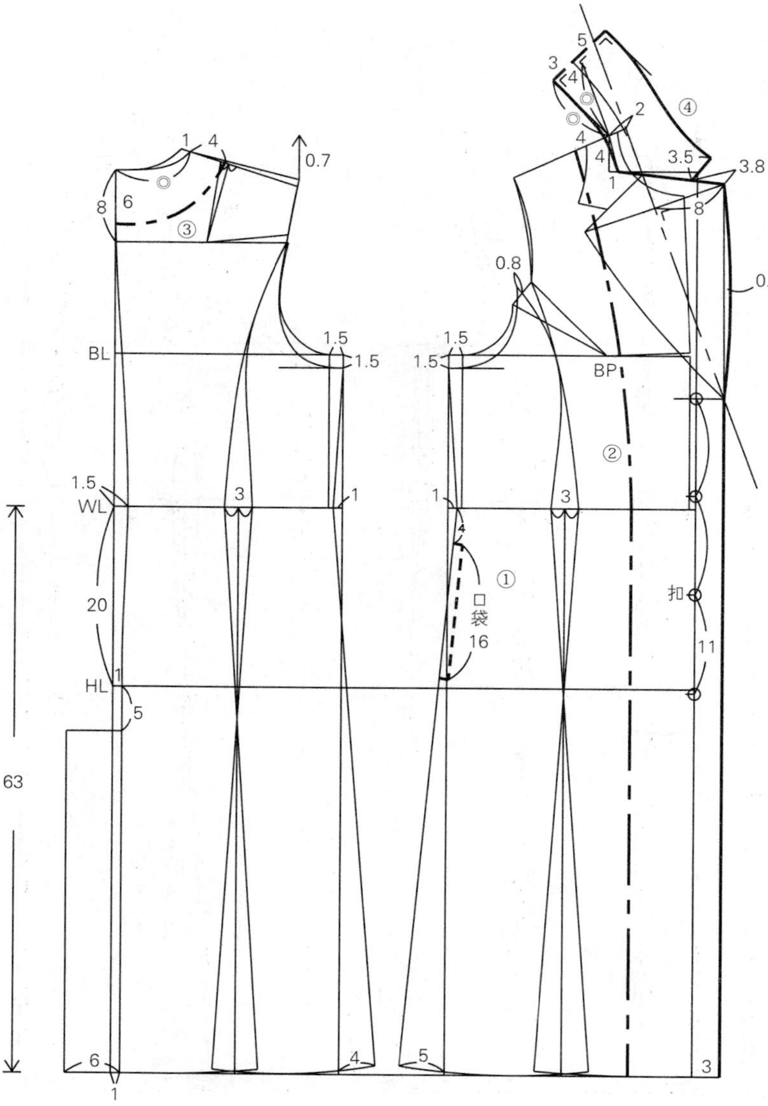

4. 衣身裁片图

衣身主体衣片包括：前片、前侧片、后片、后侧片。

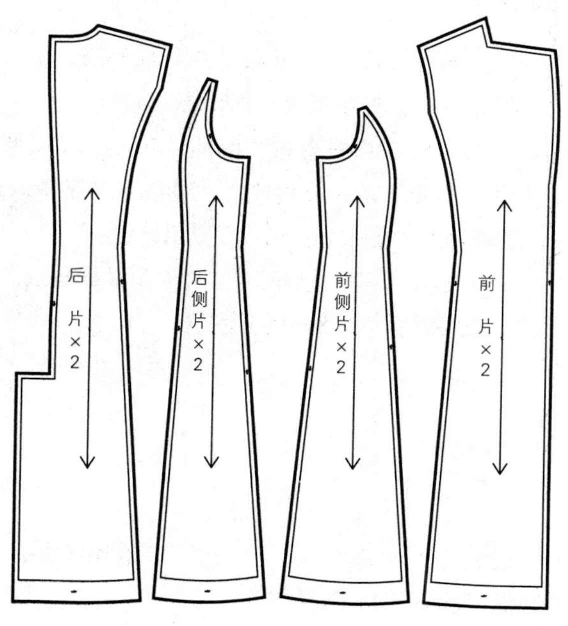

5. 零件裁片图

零件部分包括：过面、后领贴边、垫袋布。

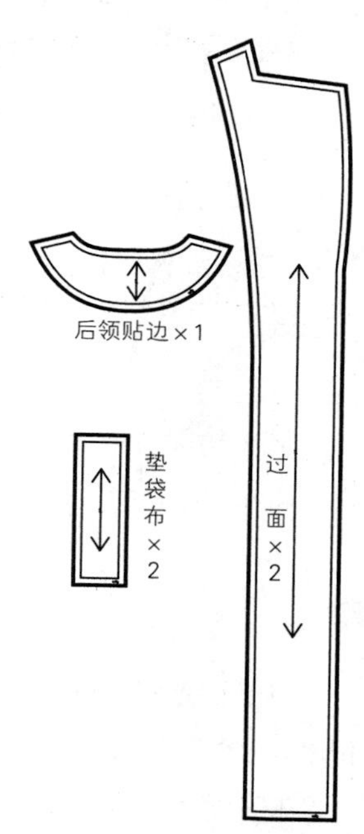

6. 领子制图

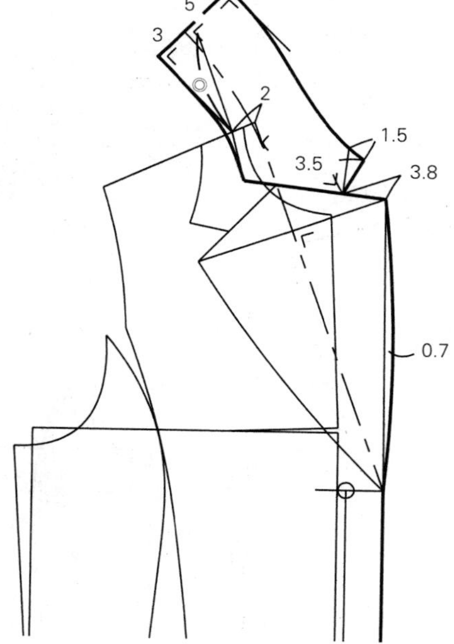

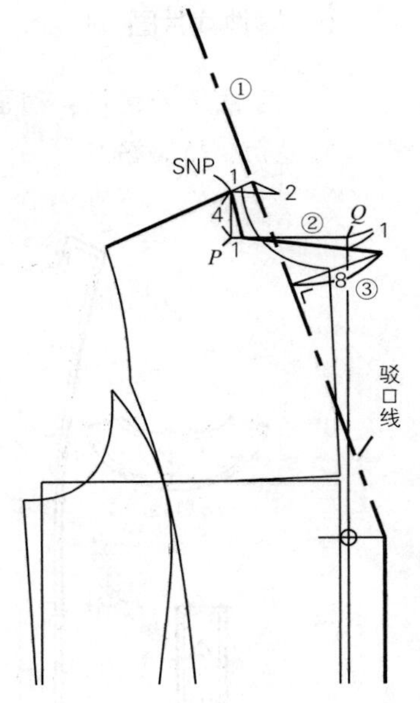

步骤 1

① 原型肩颈点扩1cm，并延长肩线2cm，即为前领底宽，与翻折点连线，画出驳口线。

② 从SNP点垂直向下4cm定点P，过P点画水平线，相交于前中心线Q点，过该点向下降1cm，与距垂线点P1cm处连线，形成串口线。

③ 画驳头宽：从串口线向驳口线画垂线，截取串口线距驳口线8cm为驳头宽。

步骤2

① 从肩颈点画出一条线与驳口线平行的线，在此线上取后领口尺寸（◎），成为绱领线。这条线比实际的领口弧线尺寸稍短，绱领时在颈侧点附近将领子稍微吃缝。

② 将绱领线倒伏4cm，这个量称为放倒尺寸（倒伏量），多出的领外口长度可以使领子服帖。

③ 连接驳口辅助线。

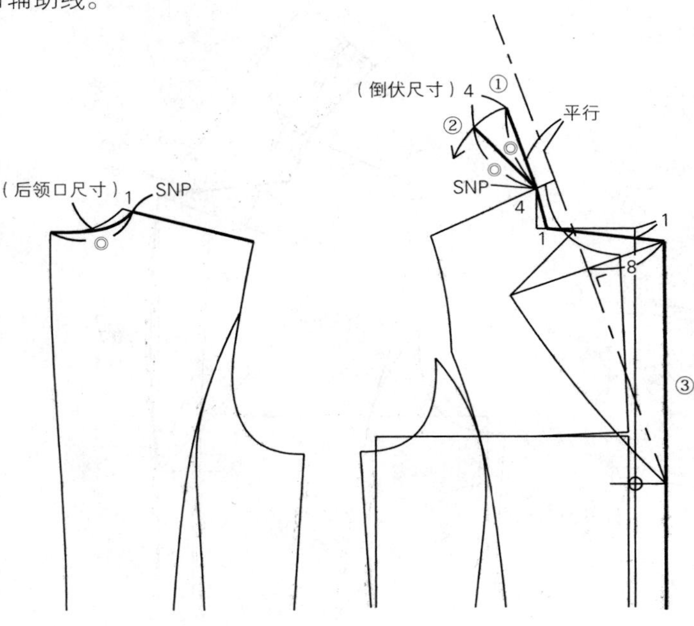

步骤3

① 在倒伏后的绱领线上画垂线，作为领后中心线；并画出底领宽3cm，翻领宽5cm。

② 在串口线上量出驳嘴宽3.8cm，并画出垂线。

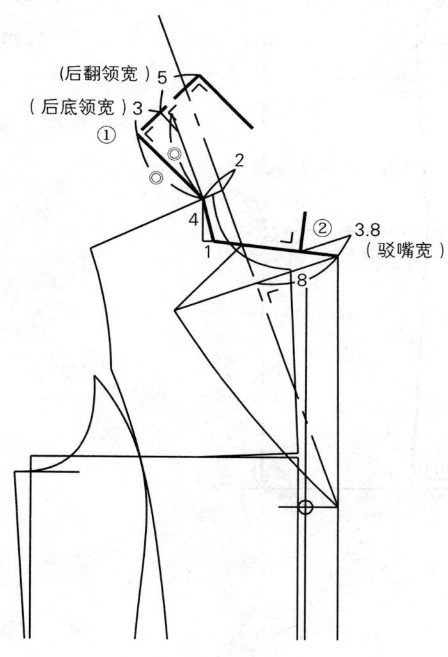

步骤4

① 在串口线上，从驳头端点沿着串口线取3.8cm，确定绱领止点，过此点画垂线，取前领宽3.5cm，向外撇1.5cm的位置是领尖点。

② 画翻领的外领口线。

③ 将绱领线和翻领线修正为圆顺的线条。

④ 画驳头止口弧线：在辅助线基础上向外0.7cm画圆顺的弧线。

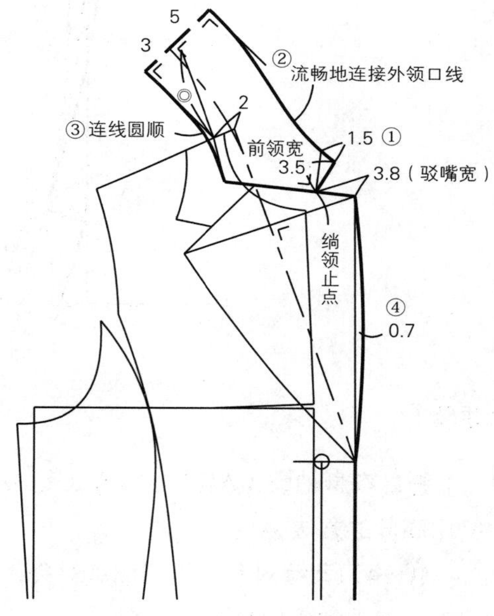

7. 领子裁片图

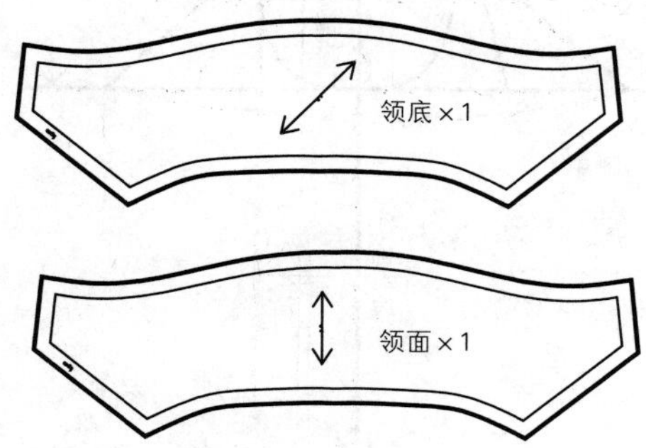

8. 袖子制图

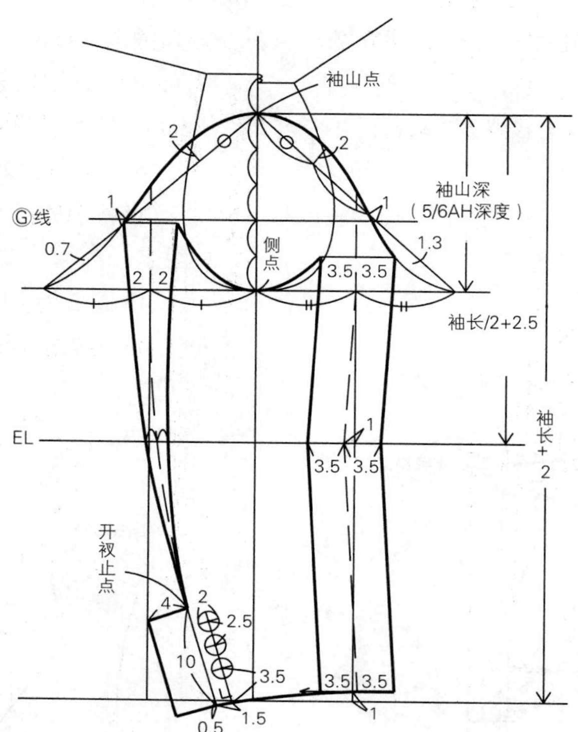

步骤1

测量衣身袖窿（AH）的深度，是决定袖山高度的方法。

① 将刀背缝对合、腋下侧点对合，画出衣身的袖窿线和Ⓖ线。

② 在袖窿底部画水平线作为袖肥线。

③ 过侧缝点引垂直线作为袖山线。

④ 测量前、后肩点到袖窿底的垂直尺寸（AH的深度），将前、后AH的深度平均，取5/6AH作为袖山的高度。

⑤ 测量前、后片袖窿的尺寸（AH长度），从袖山点量取前AH、后AH+1cm相交于袖肥线，同时确定袖肥的大小，袖肥的尺寸为：上臂围+6cm放松量比较得当。

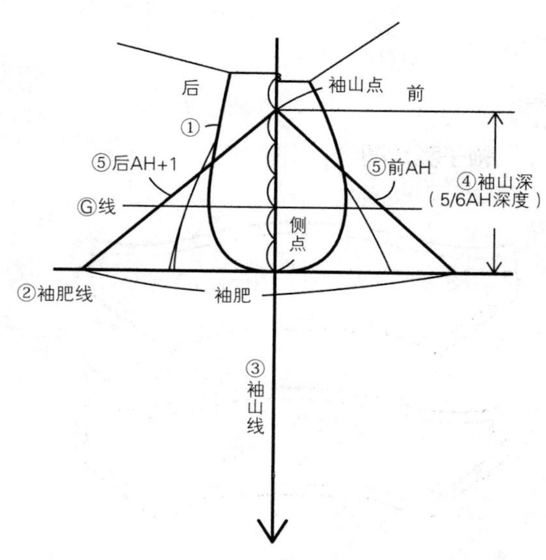

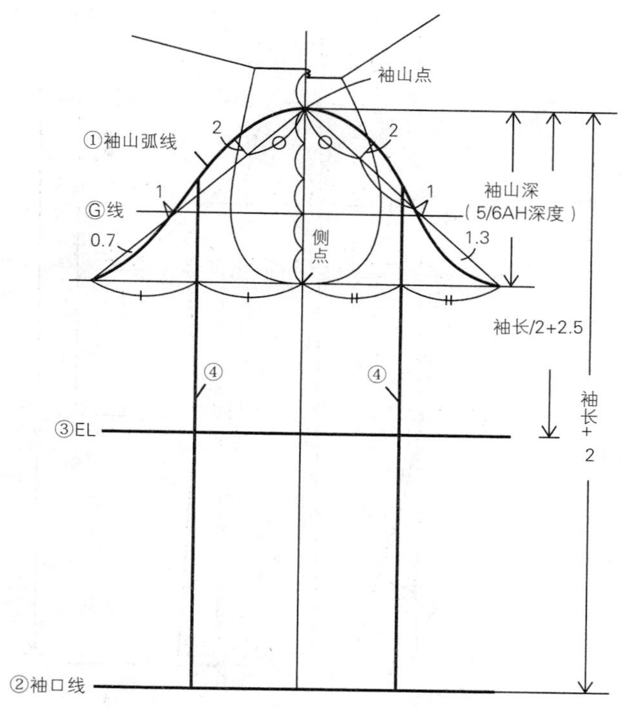

步骤2

① 确定Ⓖ线作为弯曲点的基准，画袖山弧线。

② 袖长从袖山点再加2cm，作为垫肩的厚度和由于吃缝而损失的补偿，画出袖口线水平线。

③ 画袖肘线的水平线。

④ 将前后袖肥分成2等分，并画出垂直线。

步骤3

① 画前偏袖弧线。

② 袖口尺寸设计为13cm，以前偏袖线袖口点为起点，向左量取13cm确定后偏袖线袖口点。

③ 画后偏袖弧线。

④ 后袖缝开衩10cm。

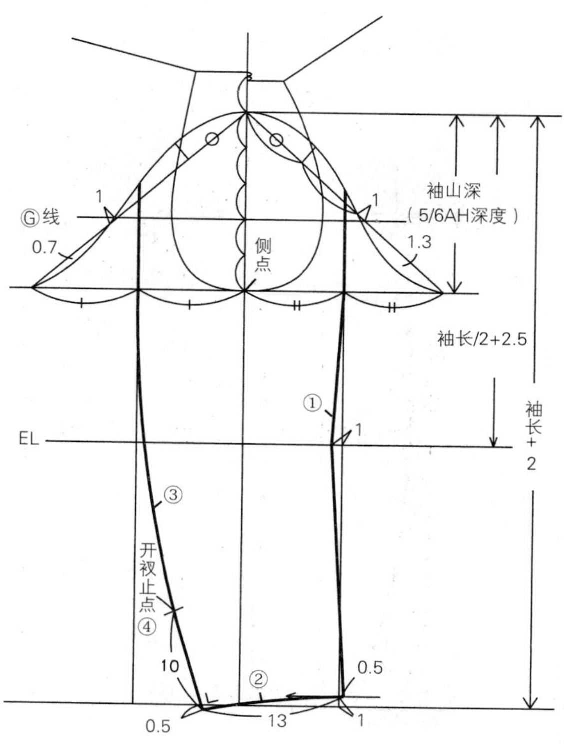

步骤4

① 大袖片内袖缝：前偏袖线向右移3.5cm上下同宽。

② 大袖片外袖缝：袖根处向左画2cm，袖肘处向左画1.2cm，在袖开衩止点结束，画出大袖片外袖缝。

③ 确定袖子开衩布宽4cm。

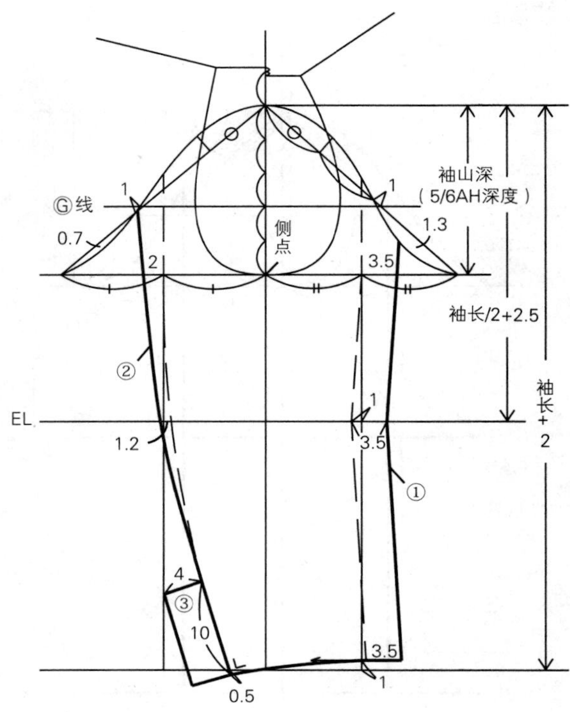

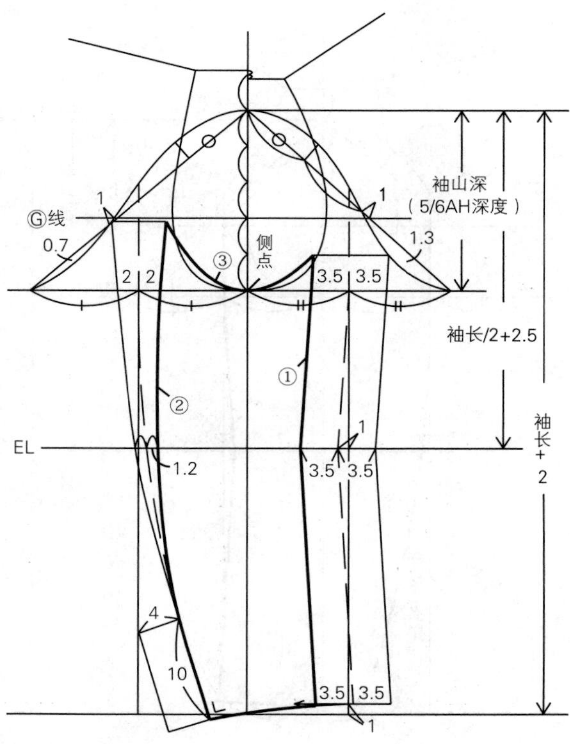

步骤5

① 小袖片内袖缝：前偏袖线向左移动3.5cm上下同宽，相交于前袖窿弧线上。

② 小袖片外袖缝：袖根处向右移动2cm，袖肘处右移1.2cm，在袖开衩止点结束，画出小袖片外袖缝，相交于外袖窿弧线上。

③ 小袖片袖窿：沿着偏袖线折叠纸样，把袖山线的下半段描绘到小袖的袖窿底部。

步骤6

最后测量袖山的吃缝量（袖山弧线与袖窿尺寸的差量），此款大衣吃缝差量应该是3.5cm左右。

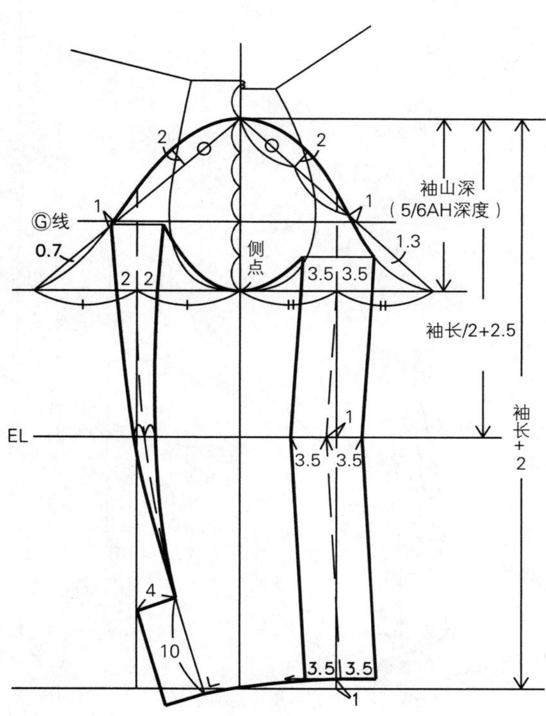

9. 袖子裁片图

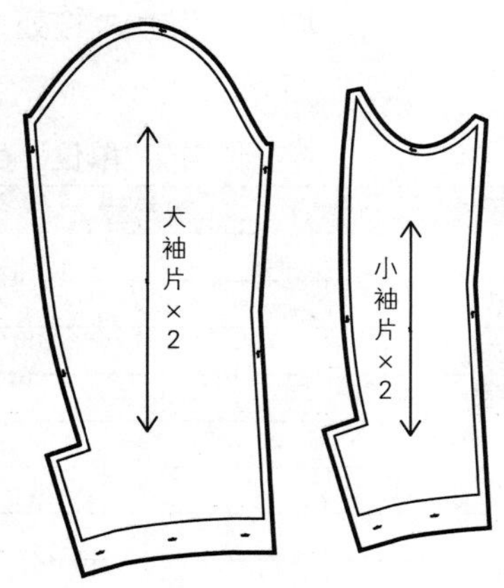

五、紧密排料图

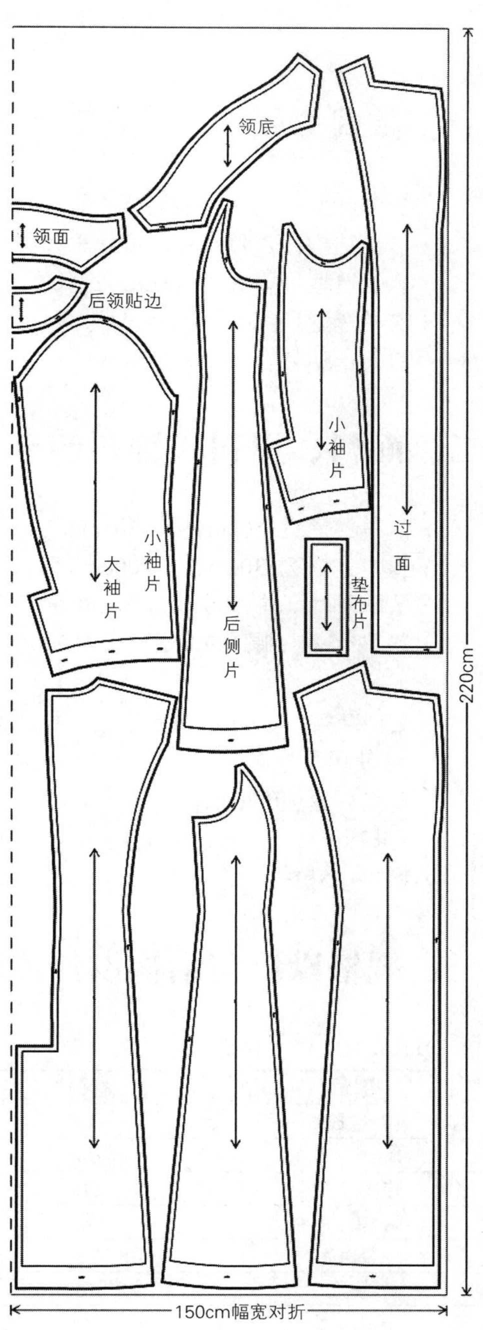

第二节
宽松式贴袋女长大衣

一、款式分析

· 衣身廓型：A型、直线条处理。
· 衣身结构：六片衣片，宽松三开身，结构可以较好地掩饰体型。
· 衣领造型：翻折领、领口方型。
· 衣袖造型：圆装袖——弯袖、两片袖。
· 口袋：贴袋、有袋盖。

二、面料、里料、辅料的准备

· 面料：幅宽150cm，长230cm。
· 里料：幅宽130cm，长200cm。
·厚黏合衬：幅宽90cm，长150cm（前身用）。
· 薄黏合衬：幅宽90cm，长110cm（零部件用）。
·黏合牵条：1.2cm宽斜丝牵条，长280cm（止口、袖窿使用）。
· 肩垫：厚度0.7cm，一副。
· 纽扣：5粒，直径2.5cm。
· 垫扣：5粒。

三、规格设计与结构设计流程

① 示例规格：160/84A

单位：cm

部位	净尺寸	成品尺寸	放松量
后衣长（L）（BNP～底边）	105	105	—
胸围（B）	84	106	22
腰围（W）	68	宽松式	—
臀围（H）	92	宽松式	—
胸宽	33	35	2
背宽	35	37	2
肩宽（S）	39	40	1
背长	38	38	—

续表

部位	净尺寸	成品尺寸	放松量
袖长（SP～腕骨）	53	56	3
袖肥	—	34	—
袖口宽（1/2）	—	14	—
前搭门宽	—	2.5	—
后领面宽	—	5.5	—
后领座宽	—	4	—
领口宽	—	10	—
袖窿底点～BL	—	1.5	—

② 准备新文化原型服装原型（第八代原型）。

③ 根据面料的厚度、款式造型进行主要部位放松量的设计。

④ 设计成衣胸围放松量。

⑤ 设计成衣腰围放松量。

⑥ 设计成衣衣长尺寸。

⑦ 用原型借助方法，进行制板设计。

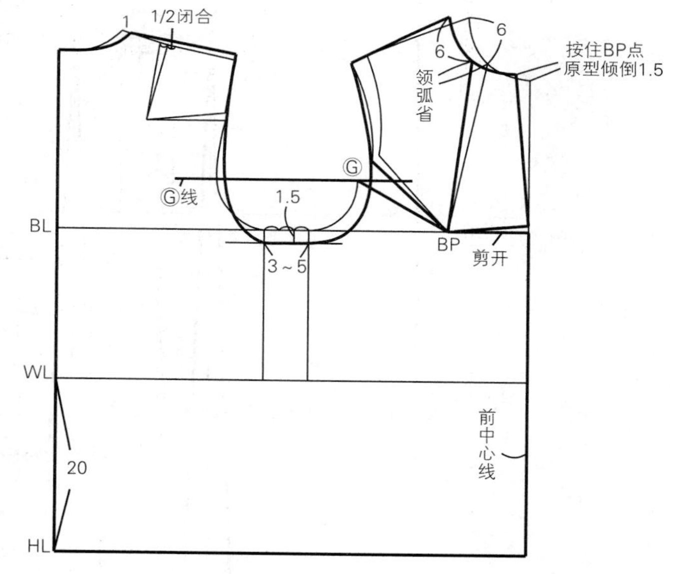

四、制图步骤与方法

1. 原型借助

准备新文化原型

① 根据各部位测量值使用原型作图，如有需要，可以根据个体的体型情况对原型做补正，以便假缝试穿时候少做一些修改。

② 与后中心线垂直画出腰围线，放置后身原型。在距离后身原型3～5cm处留出松量，放置前身原型。省道以及BP点处做出记号，通过G点做水平线，作为袖子制图部分的参照。

③ 位衣片肩省量的1/2合并，剪开袖窿，分散合并省量，修正肩线、袖窿线。

④ 前衣片从前中心线的胸围线处剪开到BP点，在前颈点处将原型逆时针移动1.5cm，作为撇势量，合并胸省量。

⑤ 在前领弧线处做领弧省。

⑥ 画出圆顺的袖窿弧线。

⑦ 在后中线处做臀围线（HL线）。从腰围线向下取20cm画出水平线，作为臀围线。

2. 衣身制图

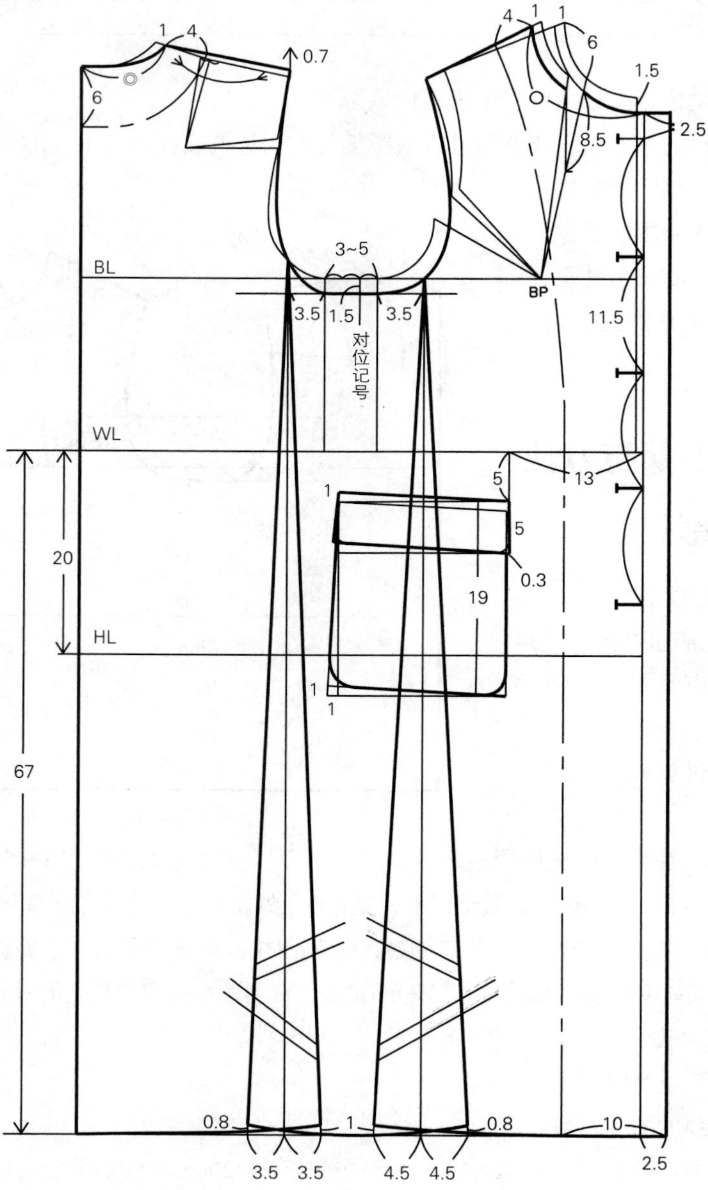

3. 衣身制图步骤

步骤1

① 胸围放松量设计。

② 衣长的设计。

③ 画出前中心线。

④ 前后领口宽扩大1cm，肩线吃势确定。

⑤ 修正袖窿弧线。

⑥ 确定前后衣身结构线位置。

⑦ 确定衣身与袖子对位记号。

注：部分具体操作步骤请参考P38的“女式长大衣”的制图详解，下文同。

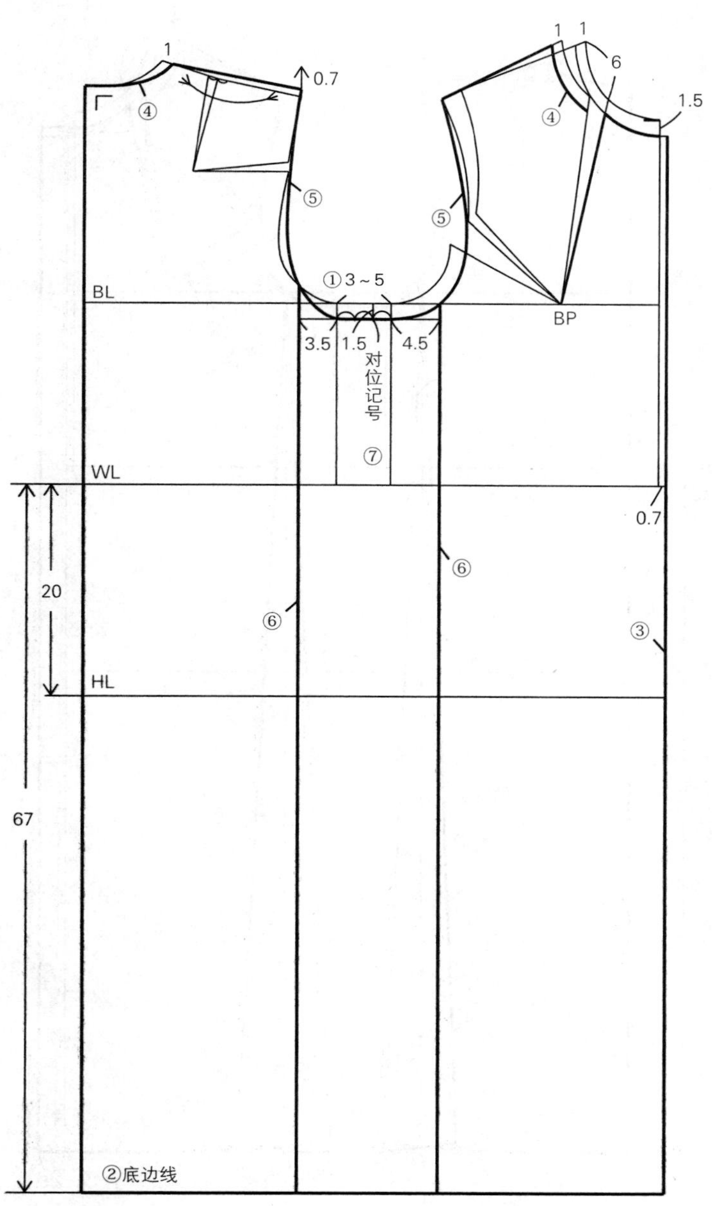

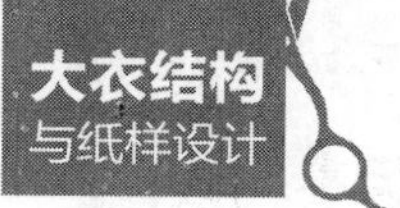

步骤2

① 止口线：画出搭门宽2.5cm。

② 确定前片侧缝线位置。

③ 确定后片侧缝线位置。

④ 确定侧片侧缝线位置。

⑤ 确定领弧省位置，省长8.5cm。

⑥ 确定前片、侧片、后片衣边线。

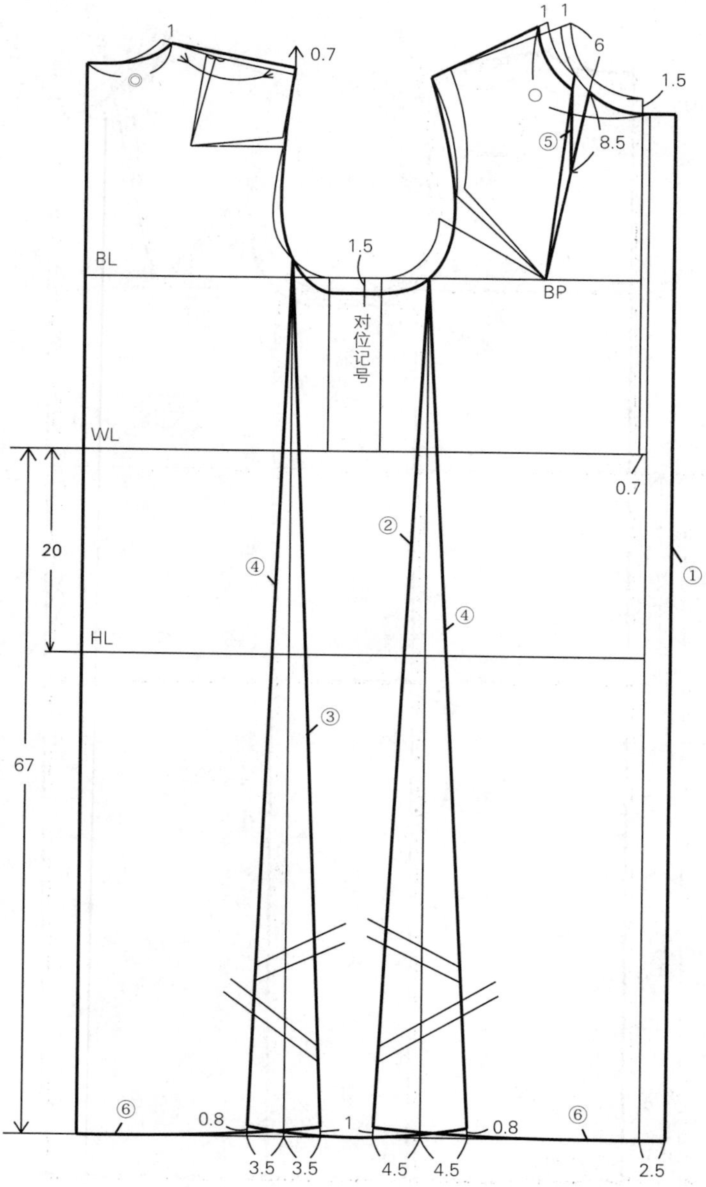

步骤3

① 确定口袋尺寸及位置。

② 确定扣眼的位置。

③ 确定过面位置。

④ 确定后领口贴边位置及尺寸。

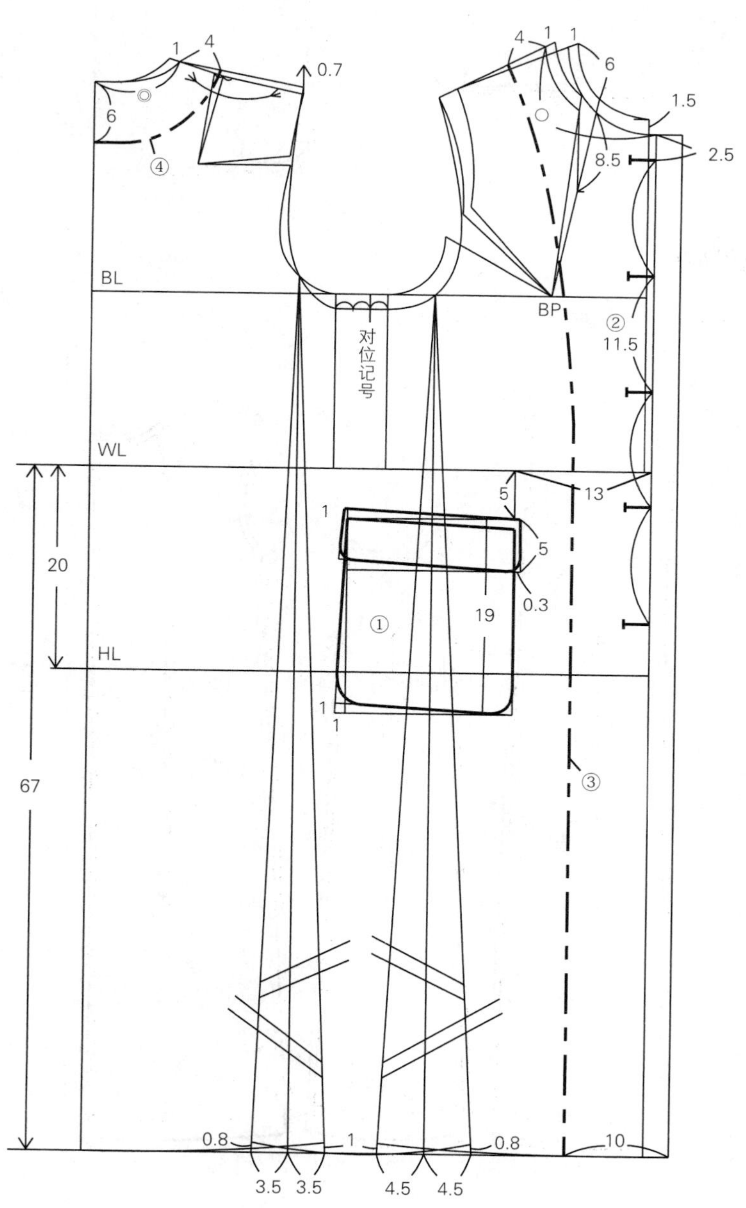

4. 口袋、袋盖制图

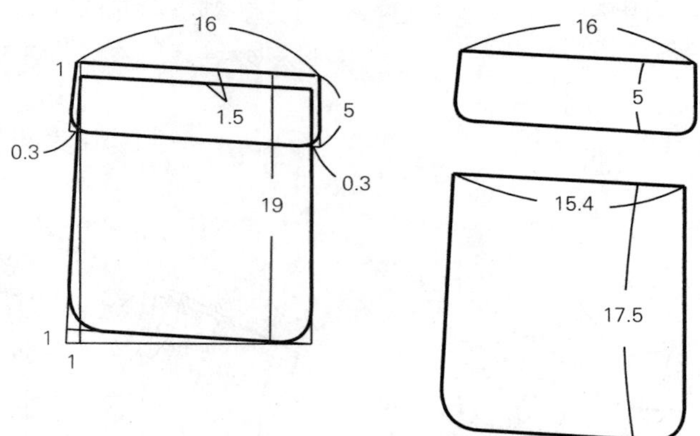

5. 衣身裁片图

衣身主体衣片包括：前片、侧片、后片。

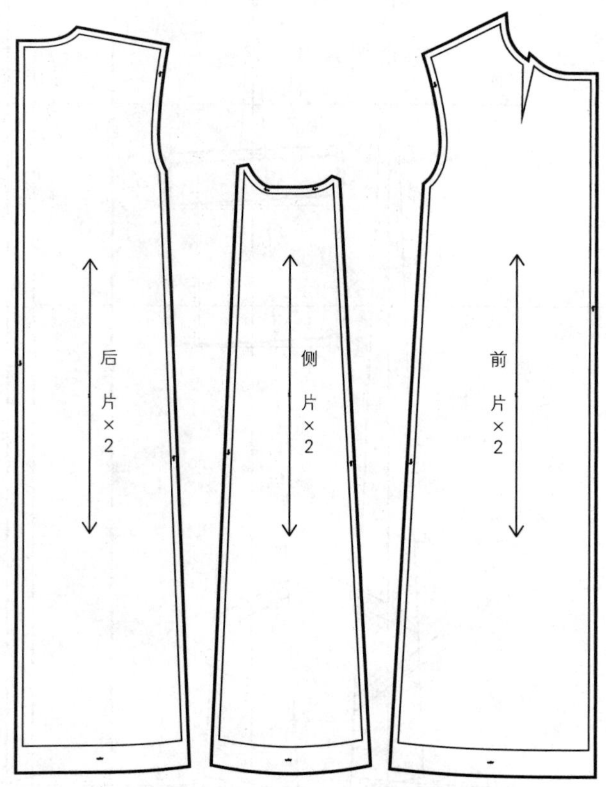

6. 零件裁片图

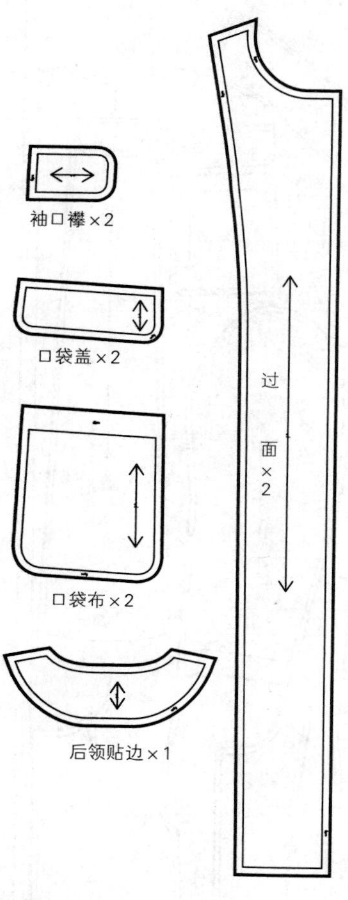

7. 袖子制图

前、后衣身的袖窿对合，测量前后袖窿的深度，取其平均值的5/6作为袖山的高度。确定Ⓖ线为袖山弧线弯曲点的基准线。

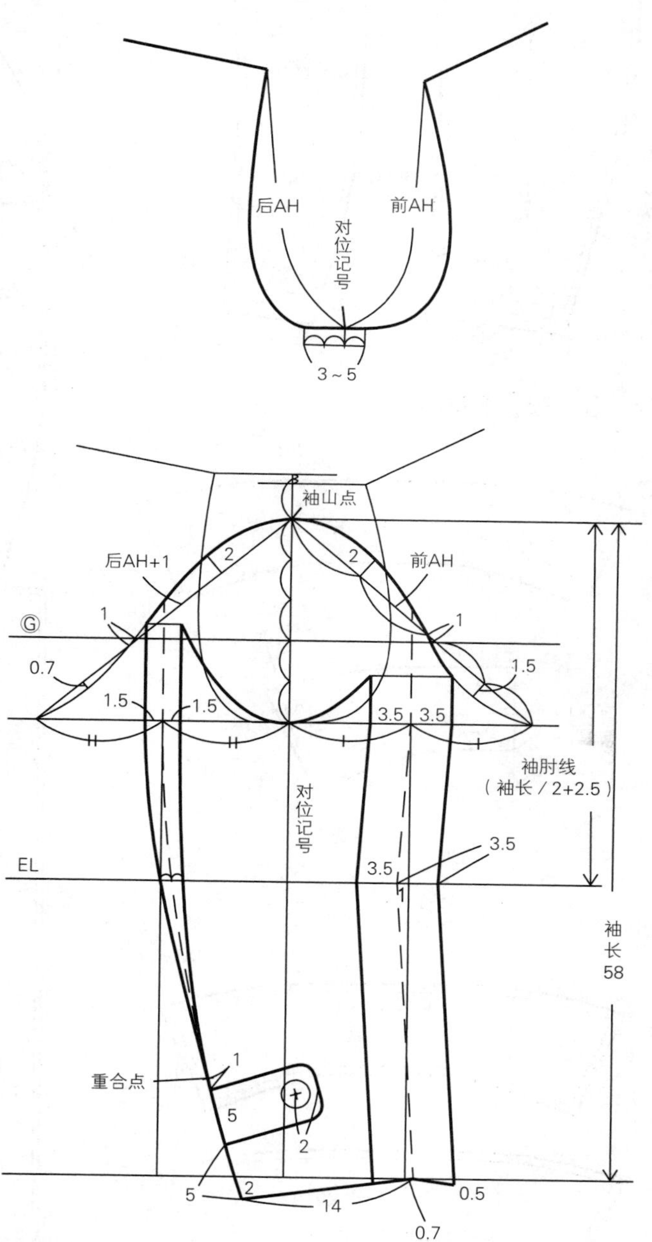

8. 袖子裁片图

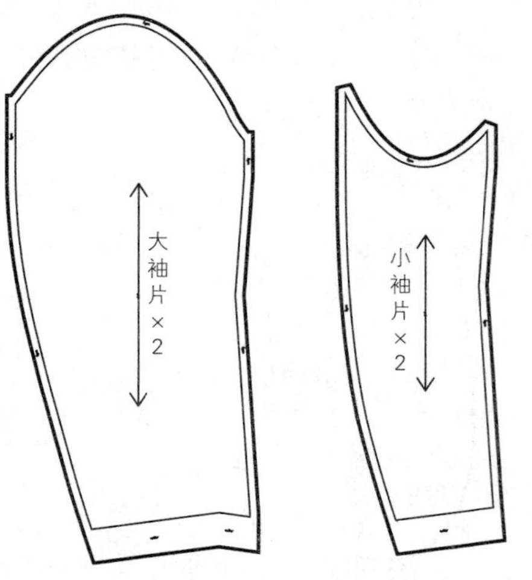

9. 领子制图

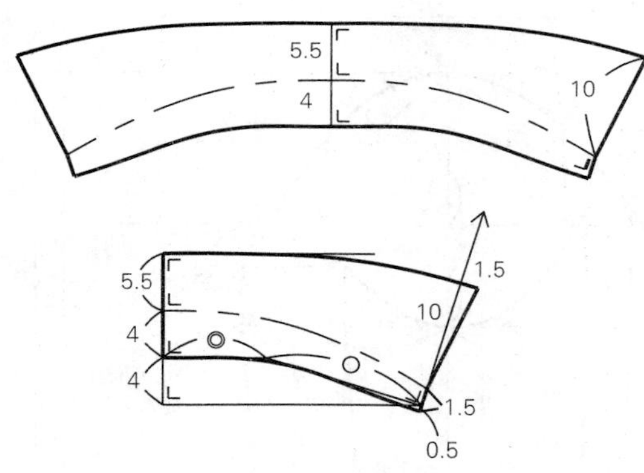

10. 领子裁片图

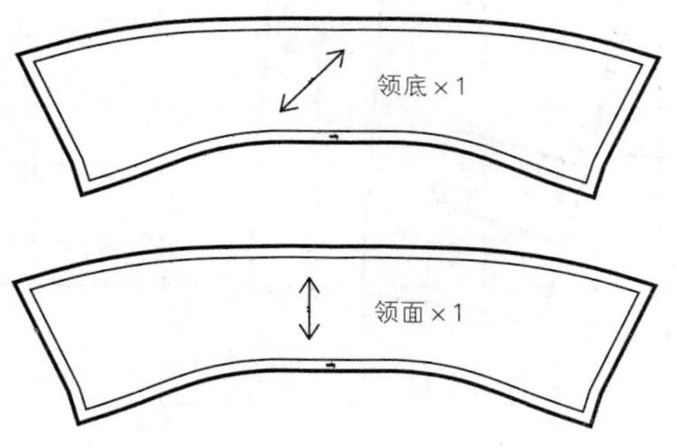

五、紧密排料图

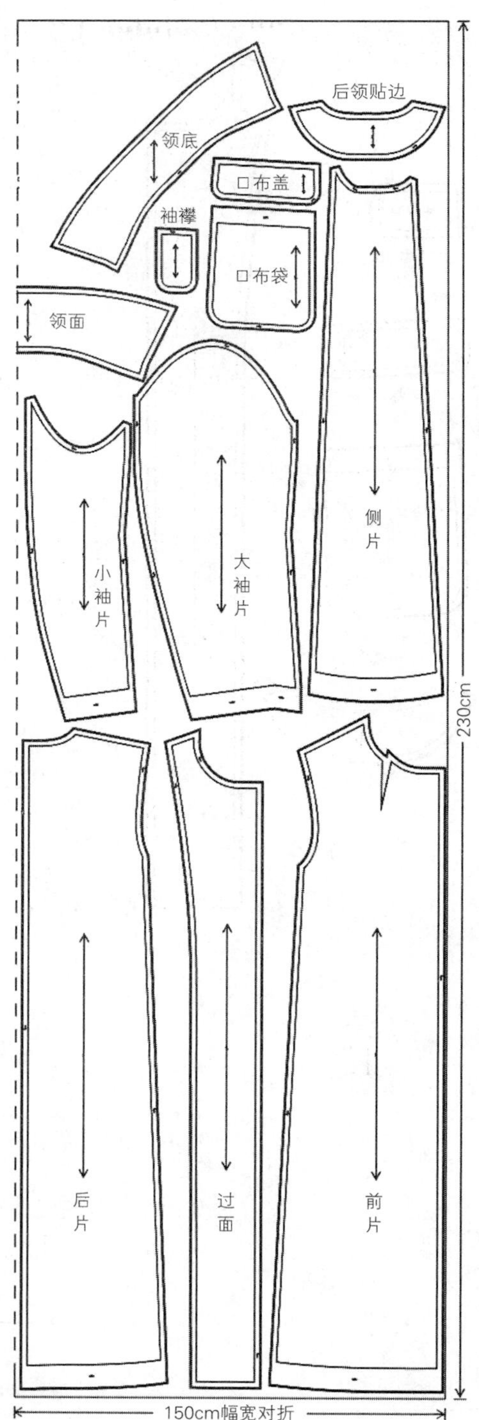

第三节

修身式方领女长大衣

一、款式分析

· 衣身廓型：X型、四开身、腰围以上曲面处理。
· 前衣片：前胸宽处育克分割处理、公主线结构、侧片插袋，各部位加适当的放松量。
· 后衣片：后背宽处育克分割处理、后中缝收腰、公主线结构，各部位加适当的放松量。
· 衣领造型：翻折领、领口方型。
· 衣袖造型：圆装袖——弯袖、两片袖。

二、面料、里料、辅料

· 面料：幅宽140cm，长220cm。
· 里料：幅宽130cm，长180cm。
·厚黏合衬：幅宽90cm，长120cm（前身、领子用）。
· 薄黏合衬：幅宽90cm，长80cm（零部件用）。
· 厚薄兼用的黏合衬：幅宽90cm，长60cm。
· 黏合牵条：1.2cm宽斜丝牵条，长280cm（止口、袖窿使用）。
· 肩垫：厚度0.7cm，一副。
· 纽扣：5粒，直径2.5cm。

三、规格设计与结构设计流程

① 示例规格：160/84A。

单位：cm

部位	净尺寸	成品尺寸	放松量
后衣长（L）（BNP~底边）	103	103	—
胸围（B）	84	102	18
腰围（W）	68	83	15
臀围（H）	92	108	16
胸宽	33	35	2

续表

部位	净尺寸	成品尺寸	放松量
背宽	35	37	2
肩宽（*S*）	39	40	1
背长	38	38	—
袖长（SP～腕骨）	53	56	3
袖肥	—	34	—
袖口宽（1/2）	—	13.5	—
前搭门宽	—	3	—
后领面宽	—	5	—
后领座宽	—	4	—
领口宽	—	7.5	—
袖窿底点～BL	—	2	—

② 准备新文化服装原型（第八代原型）。

③ 用原型借助方法，进行制板设计。

④ 根据面料的厚度、款式造型进行主要部位放松量的设计。

⑤ 设计成衣胸围放松量。

⑥ 设计成衣腰围放松量。

⑦ 设计成衣衣长尺寸。

四、制图步骤与方法

1. 原型借助

准备新原型（参考35页）

① 根据各部位测量值使用原型作图，如有需要，可以根据个体的体型情况对原型做补正，以便假缝试穿时少做一些修改。

② 与后中心线垂直并与后中心线相交画出腰围线，放置后身原型。在腰围线（WL），同一水平线上放置前身原型。省道以及BP点处做记号，通过G点做水平线，该线用于袖子部分的制图。

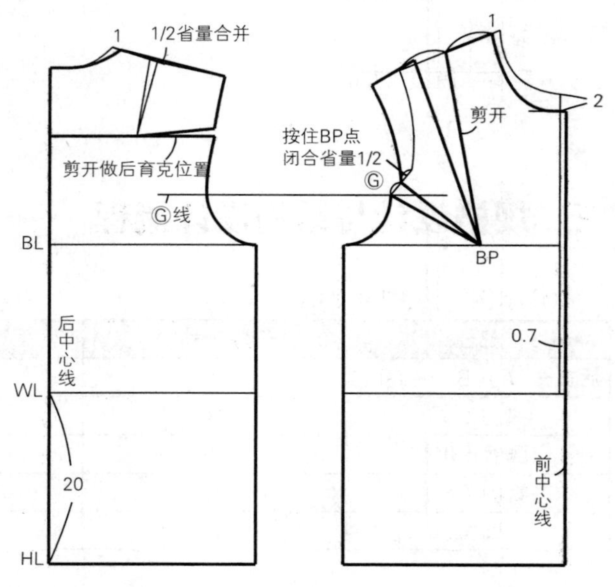

③ 后片肩省量的1/2合并，剪开袖窿，分散合并省量，修正肩线、袖窿线。

④ 从前片肩线中点与BP点做连线，并剪开，在袖窿省处合并1/2省。

⑤ 与前中心线平行画线，追加0.7cm作为面料的厚度量，该线新的前中心线。

⑥ 在后片中线上取臀围线（HL线），从腰围线向下取20cm画出与腰围线平行的线，该线为臀围线。

2. 衣身制图

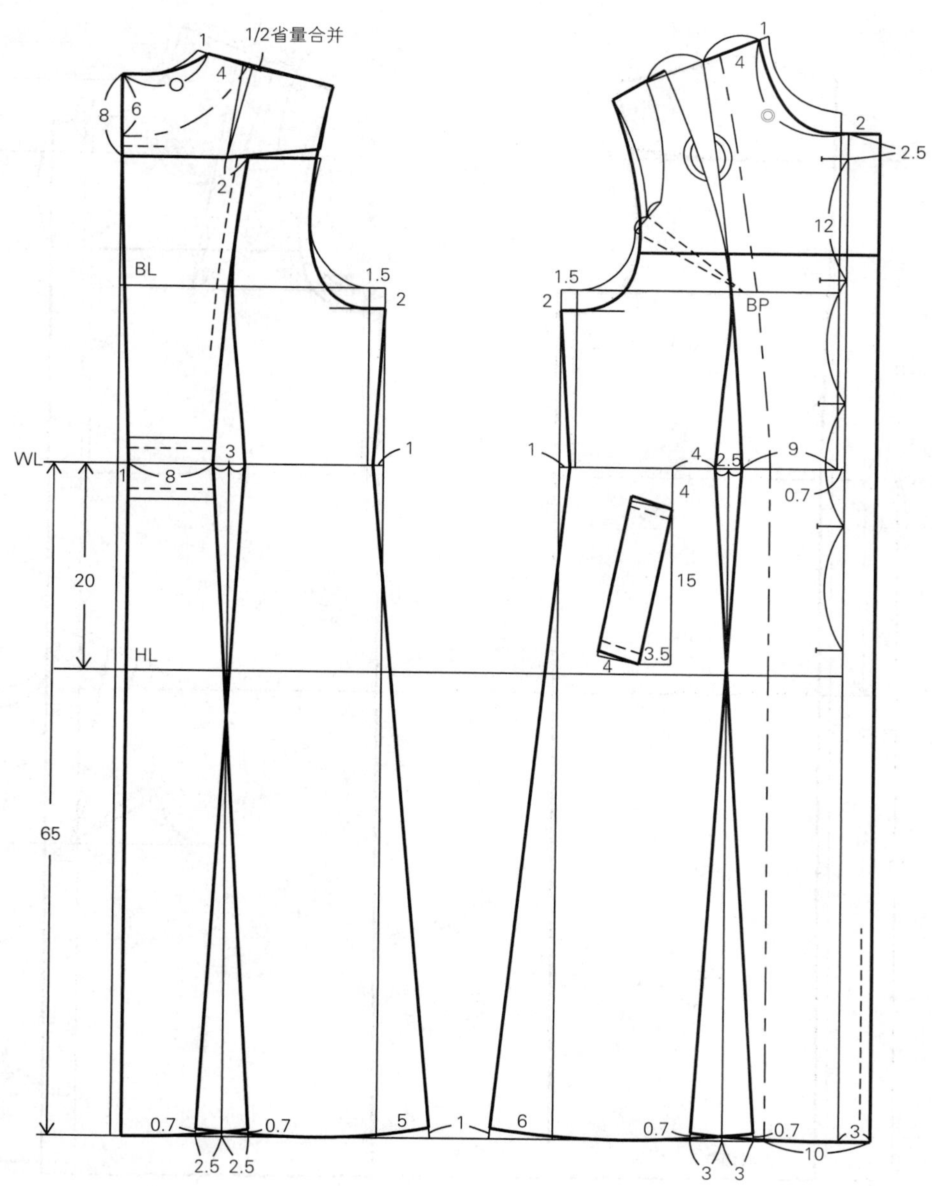

3. 衣身制图步骤

步骤1

① 画底边线：由WL线向下65cm。
② 绘制止口线：搭门宽3cm。
③ 绘制前、后片领弧线。
④ 胸围的放松量设计。
⑤ 绘制后片中心线。
⑥ 绘制袖窿弧线。
⑦ 前、后片育克位置确定。

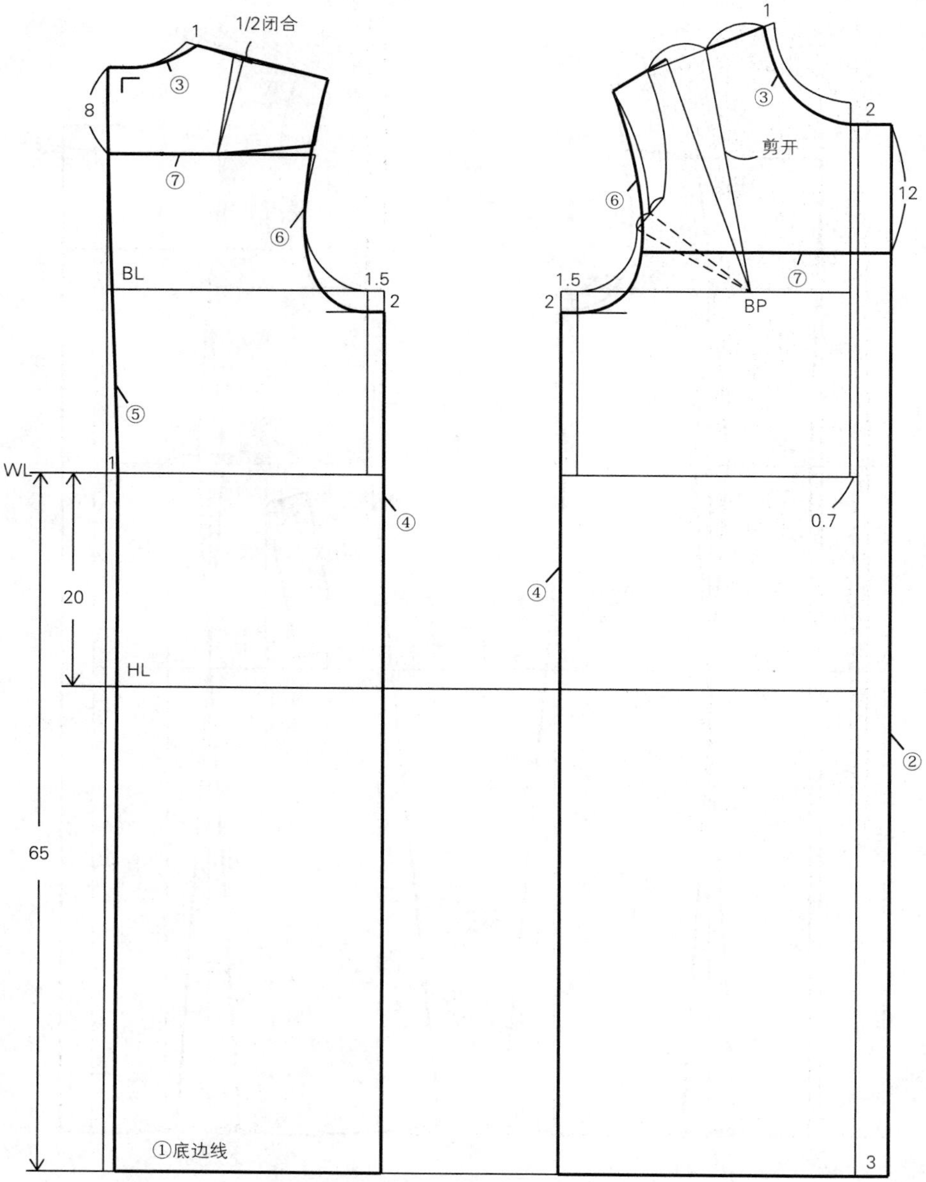

步骤2

① 设计后中片结构线。

② 绘制后中片底边线。

③ 设计前中片结构线。

④ 绘制前中片底边线。

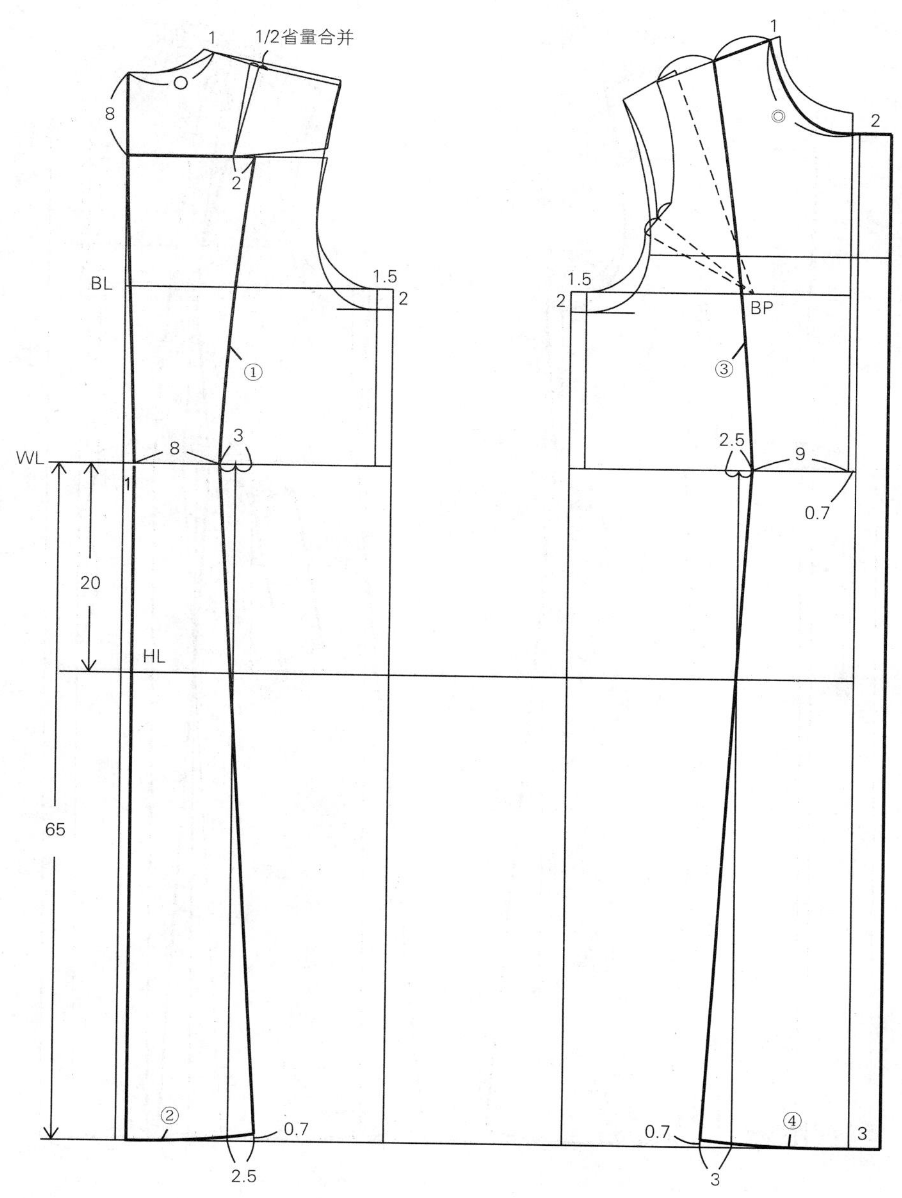

步骤3

① 绘制后侧片公主线。

② 绘制后衣片侧缝线，形成后侧片。

③ 通过肩线开剪点、WL省位点、底边下摆点，画出前侧片结构线。

④ 画出前衣片侧缝线，形成前侧片。

⑤ 绘制前、后侧片底边线。

⑥ 设计后腰装饰的位置。

⑦ 设计口袋位置。

⑧ 确定扣眼位置。

⑨ 确定过面、后领贴边位置及尺寸。

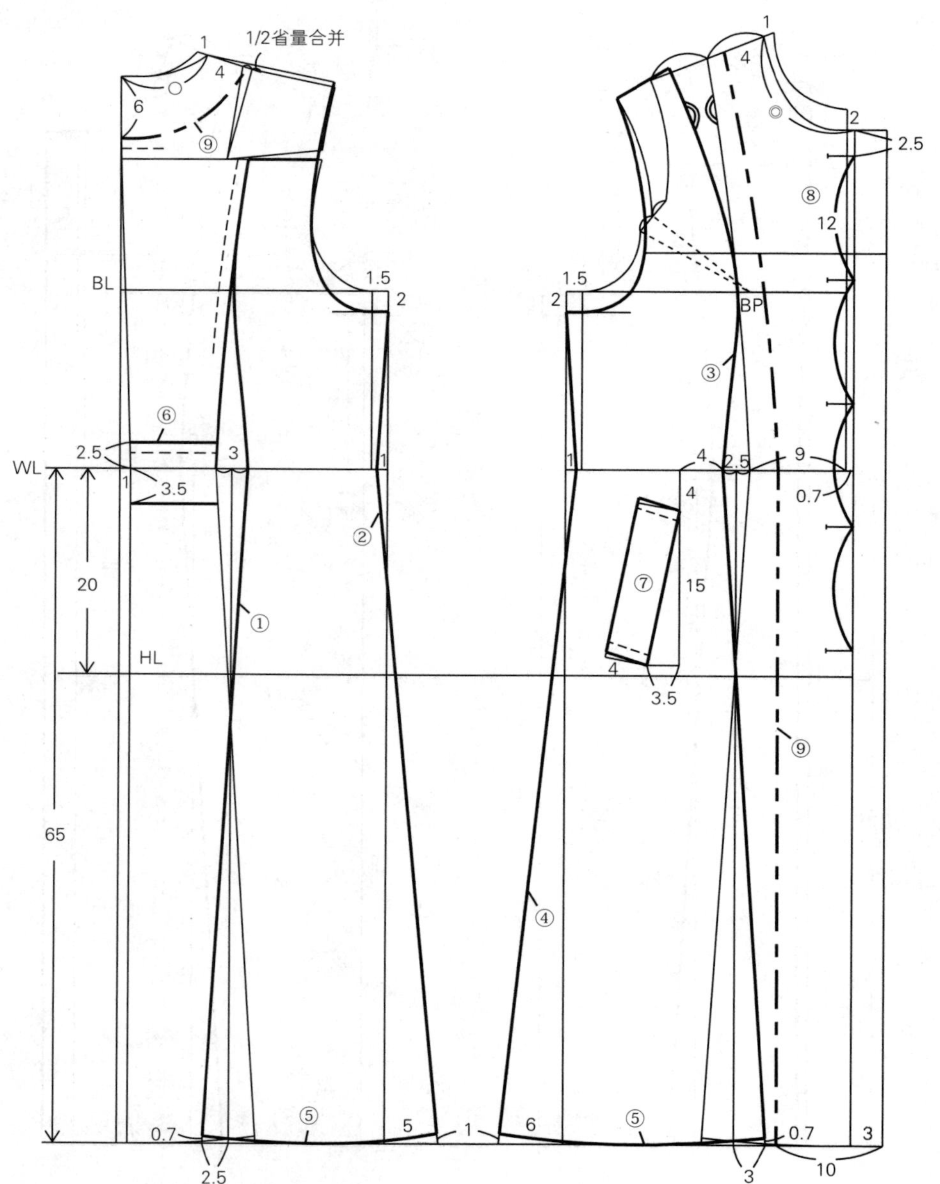

步骤4

前育克省道转换

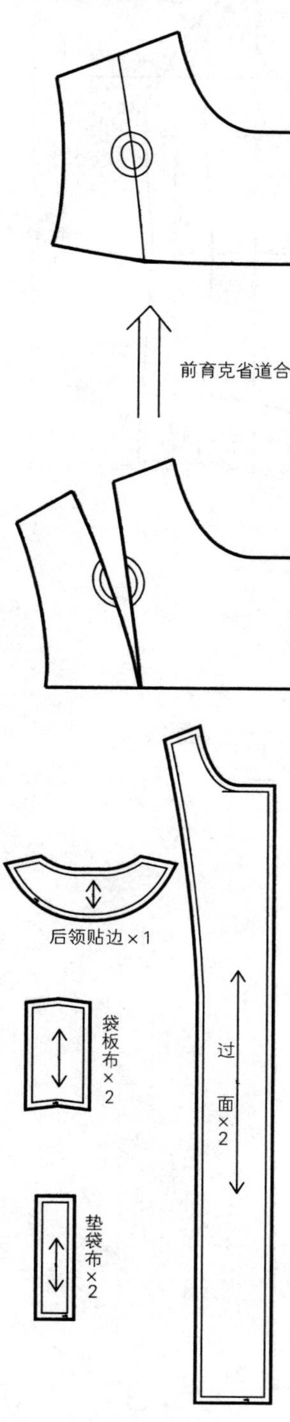

4. 衣身裁片图

衣身主体衣片包括：前片、前侧片、前育克、后片、后侧片、后育克、后腰装饰布。

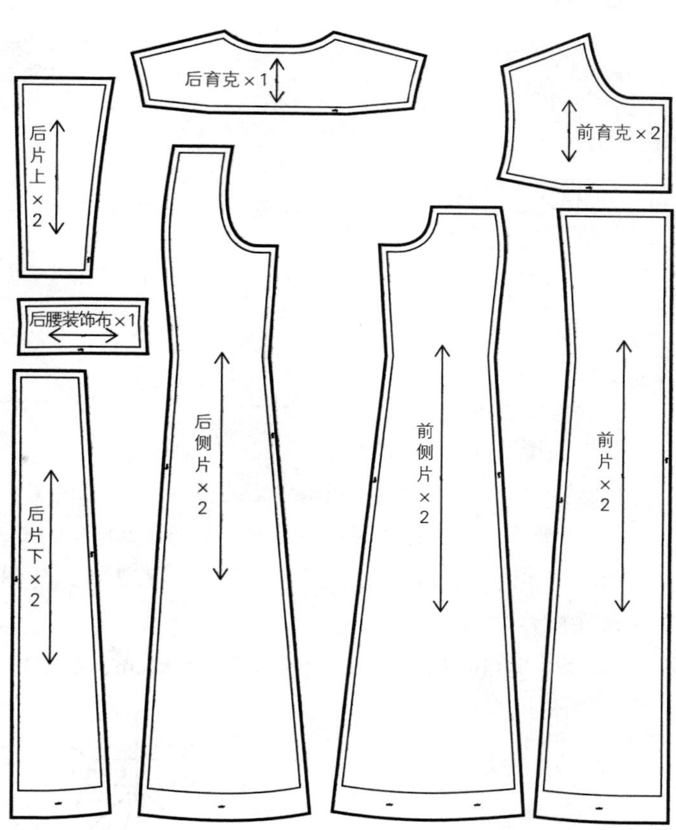

5. 零件裁片图

零件部分包括：过面、后领贴边、袋板布、垫袋布。

6. 袖子制图

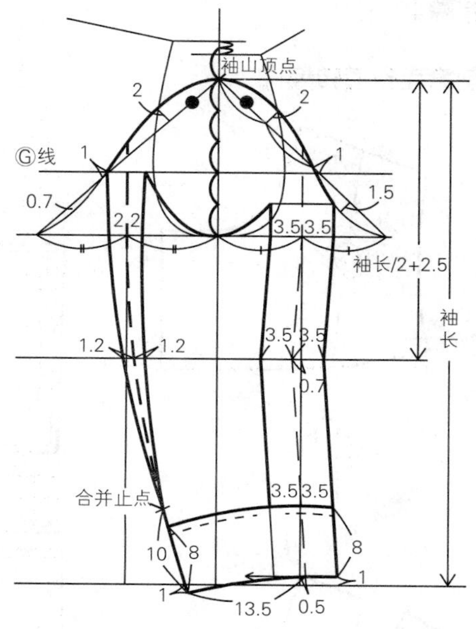

步骤1

首先测量出前、后AH尺寸。

① 绘制相互垂直的两条基础线。

② 测量前、后袖窿的深度，取其平均值的5/6作为袖山的高度。

③ 袖口线：由袖顶点向下量袖长，画出底边线，与袖山深线平行。

④ EL线：袖长/2+2.5cm。

⑤ 由袖顶点向袖山深线分别量取后AH+1cm、前AH相交于后、前袖窿深线。

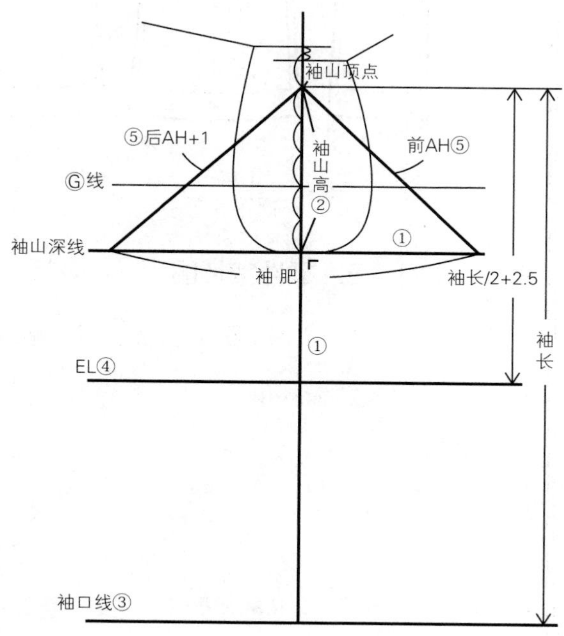

步骤2

① 绘制袖山弧线。

② 做两片袖处理。

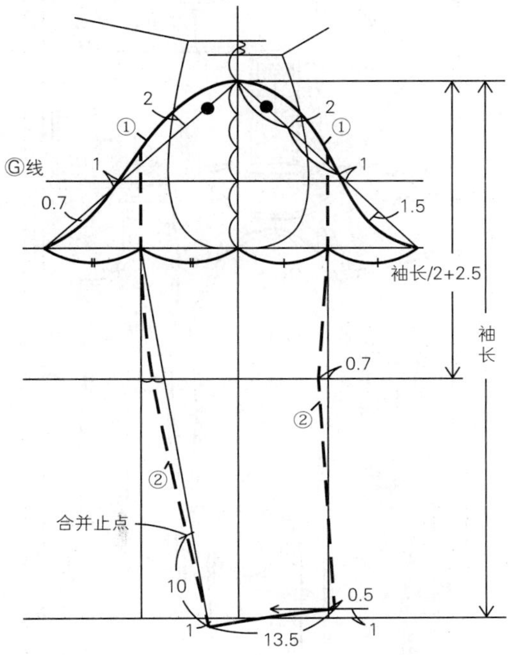

步骤3

① 确定大袖片内、外袖缝。

② 确定小袖片内、外袖缝。

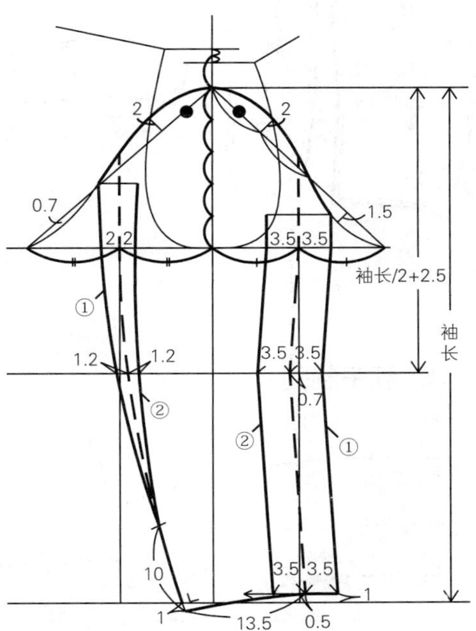

步骤4

① 绘制小袖片袖山弧线。

② 设计袖口剪开线。

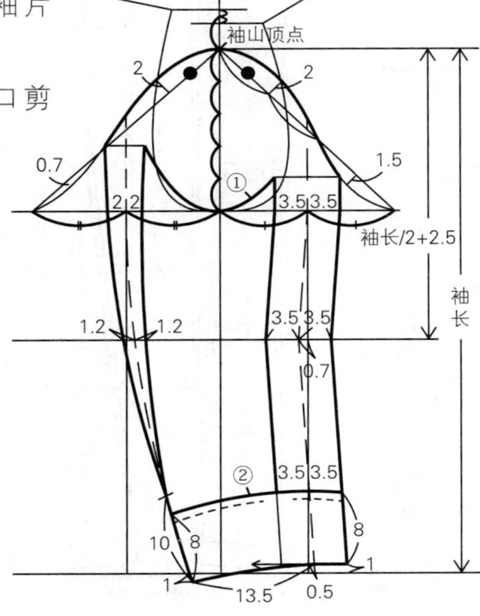

步骤5

袖口布绘制

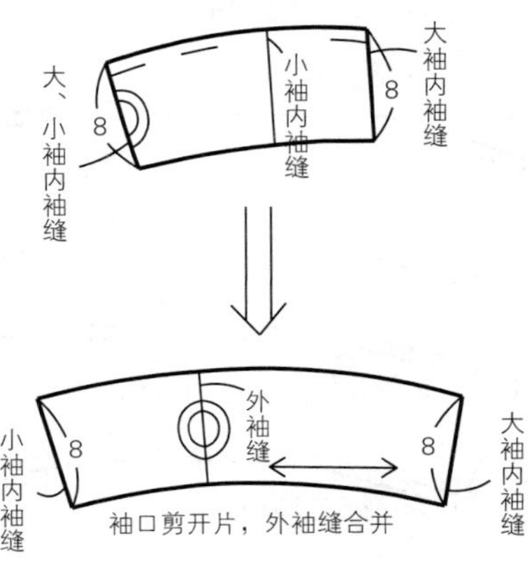

7. 袖子裁片图

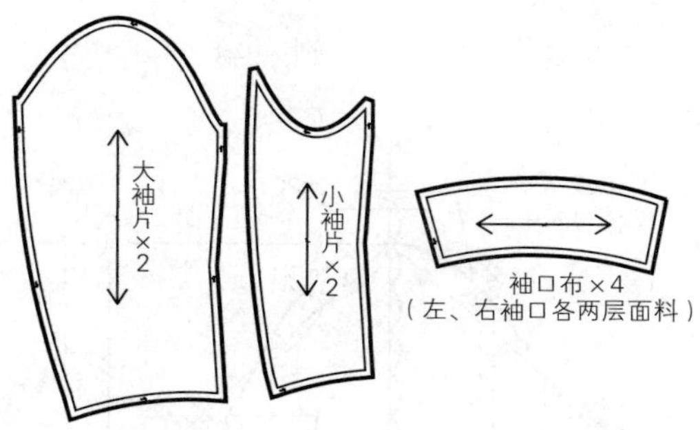

8. 领子制图

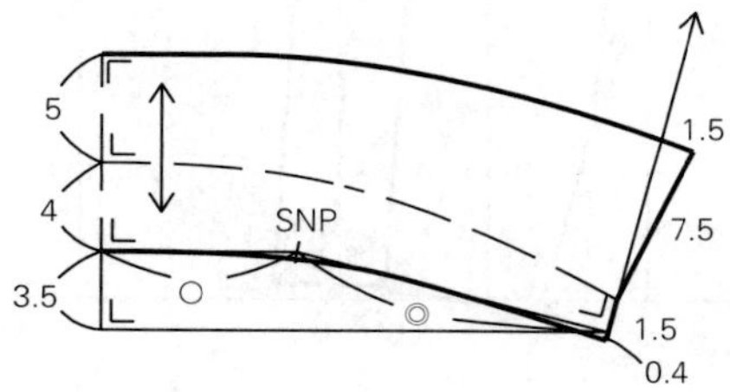

9. 领子裁片图

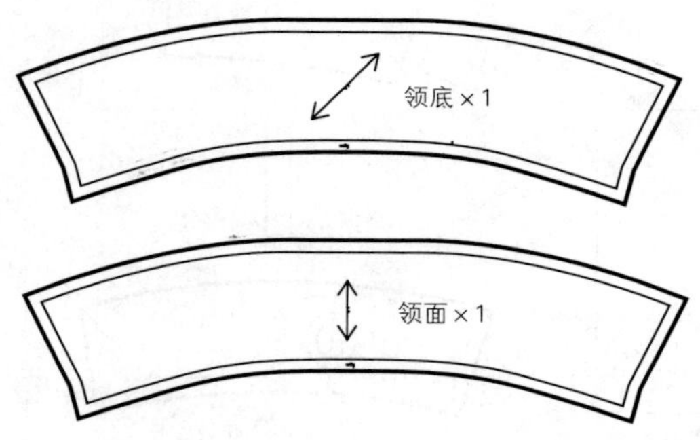

五、紧密排料图

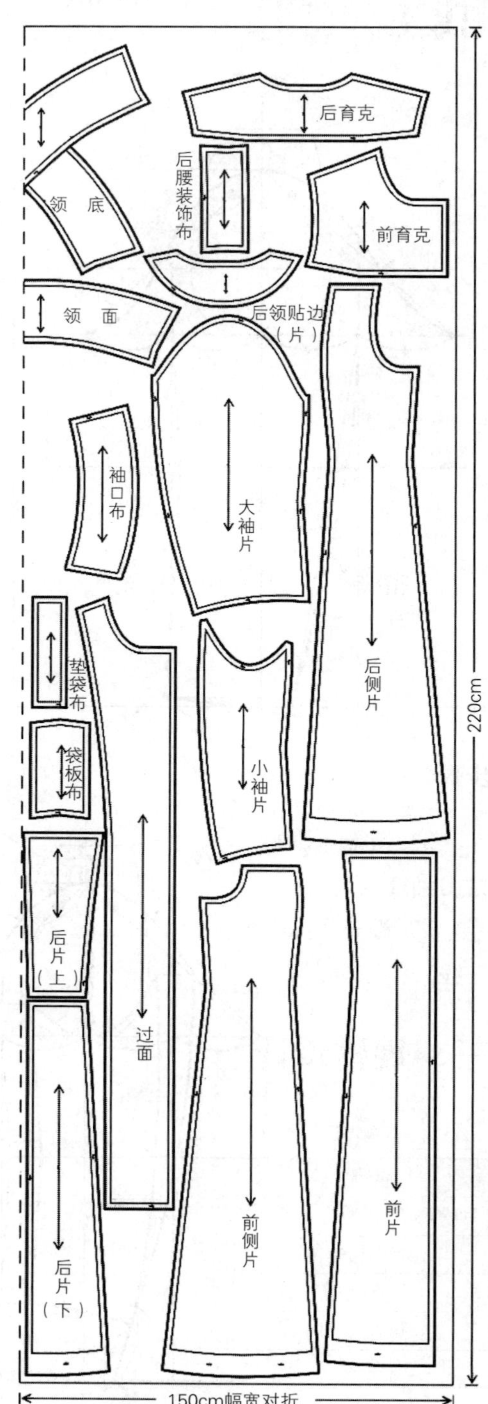

第四节

戗驳领修身式女长大衣

一、款式分析

· 衣身廓型：X型、四开身、腰围以上曲面处理、腰部修身设计、下摆围较大。

· 前衣片：双排扣、刀背型结构线、腰部以下结构线上做插袋、各部位加适当的放松量。

· 后衣片：后中缝收腰、公主线结构线、各部位加适当的放松量。

· 衣领造型：翻驳领、戗驳头设计。

· 衣袖造型：圆装袖——弯袖、两片袖。

二、面料、里料、辅料

· 面料：幅宽150cm，长290cm。

· 里料：幅宽130cm，长270cm。

· 厚黏合衬：幅宽90cm，长130cm（前身、领子用）。

· 薄黏合衬：幅宽90cm，长60cm（零部件用）。

· 厚、薄兼用的黏合衬：幅宽90cm，长60cm。

· 黏合牵条：宽1.2cm斜丝牵条，长280cm（止口、袖窿使用）。

· 肩垫：厚度0.7cm，一副。

· 纽扣：8粒，直径2.5cm。

三、规格设计与结构设计流程

① 示例规格：160/84A。

单位：cm

部位	净尺寸	成品尺寸	放松量
后衣长（L）（BNP～底边）	102	102	—
胸围（B）	84	100	16
腰围（W）	68	80	12
臀围（H）	92	106	14
胸宽	33	35	2

续表

部位	净尺寸	成品尺寸	放松量
背宽	35	37	2
肩宽（S）	39	40	1
背长	38	38	—
袖长（SP～腕骨）	53	56	3
袖肥	—	34	—
袖口宽（1/2）	—	13.5	—
前搭门宽	—	9	—
后领面宽	—	5.5	—
后领座宽	—	3.5	—
领口宽	—	5.5	—
袖窿底点～BL	—	1.5	—

② 准备新文化服装原型（第八代原型）。

③ 用原型借助方法，进行制板设计。

④ 根据面料的厚度、款式造型进行主要部位放松量的设计。

⑤ 设计成衣胸围放松量。

⑥ 设计成衣腰围放松量。

⑦ 设计成衣衣长尺寸。

四、制图步骤与方法

1. 原型借助

准备文化式新原型

① 根据各部位测量值使用原型作图，可根据个体的体型情况对原型做补正，以便假缝试穿时少做一些修改。

② 与后中心线垂直并与后中心相交画出腰围线，放置后身原型；再留出适当位置，放置前身原型（以便设计胸围放松量以及画下摆量使用）。省道以及BP点处做出记号，通过G点作水平线，该线用于袖子部分制图。

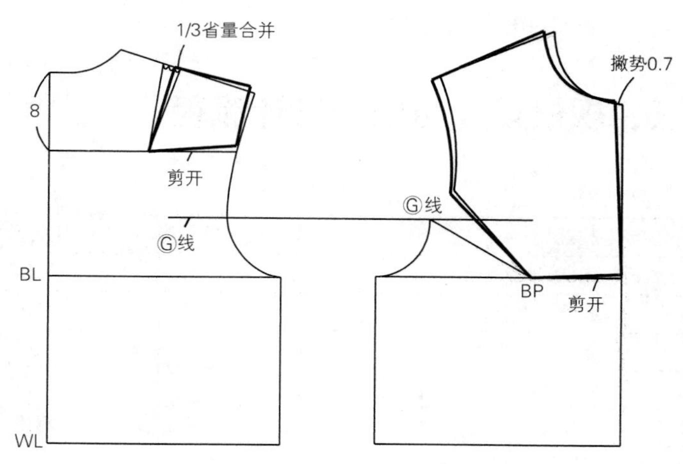

③ 后片肩省量的1/3合并，剪开袖窿，分散合并省量，修正肩线、袖窿线。

④ 从前片中心线与胸围线的交点处剪开到BP点，按住BP点移动剪开部位，在前颈点处与原型形成撇势为0.7cm，合并胸省。

2. 衣身制图

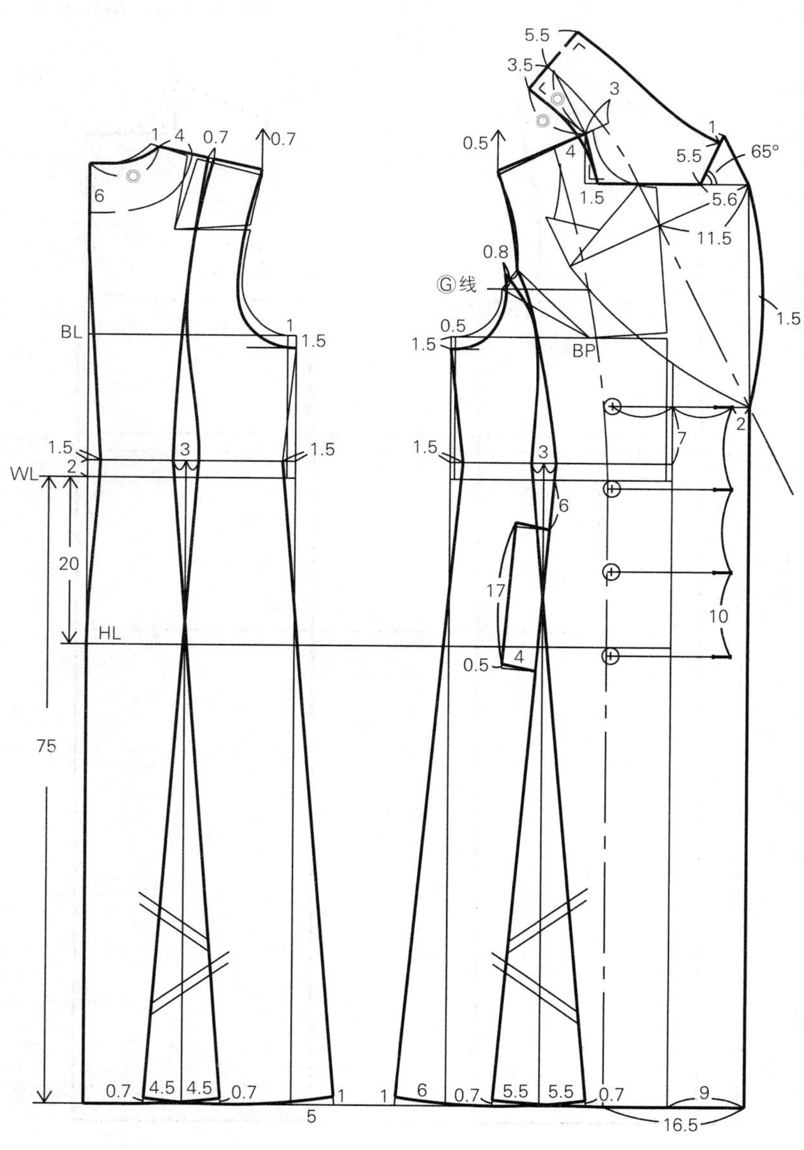

3. 衣身制图步骤

步骤1

① 底边线：由WL线向下量取75cm，画与WL线平行的线。

② 前中心线：在原型前中心线右侧，追加0.7cm画与原型前中线平行的线，0.7cm作为面料的厚度量。

③ 绘制后领弧线、前领口线。

④ 绘制前、后片肩线。

⑤ 胸围的放松量设计后片加放松量1.5cm，前片加放松量0.5cm。

⑥ 绘制袖窿弧线。

⑦ 辅助腰围线：WL线向上2cm。

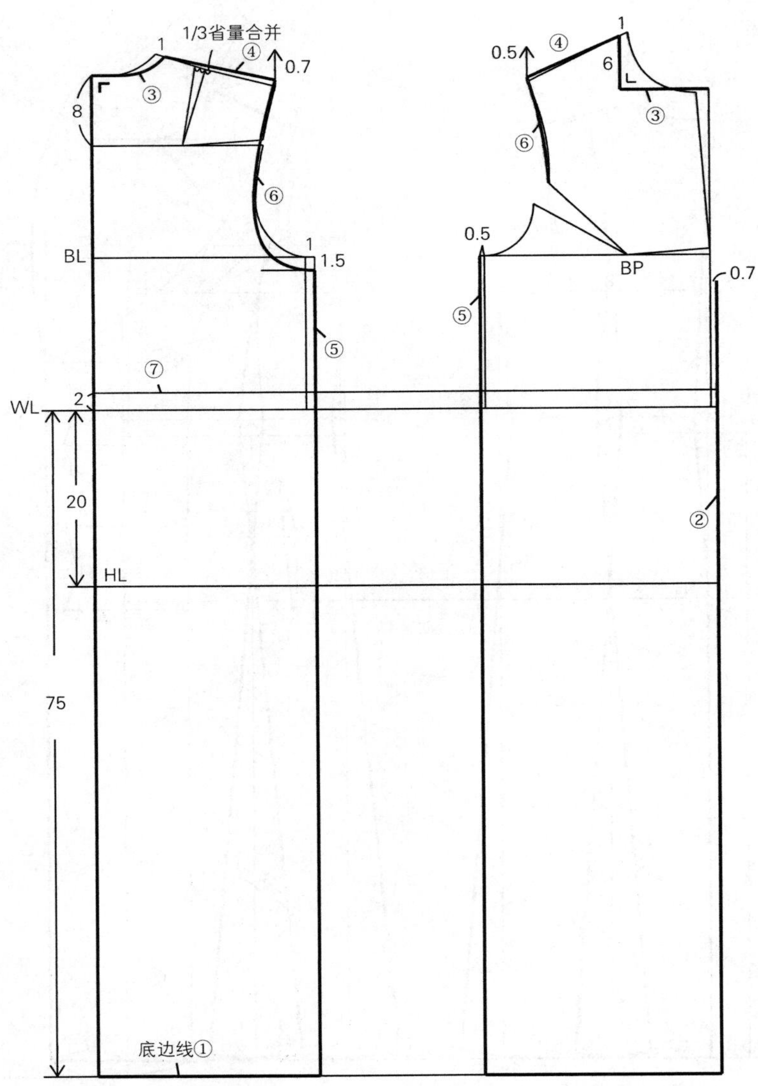

步骤2

① 后片中心线：在腰围线处向右移1.5cm。
② 绘制后中片结构线。
③ 搭门线：搭门宽9cm，与前中心线平行。
④ 绘制前中片结构线。
⑤ 绘制底边线。

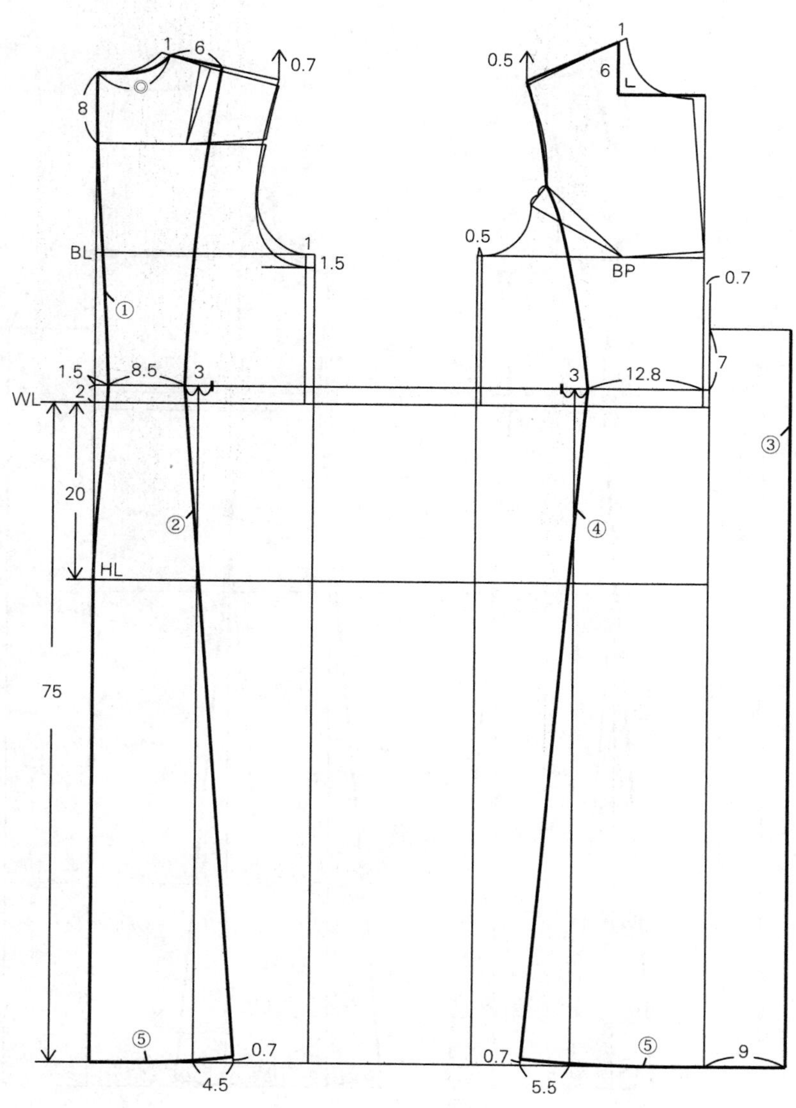

步骤3

① 绘制后侧片公主线。

② 绘制后衣片侧缝线，形成后侧片。

③ 绘制前侧片结构线。

④ 绘制前衣片侧缝线，形成前侧片。

⑤ 绘制前侧片袖窿弧线。

⑥ 绘制前、后侧片底边线。

⑦ 确定驳口线位置：由前SNP点向右3cm定点，该点与翻折点连接直线，为驳口线。

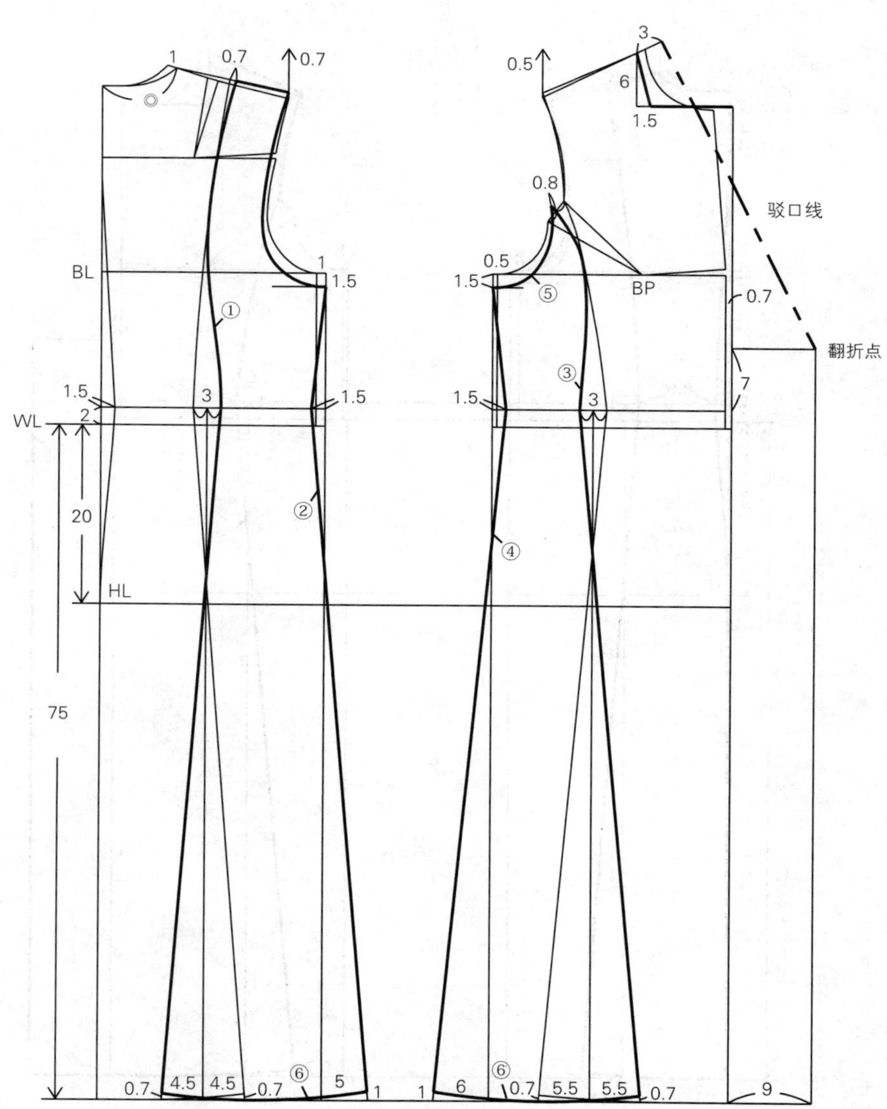

步骤4

① 确定袋口位置：在前片刀背结构线上沿WL线向下量取6cm确定袋口位置，袋口大17cm。

② 确定纽扣位置。

③ 过面：在肩线处取4cm，在底边处去取16.5cm。

④ 后领贴边：在肩线处取4cm，在后中心线从后中心点向下取6cm。

⑤ 画领子（领子作图，参考P95）。

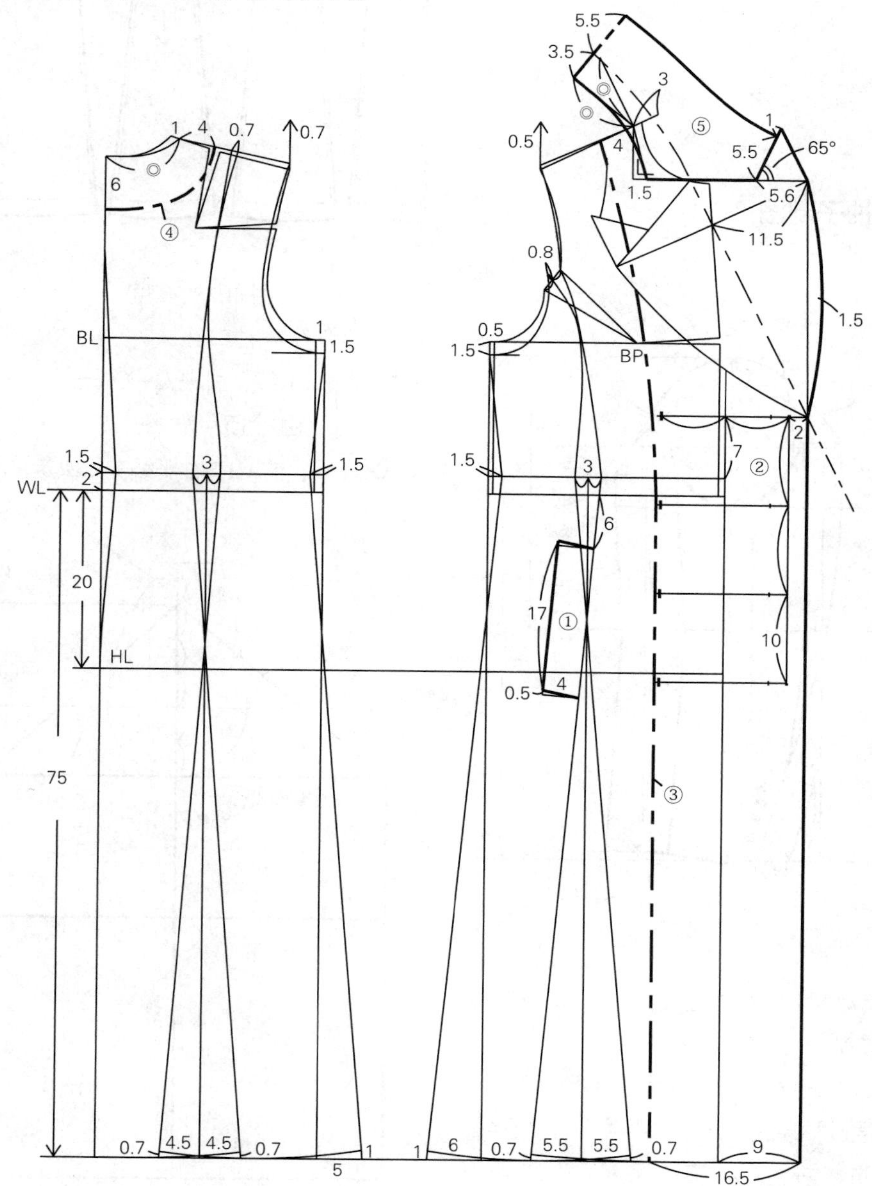

4. 衣身裁片图

衣身主体衣片包括：前片、前侧片、后片、后侧片。

5. 袖子制图

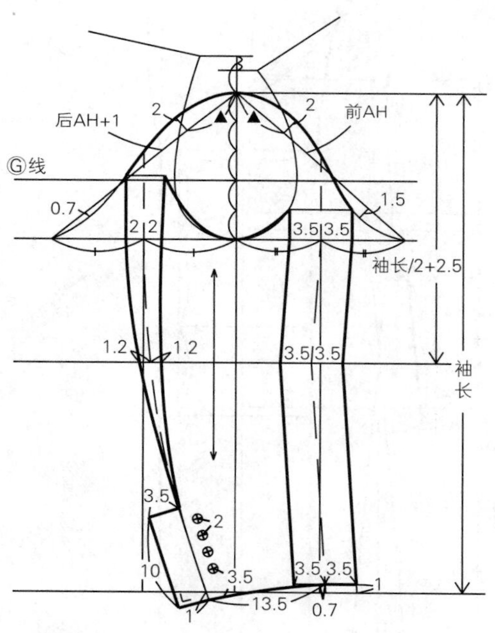

步骤1

首先测量出AH尺寸（前、后衣身的袖窿弧长度）。

① 通过侧缝点画垂直线作为袖山线。

② 通过袖窿底部画出水平线作为袖肥线。

③ 测量前、后袖窿的深度，取其平均值的5/6作为袖山的高度。

④ 绘制袖口线。

⑤ EL线：袖长/2+2.5cm。

⑥ 由袖顶点向袖山深线分别量取后AH+1cm、前AH与袖肥线交点决定袖肥。

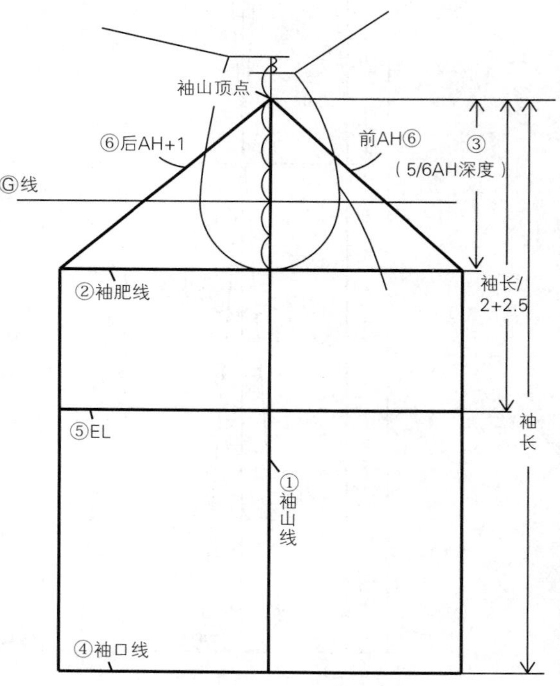

步骤2

① 以Ⓖ线作为弯曲点的基准，画袖山弧线。

② 将前、后袖肥分别2等分，并画出垂直线。

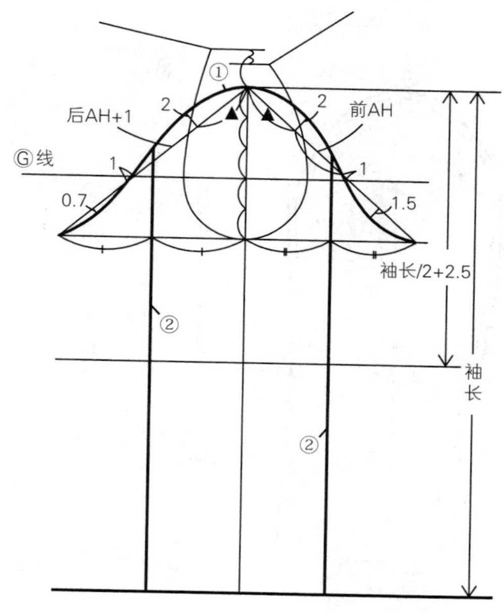

步骤3

① 画前偏袖弧线。

② 袖口尺寸：从前偏袖为起点量取13.5cm定点，该点为后编袖线袖口点。

③ 画后偏袖弧线。

④ 确定后袖缝开衩10cm。

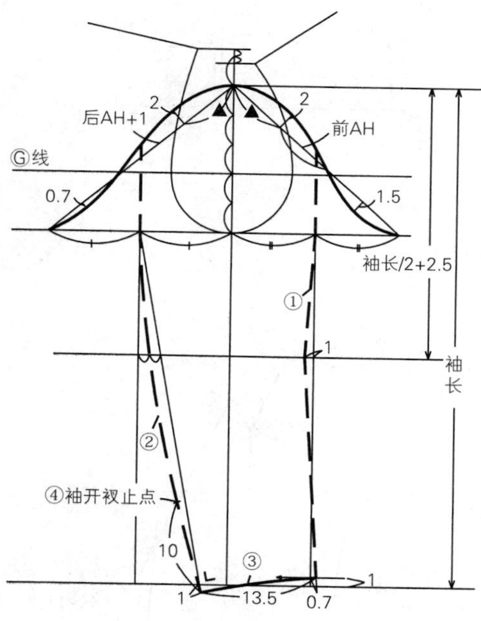

步骤4

① 绘制大袖片内、外袖缝。

② 绘制小袖片内、外袖缝。

注：大、小袖片外袖缝在袖开衩点处重合。

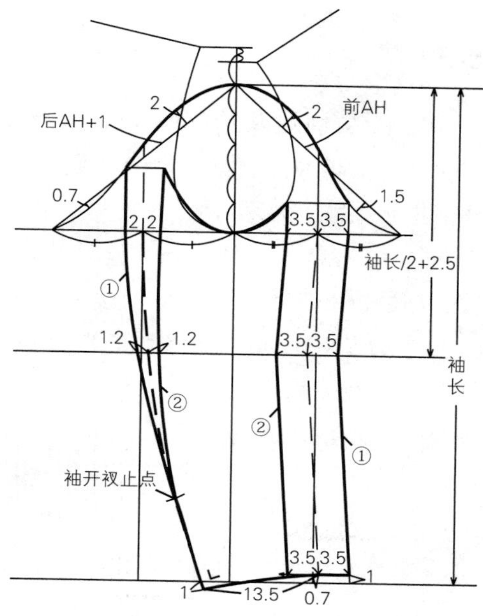

6. 袖子裁片图

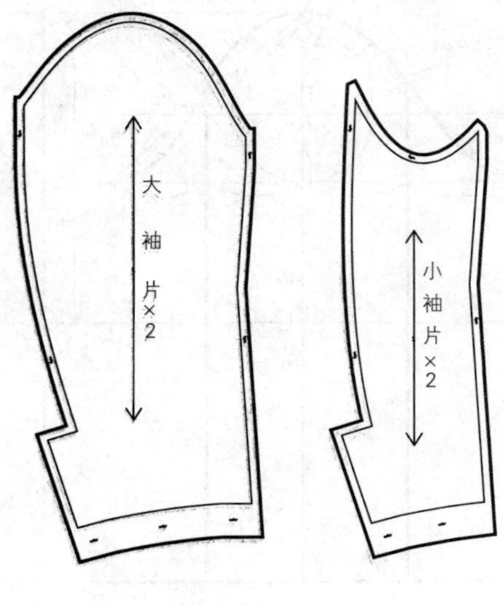

7. 领子制图

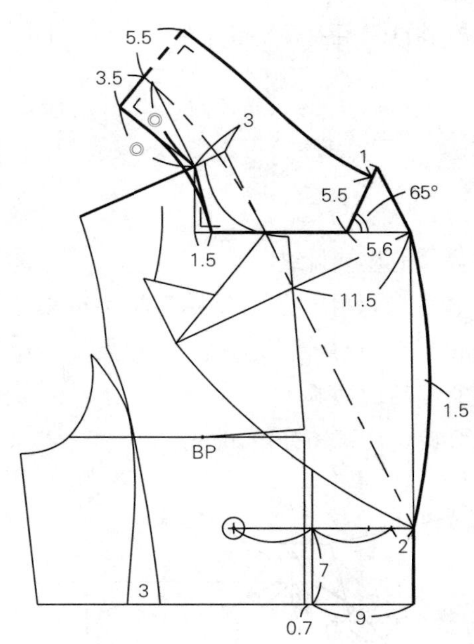

步骤1

① 原型肩颈点向左移1cm，为新的SNP点，过该点垂直向下取6cm定点，过该点做水平线，为串口线。

② 向右延长肩线3cm，作为前领底宽，与翻折点连线，画出驳口线。

③ 从SNP点画出一条线与驳口线平行，在此线上取后领口尺寸（◎），为绱领线。

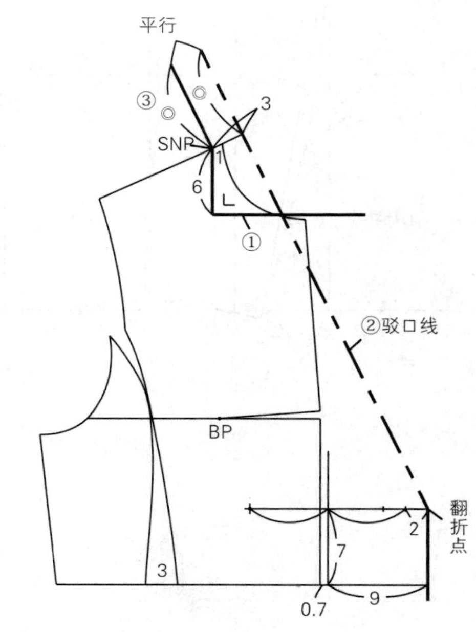

步骤2

① 在驳口线上，垂直量取11.5cm，并相交于串口线，此相交点为驳嘴宽端点，由此点与翻折点连接直线。

② 倒伏量：将绱领线倒伏3.8cm，这个量称为放倒尺寸（倒伏量），多出的领外口长度可以使领子服帖。

③ 领口线：前领口领宽线向前中心线移动1.5cm定点，过该点与SNP点连接。

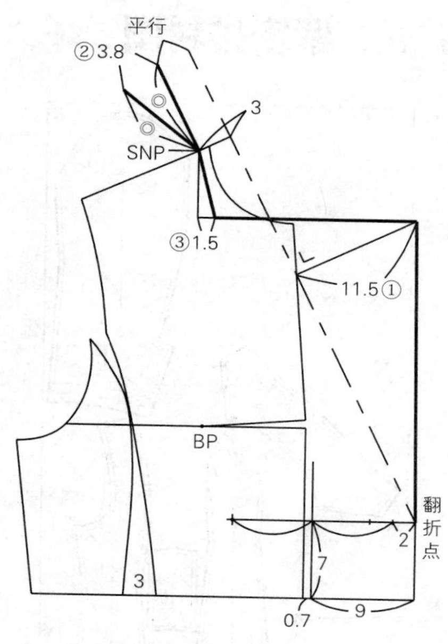

步骤3

① 在倒伏后的绱领线上画垂线，作为领子后中心线，并画出底领宽3.5cm，翻领宽5.5cm（可以盖住绱领线）。

② 量出驳嘴宽5.6cm，并画与水平线成65°的直线，取6.5cm。

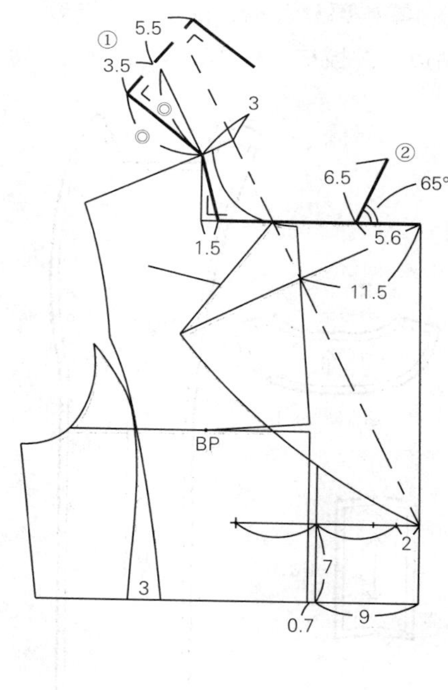

步骤4

① 绘制翻领的外领口线。

② 将绱领线和翻领线修正圆顺。

③ 绘制驳头止口弧线：在辅助线基础上向外1.5cm画圆顺的弧线。

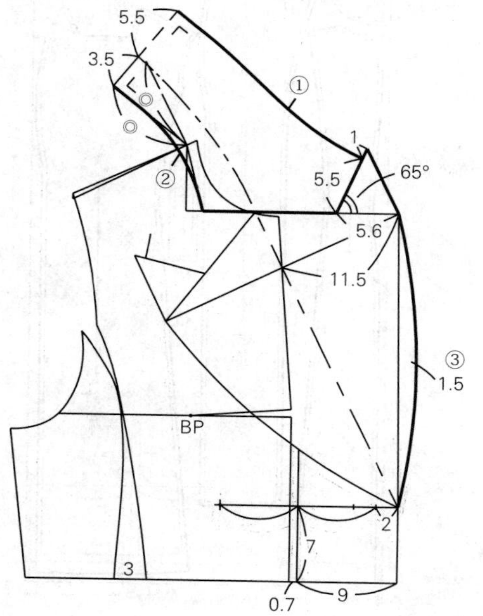

8. 领子裁片图

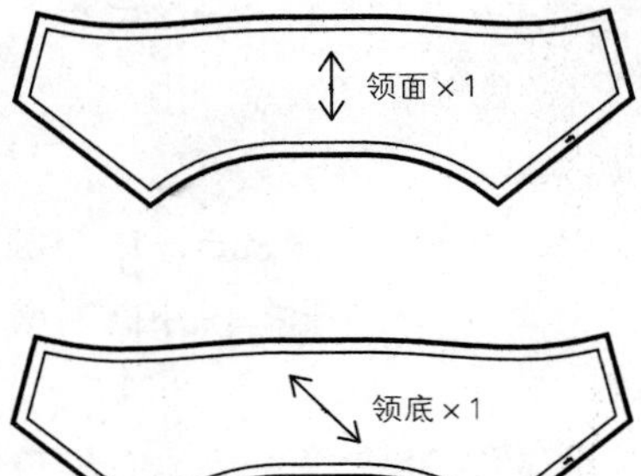

9. 零料裁片图

零料部分包括：前贴边、后领贴边、袋板布、垫袋布。

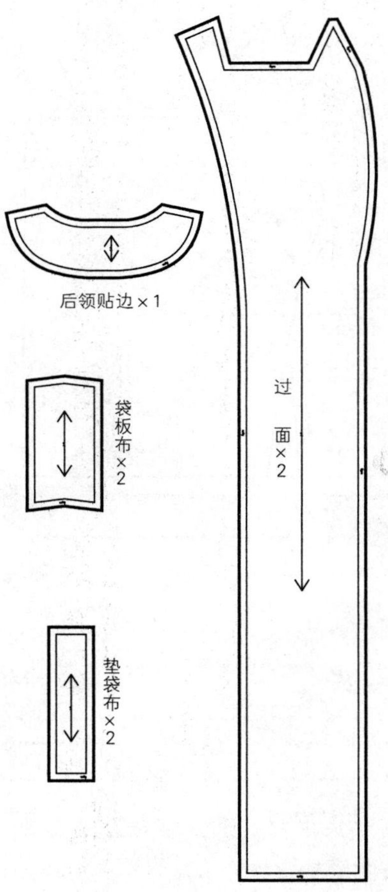

五、紧密排料图

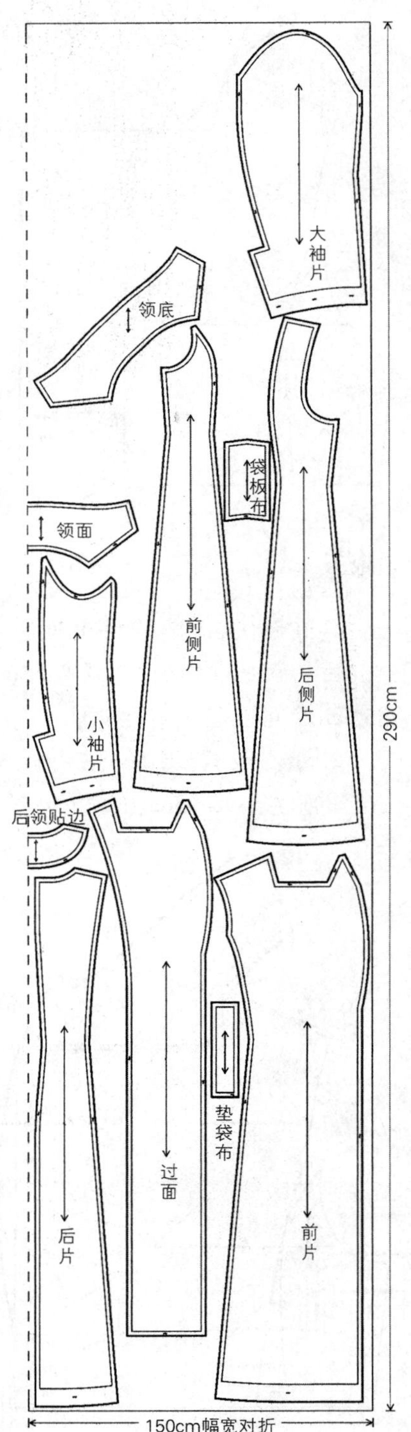

第四章

女式中长大衣

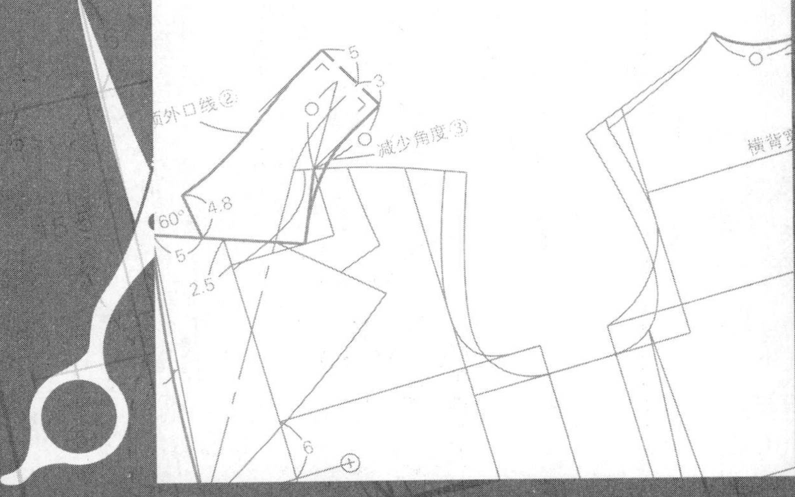

第一节

小X型女中长大衣

一、款式分析

·衣身廓型：小X型、四开身、腰围以上曲面处理。

·前衣片：刀背型结构线、腰围以下结构线上做插袋、各部位加适当的放松量。

·后衣片：后中缝收腰、刀背型结构线、各部位加适当的放松量。

·衣领造型：翻折领，翻折线剪开分为翻领和领座两个部分。

·衣袖造型：圆装袖——弯袖、两片袖。

二、面料、里料、辅料

·面料：幅宽150cm，长200cm。

·里料：幅宽130cm，长180cm。

·厚黏合衬：幅宽90cm，长100cm（前身、领子用）。

·薄黏合衬：幅宽90cm，长60cm（零部件用）。

·黏合牵条：宽1.2cm斜丝牵条，长200cm（止口、袖窿使用）。

·肩垫：厚度0.7cm，一副。

·纽扣：皮搭扣4个、按扣4副，袖扣2粒，直径2.5cm，垫扣2粒，直径1cm。

三、规格设计与结构设计流程

① 示例规格：160/84A。

单位：cm

部位	净尺寸	成品尺寸	放松量
后衣长（*L*） （BNP～底边）	85	85	—
胸围（*B*）	84	100	16
腰围（*W*）	68	78	10
臀围（*H*）	92	104	12
胸宽	33	35	2
背宽	35	37	2
肩宽（*S*）	39	40	1
背长	38	38	—
袖长（SP～腕骨）	53	56	3
袖肥	—	34	—
袖口宽（1/2）	—	13	—
前搭门宽	—	3	—
后领面宽	—	5	—
后领座宽	—	3	—
领口宽	—	3.8	—
袖窿底点～BL	—	1.5	—

② 准备新文化式服装原型（第八代原型）。

③ 用原型借助方法，进行制板设计。

④ 根据面料的厚度、款式造型进行主要部位放松量的设计。

⑤ 设计成衣胸围放松量。

⑥ 设计成衣腰围放松量。

⑦ 设计成衣衣长尺寸。

四、制图步骤与方法

1. 原型借助（略）

2. 衣身制图

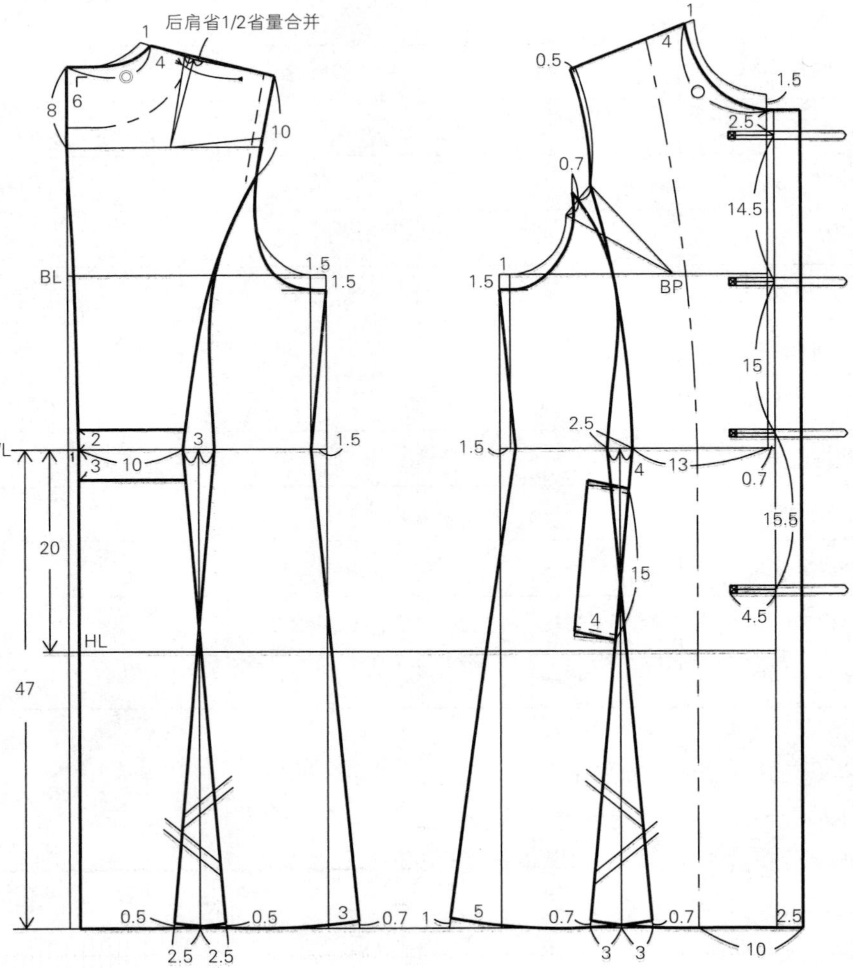

3. 衣身制图步骤

步骤1

① 底边线：沿后中线在腰围线处（WL）向下取47cm，画水平线，作为底边线。

② 臀围线（HL）：从腰围线（WL）向下取20cm画出水平线，作为臀围线。

③ 止口线：与前中心线平行，加放0.7cm画新前中心线，0.7cm作为面料的厚度量，沿新前中心线向右移动2.5cm画止口线。

④ 前、后衣身领弧线：在后原型肩颈点扩大1cm，与后领深连接领弧线；前原型肩颈点扩大1cm，前中心点向下1.5cm，画前领弧线。

⑤ 肩线：合并后肩省1/2，肩端点与新肩颈点连接，画后肩线；前肩线在肩端点处扩大0.5cm。

⑥ 前、后片胸宽：前、后衣身在胸围线上袖窿处分别加出松量1cm和1.5cm，后袖窿再向下降1.5cm。

⑦ 画前、后衣身袖窿弧线。

⑧ 确定前、后衣片刀背线在腰围线上的位置。

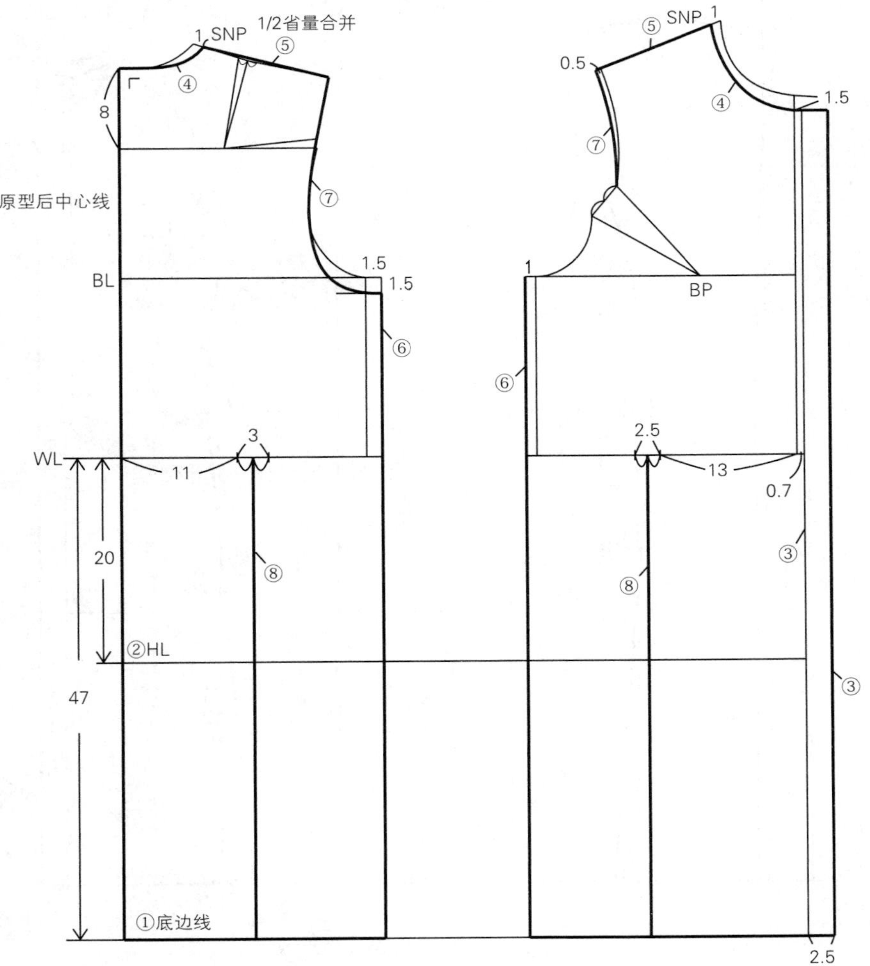

步骤2

① 后中心线：由原型后中心线领深点向下量取8cm定点，在WL线上向右量取1cm背缝省量定点，过以上两点垂直画线到底边。

② 后片刀背缝：从后肩端点沿袖窿向下10cm定点*A*，到距后中心线10cm处的腰围线位置定点*B*，过该点向右移动3cm，确定侧片在腰围线上的位置点，将3cm两等分，过其中点向下画垂线与底边相交点*D*，在底边*D*点处向右撇2.5cm定点，连接袖窿、WL、HL、下摆上各点，形成后片刀背缝。

③ 前片刀背缝：从原型的袖窿省位置点*E*开始连接到WL线上距离前中心线13cm的位置点*F*，该点向左移动2.5cm，确定侧片位置点*M*，将2.5cm两等分，过其中点向下画垂线与底边相交于*N*点，交点*N*向左撇3cm定点，将以上各点连接成前片刀背缝。

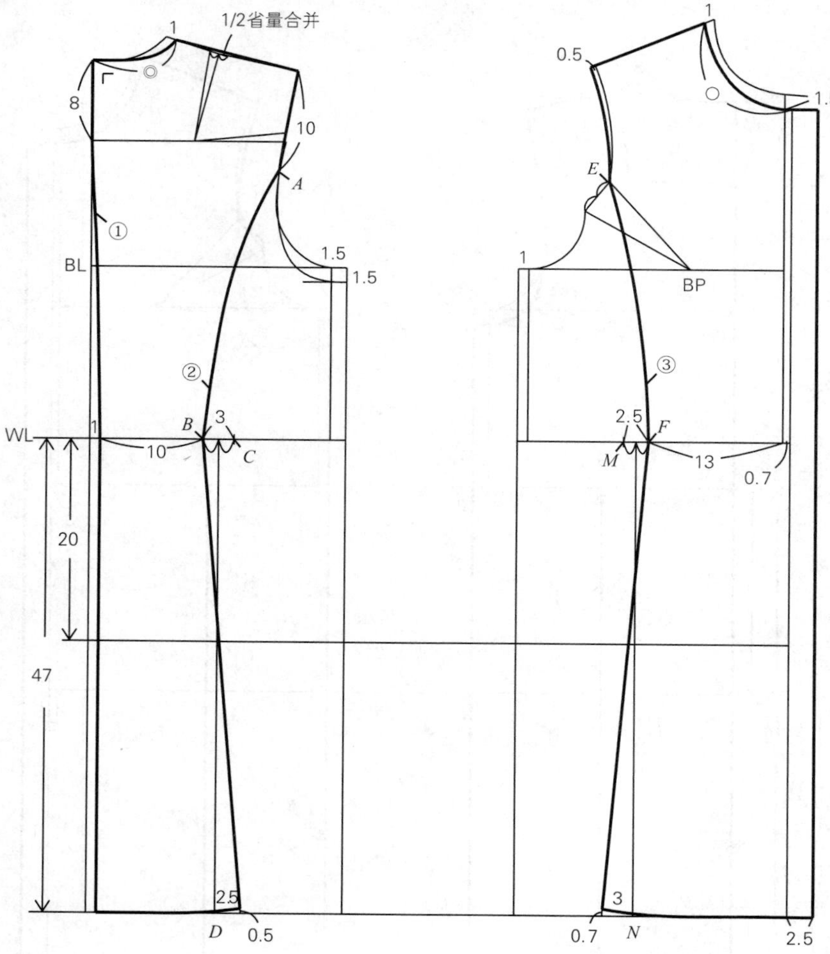

步骤3

① 后侧片刀背缝：连接袖窿（A点）、WL（C点）、HL、底边（D点向左撇2.5cm定点）上的各点画后侧片刀背缝。

② 画后片侧缝：从袖窿点起，曲线连接侧缝在WL上向左移动1.5cm的点，再直线连接侧缝下摆右撇3cm点，形成后片侧缝。

③ 侧片前刀背缝：连接袖窿（E点）、WL（M点）、HL、底边（N点向右撇3cm定点）上的各点画前侧片刀背缝。

④ 画前片侧缝：从袖窿点起，曲线连接侧缝在WL上向右移动1.5cm的点，再直线连接侧缝下摆左撇5cm点，形成前片侧缝。

⑤ 画前侧片袖窿弧线：把前刀背缝合，画顺前袖窿弧线。

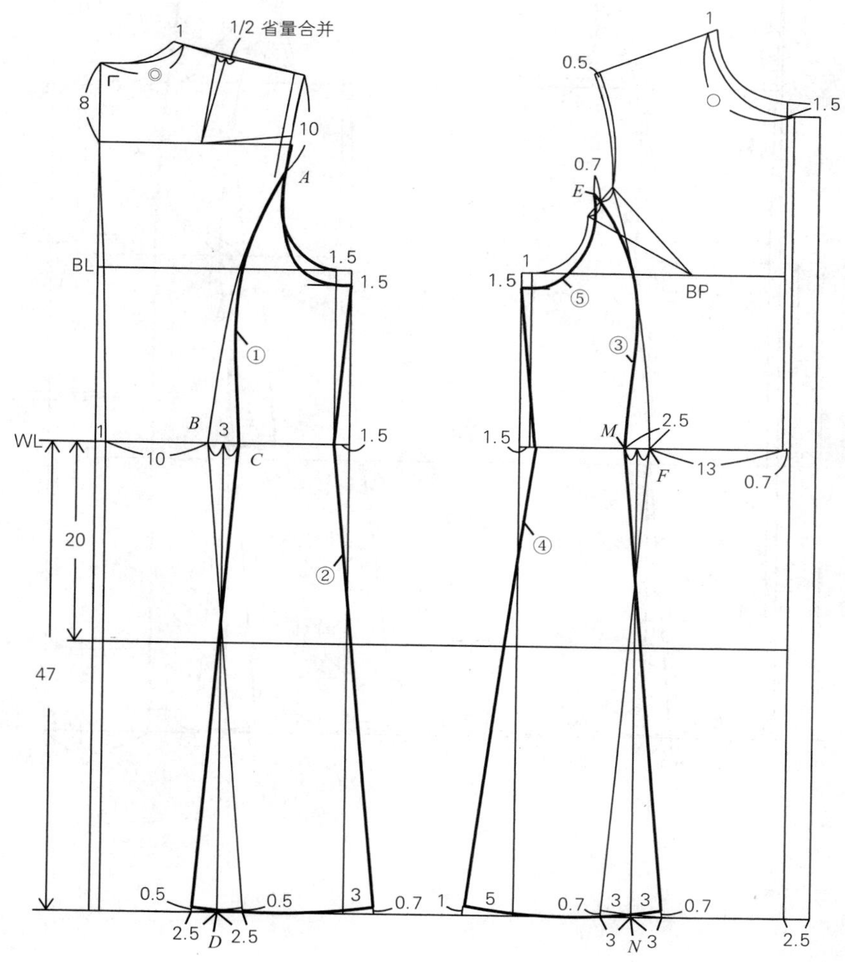

步骤4

① 确定后腰装饰布位置。

② 确定前片袋口位置。

③ 画过面、后领贴边位置。

④ 确定皮搭扣位置。

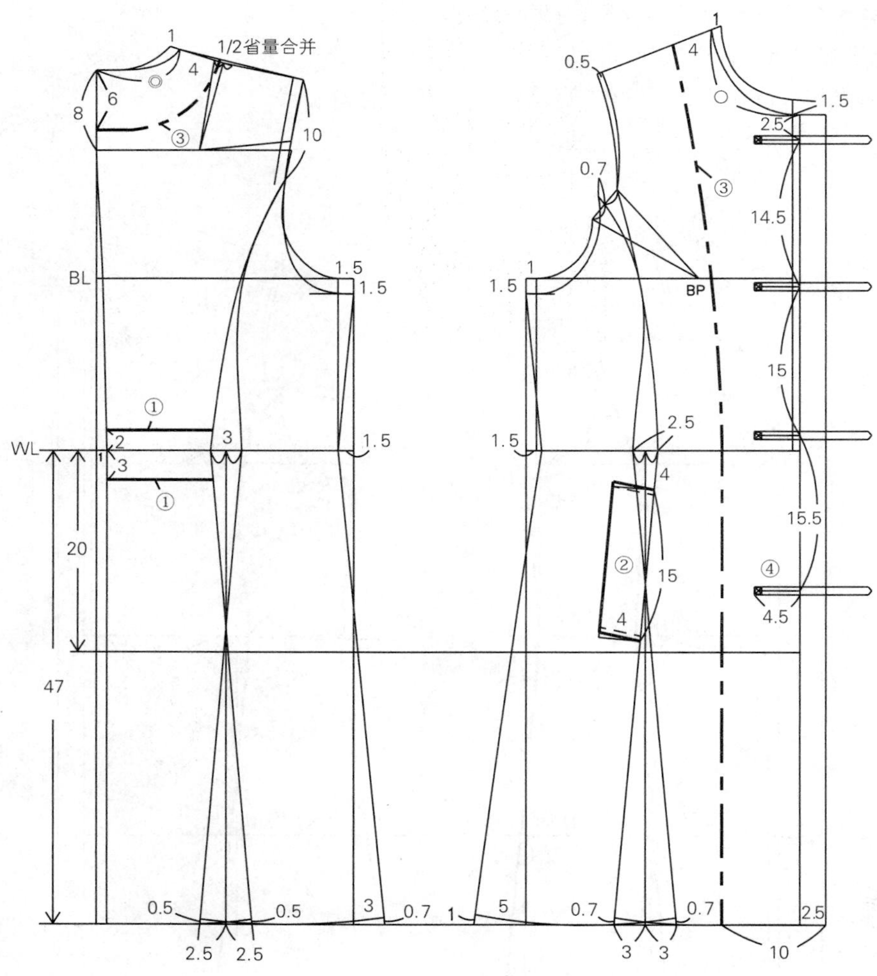

4. 衣身裁片图

衣身主体衣片包括：前片、前侧片、后片、后侧片。

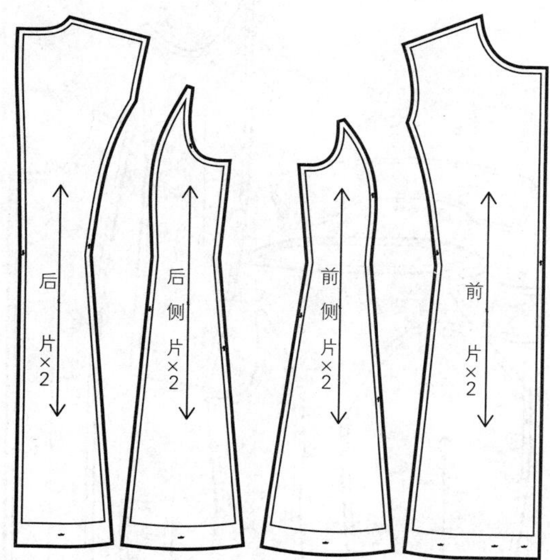

5. 零件裁片图

零料部分包括：过面、后领贴边、袋板布、垫袋布、后腰装饰布。

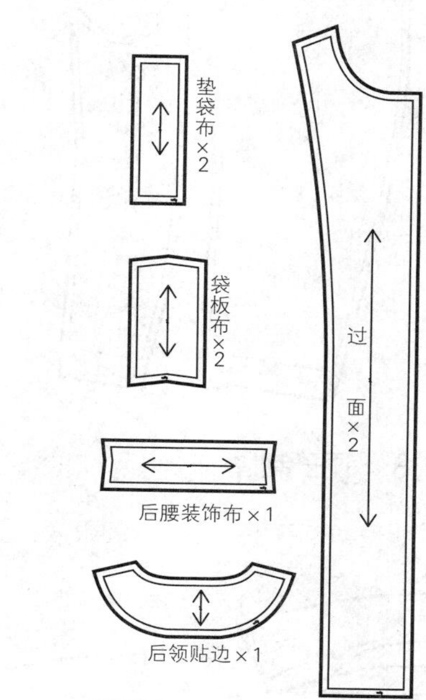

6. 袖子制图

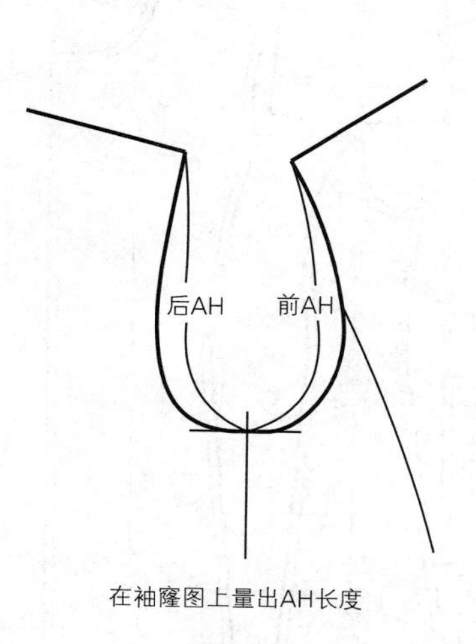

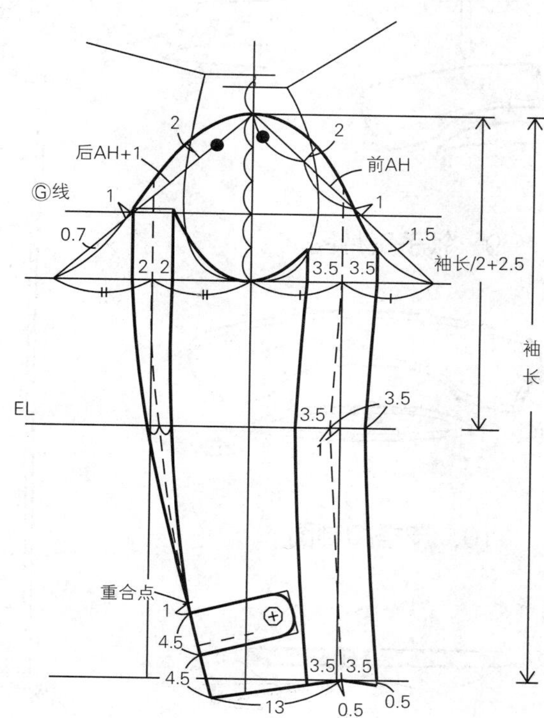

7. 袖子裁片图

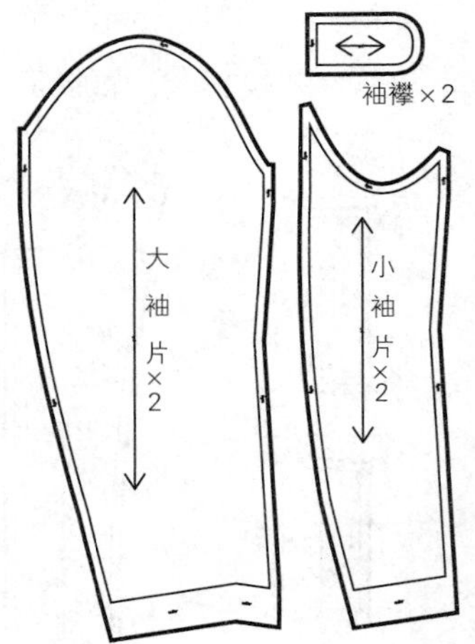

8. 领子制图

测量前领弧长=○，后领弧长=◎

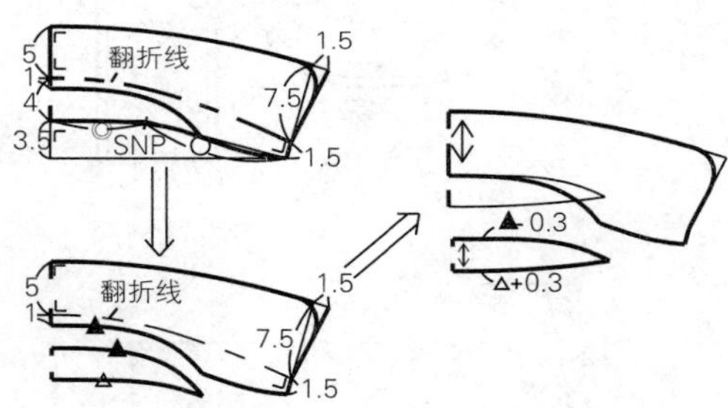

9. 领子裁片图

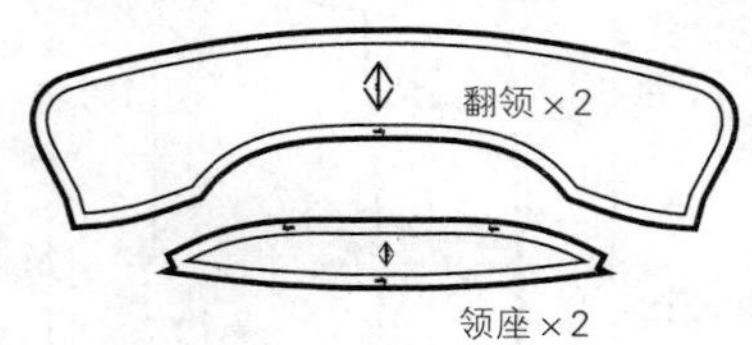

10. 皮搭扣制图

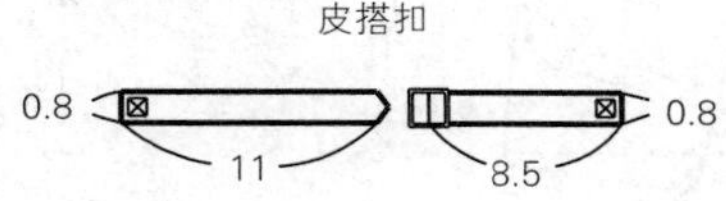

五、紧密排料图

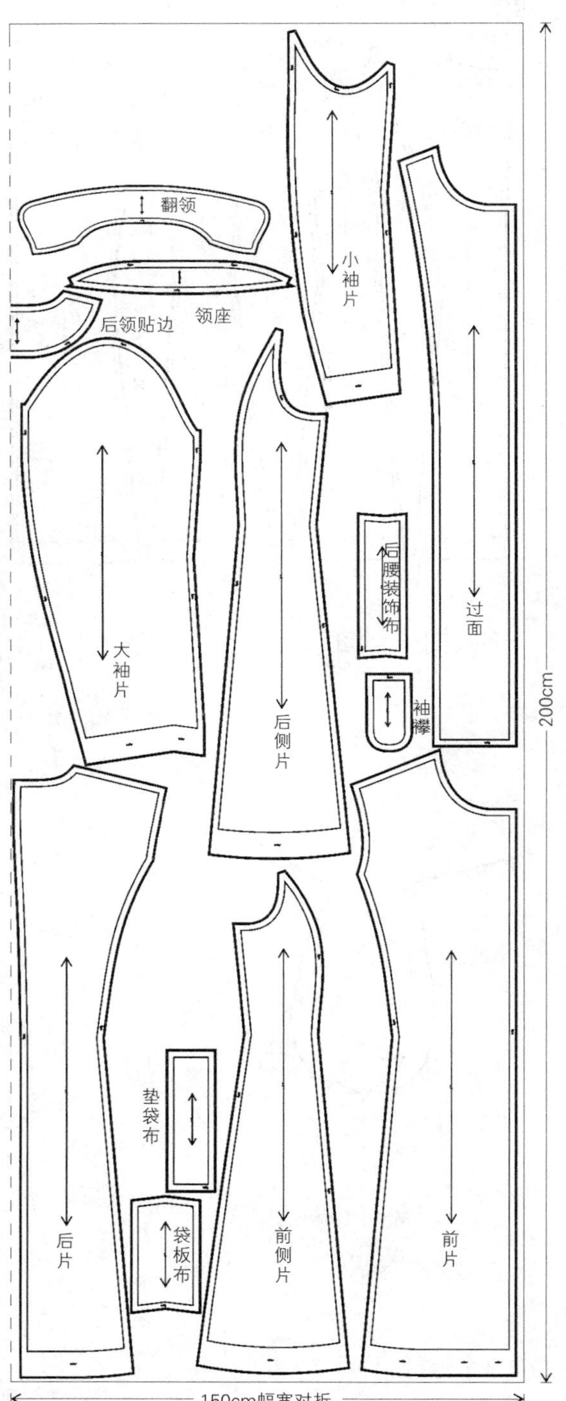

第二节

风衣型女中长大衣

一、款式分析

· 衣身廓型：X型，四开身，腰围以上曲面处理，腰部修身型。
· 前衣片：公主线型结构线，侧缝省转移到公主线、斜插袋口。
· 后衣片：后中缝收腰，公主线型分割线，各部位加适当的放松量。
· 衣领造型：翻折领——翻折线剪开，分为翻领、领座两个部分。
· 衣袖造型：圆装袖——弯袖、两片袖。

二、面料、里料、辅料

· 面料：幅宽150cm，长200cm。
· 里料：幅宽130cm，长180cm。
· 厚黏合衬：幅宽90cm，长130cm（前身用）。
· 薄黏合衬：幅宽90cm，长100cm（零部件用）。
· 厚、薄兼用的黏合衬：幅宽90cm，长100cm。
· 黏合牵条：宽1.2cm斜丝牵条，长200cm。
· 肩垫：厚度0.7cm，一副。
· 纽扣：直径2.5cm，11粒，（前门襟10粒、后覆肩1粒）。
· 腰带搭扣：1副。
· 袖襻搭扣：2副。

三、规格设计与结构设计流程

① 示例规格：160/84A。

单位：cm

部位	净尺寸	成品尺寸	放松量
后衣长（L）（BNP～底边）	88	88	—
胸围（B）	84	100	16
腰围（W）	68	80	12
臀围（H）	92	106	14

续表

部位	净尺寸	成品尺寸	放松量
胸宽	33	35	2
背宽	35	37	2
肩宽（S）	39	40	1
背长	38	38	—
袖长（SP～腕骨）	53	56	3
袖肥	—	34	—
袖口宽（1/2）	—	13	—
前搭门宽	—	3	—
后领面宽	—	5	—
后领座宽	—	3	—
领口宽	—	3.8	—
袖窿底点～BL	—	1.5	—

② 准备新文化式原型（第八代原型）。

③ 根据面料的厚度、款式造型进行主要部位放松量的设计。

④ 设计成衣胸围放松量。

⑤ 设计成衣腰围放松量。

⑥ 设计成衣衣长尺寸。

四、制图步骤与方法

1. 原型借助

① 与后中心线垂直并与后中心线相交画出腰围线（WL），前、后身原型放置同一水平线上（WL）。省道以及BP点处做记号，通过Ⓖ点做水平线。

② 后片肩省量的1/2合并，剪开袖窿，分散合并的省量，修正肩线、袖窿线。

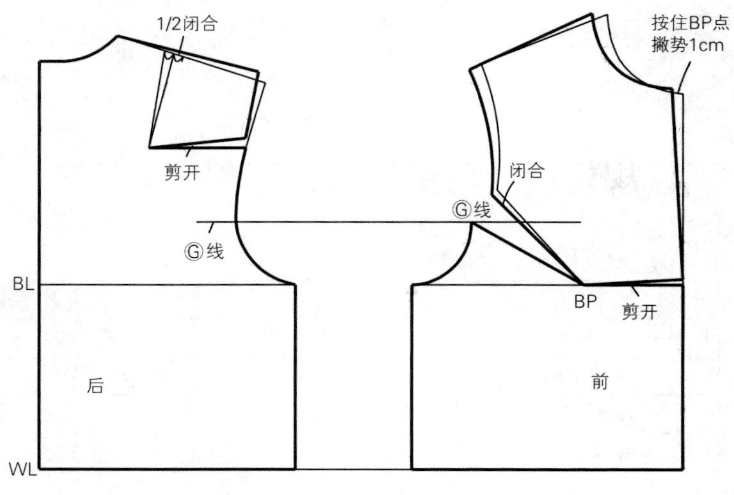

③ 从前中心线的胸围线处剪开到BP点，按住BP点顺时针转动该部分衣片，前颈点处与原型的撇势为1cm，闭合胸省量。

2. 衣身制图

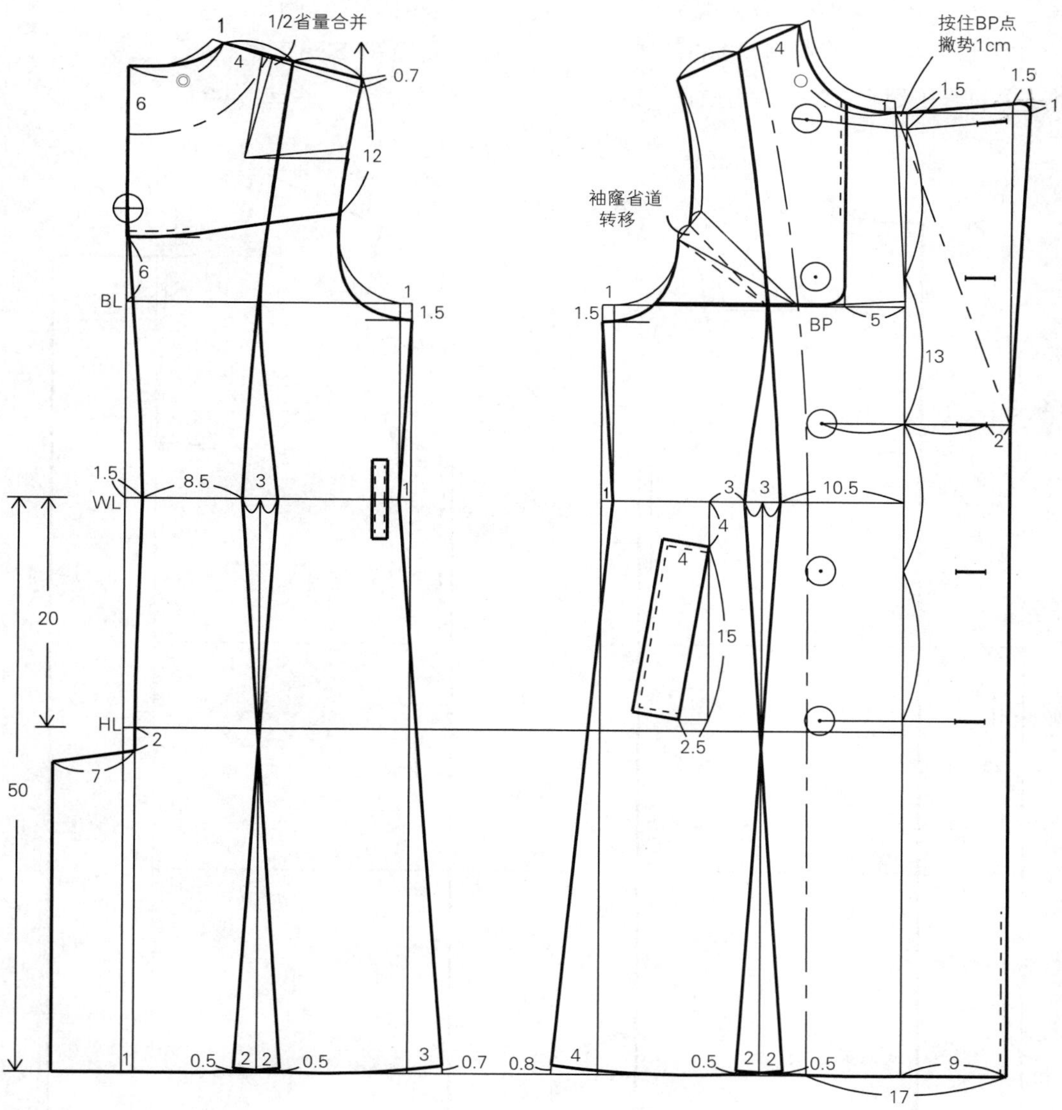

3. 衣身制图步骤

步骤1

① 底边线：从腰围线（WL）向下取50cm画水平线，作为底边线。

② 臀围线（HL）：从腰围线（WL）向下取20cm画出水平线，作为臀围线。

③ 与前中心线平行画出9cm为搭门宽线，并垂直画到底边线，作为前止口线。

④ 前、后领口宽都扩大1cm，前领深下降1cm。

⑤ 后肩端点因肩垫厚度追加0.7cm。

⑥ 前片袖窿省1/2闭合。

⑦ 前、后片胸宽向袖窿处加放1cm，袖窿深下降1.5cm定点Z、Y，绘制前、后袖窿弧线。

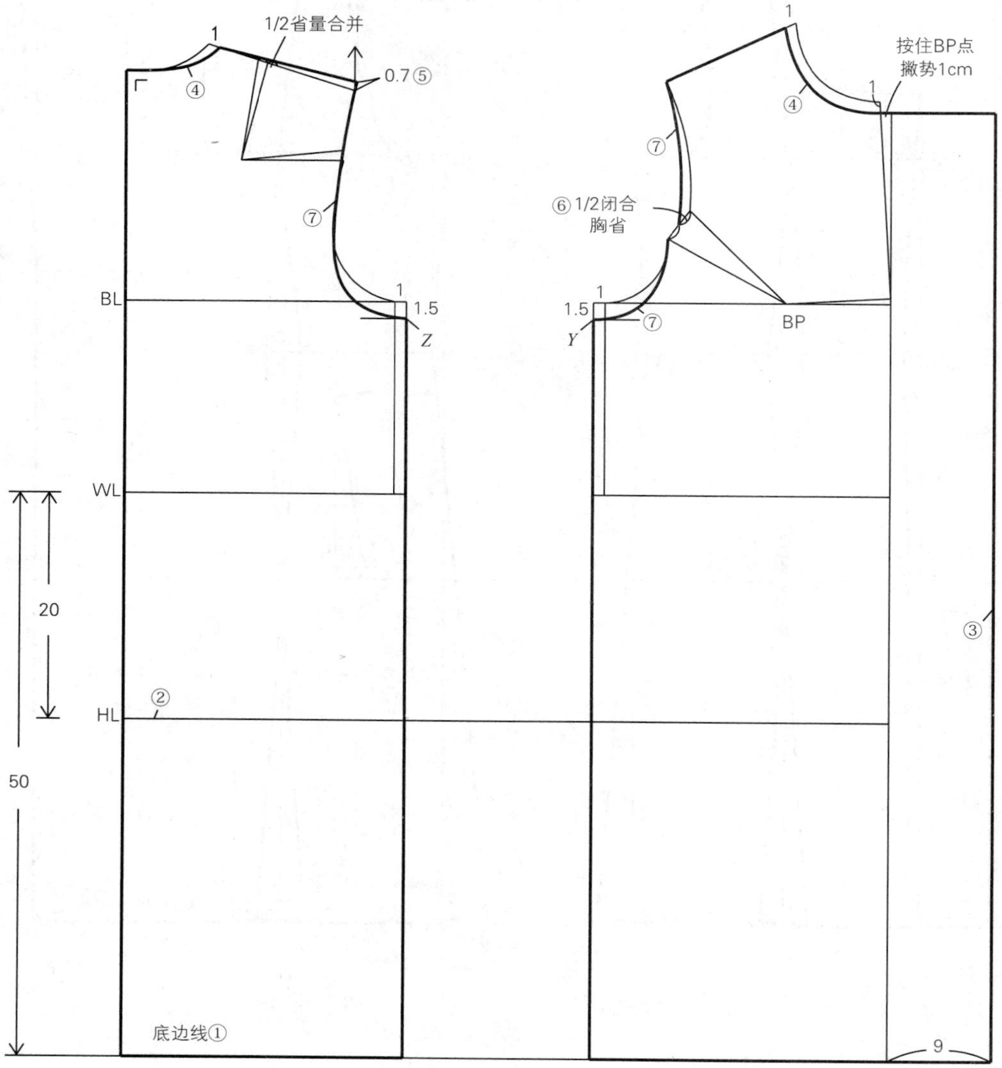

步骤2

① 后中心线：在腰围线上收1.5cm，臀围线收1cm定点，由此点画垂线直到底边。

② 后片公主线：后肩线1/2处定点*A*，与距后中线8.5cm的WL位置定点*B*连线，从点*B*向右量取3cm定点*C*，将3cm两等分，过其中点向下画垂线直到底边，确定点*D*，点*D*在底边下摆向右撇2cm定点，连接肩中点（*A*点）、WL（*B*点）、HL、下摆上各点，形成公主线。

③ 前片公主线：前肩1/2处定点*E*与腰围线距前中心线10.5cm处定点*F*连线，*F*点向左取3cm定点*M*，将3cm两等分，过其中点向底边画垂线，定点*N*，点*N*在底边下摆向左撇2cm定点，连接肩中点（*A*点）、WL（*B*点）、HL、底边各点，形成公主线。

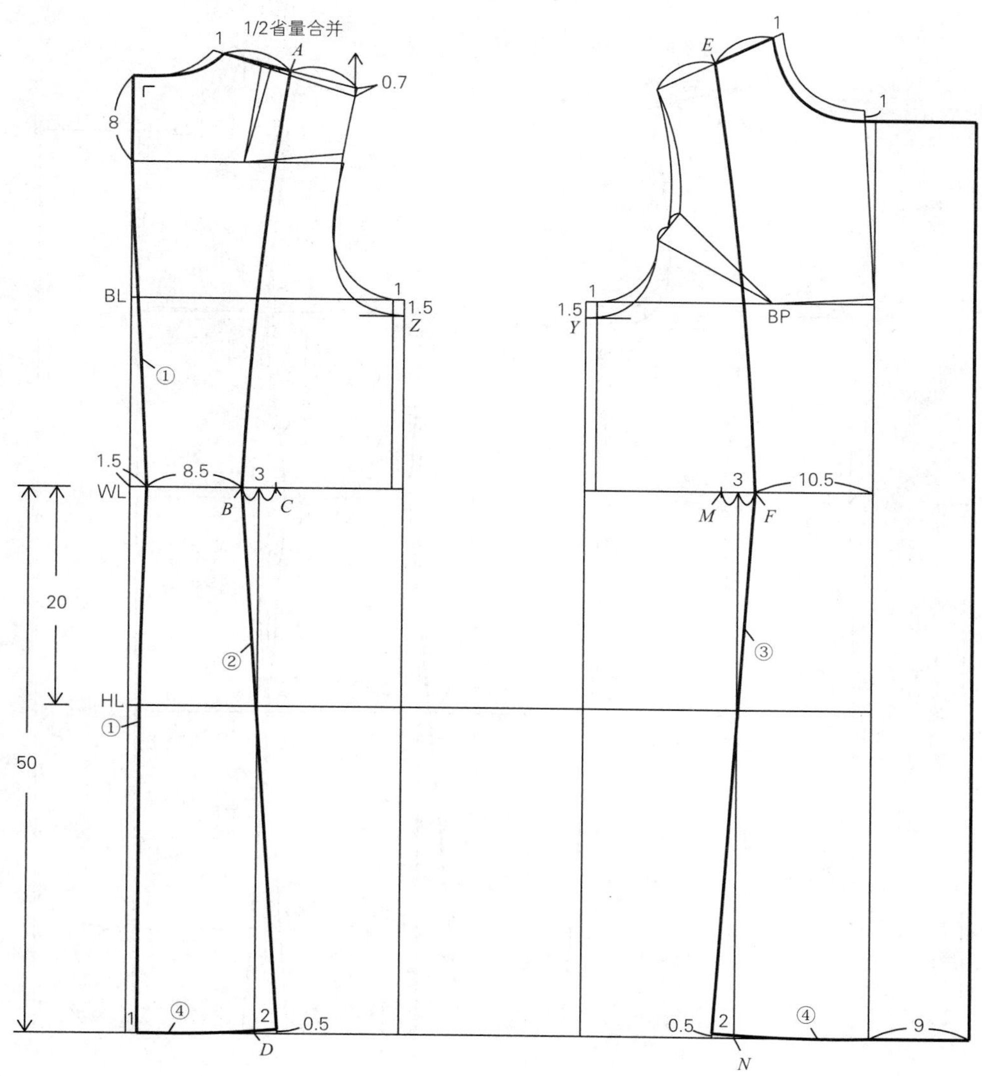

步骤3

① 过A点、C点、下摆点（D点向左撇2cm），绘制后侧片公主线。

② 过Z点连接WL线向左移1cm的点和底边向右撇3cm的点，绘制后侧片侧缝线。

③ 过E点、M点、F摆点（N点向右撇2cm），绘制前侧片公主线。

④ 过Y点，连接WL线右移1cm的点和底边向左撇4cm的点，绘制前侧片侧缝线。

⑤ 做省道转移，将前袖窿修整圆顺。

⑥ 绘制前、后侧片下摆边线。

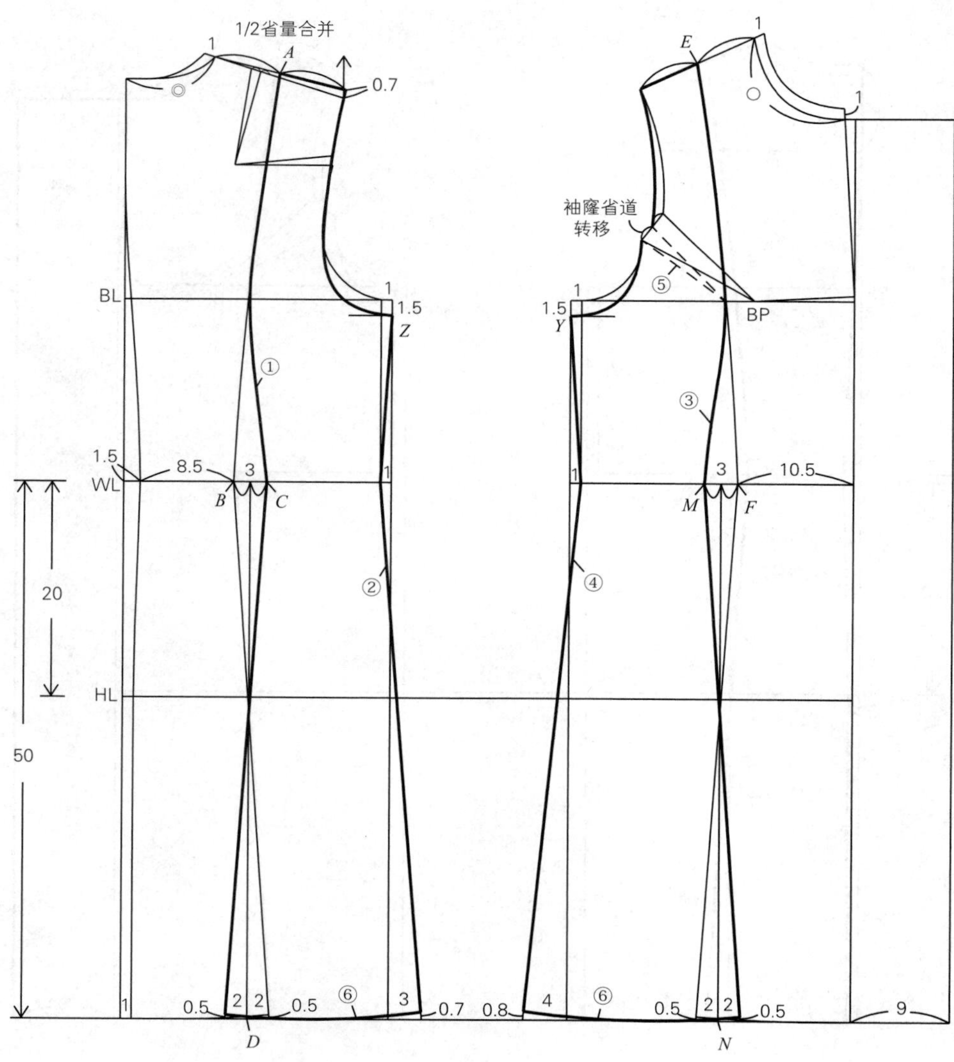

步骤4

① 确定后开衩位置。
② 确定后覆肩位置。
③ 确定口袋位置。
④ 绘制驳口线。
⑤ 确定前覆肩位置。
⑥ 过面。
⑦ 后领贴边。

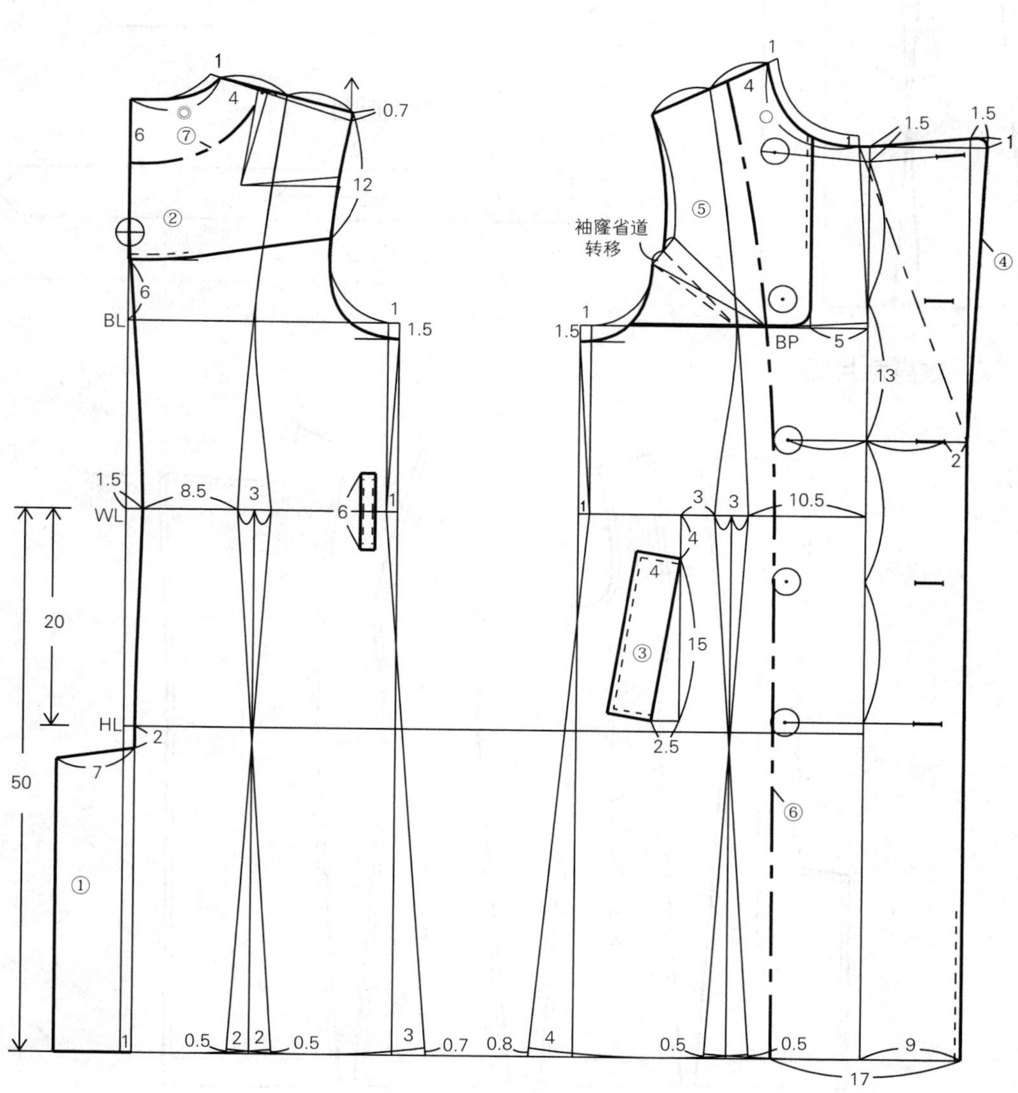

4. 前身省位移动图

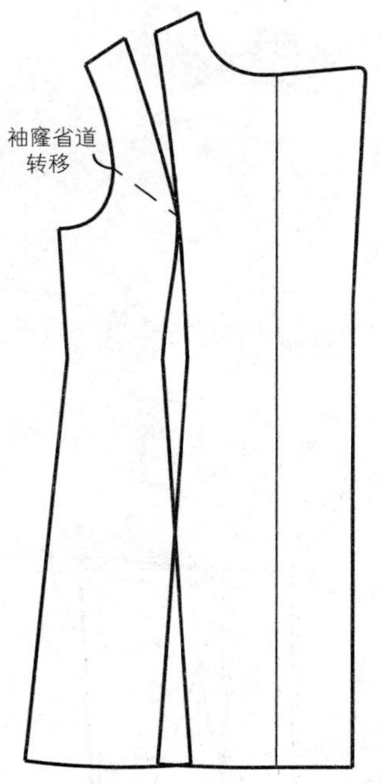

5. 覆肩布制图

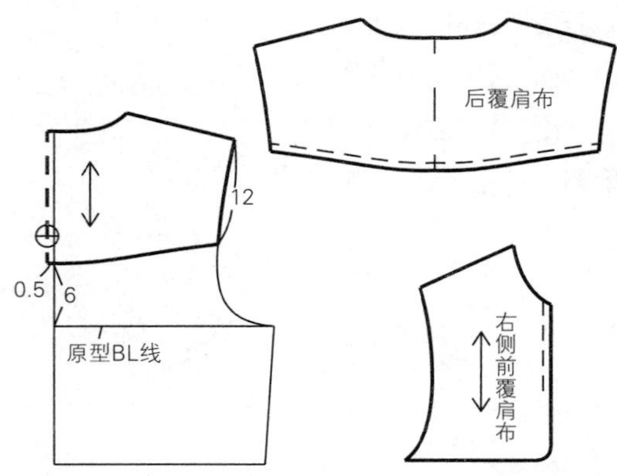

6. 腰带制图

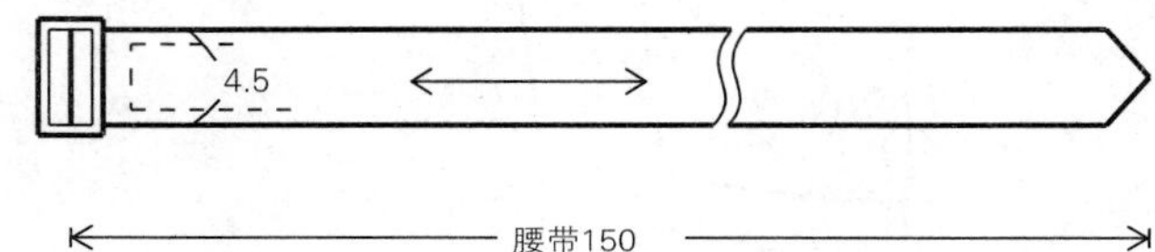

7. 衣身裁片图

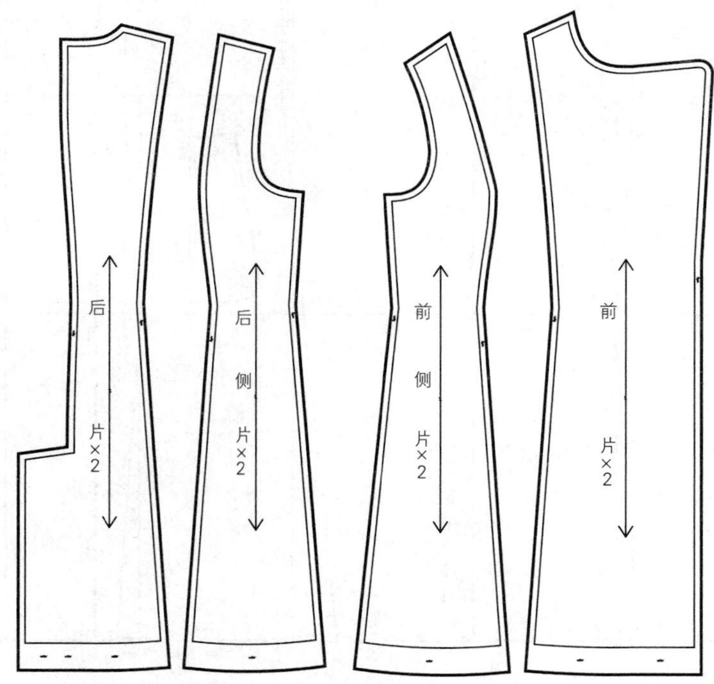

8. 零件裁片图

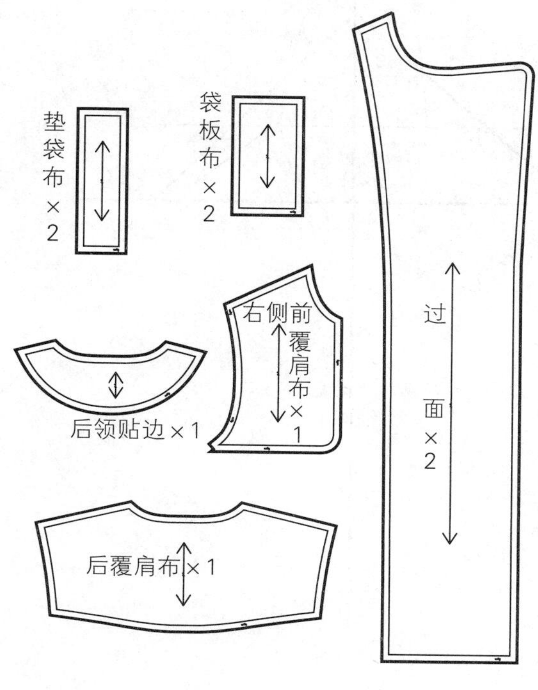

9. 领子制图

测量前领弧长=○，后领弧长=◎

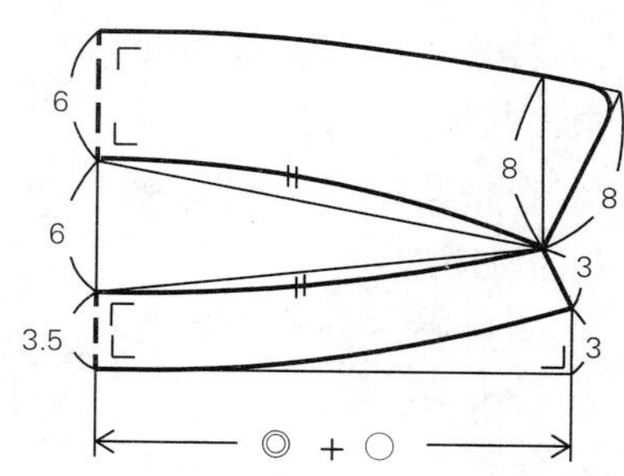

10. 领子裁片图

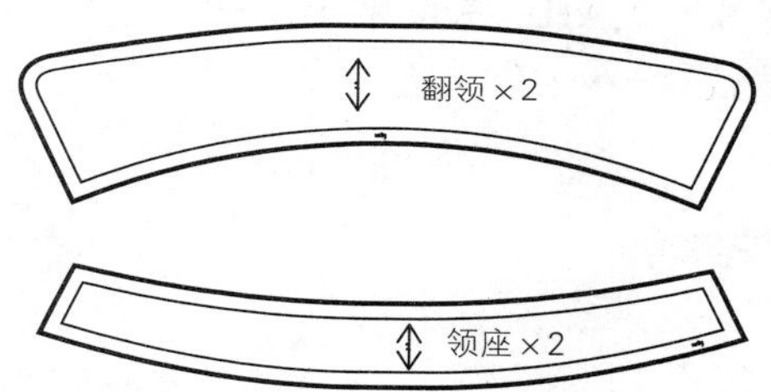

11. 袖子制图

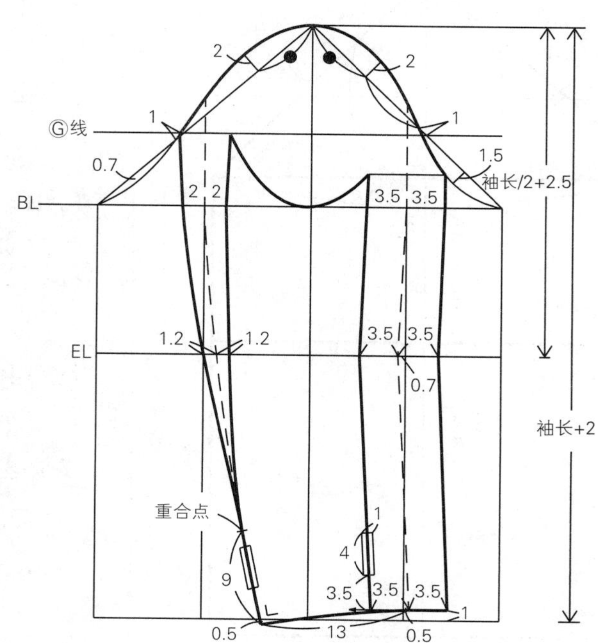

步骤1

测量衣身袖窿（AH）的深度，决定袖山高度的尺寸。

① 对合省位以及腋下侧点，画出衣身的袖窿线。

② 在袖窿底部画出水平线，作为袖肥线。

③ 通过腋下缝点画垂直线，作为袖山线。

④ 量前、后肩点到袖窿底的垂直尺寸（AH的深度），将前、后AH的深度平均，取其5/6作为袖山的高度。

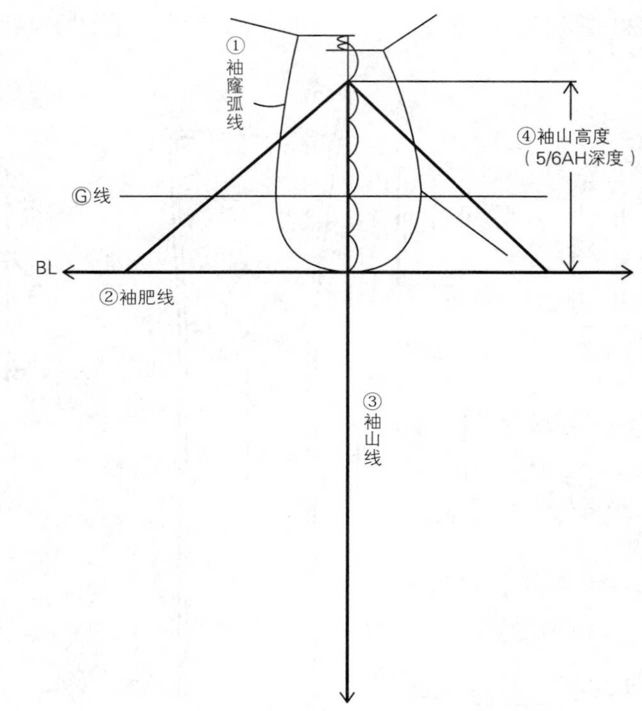

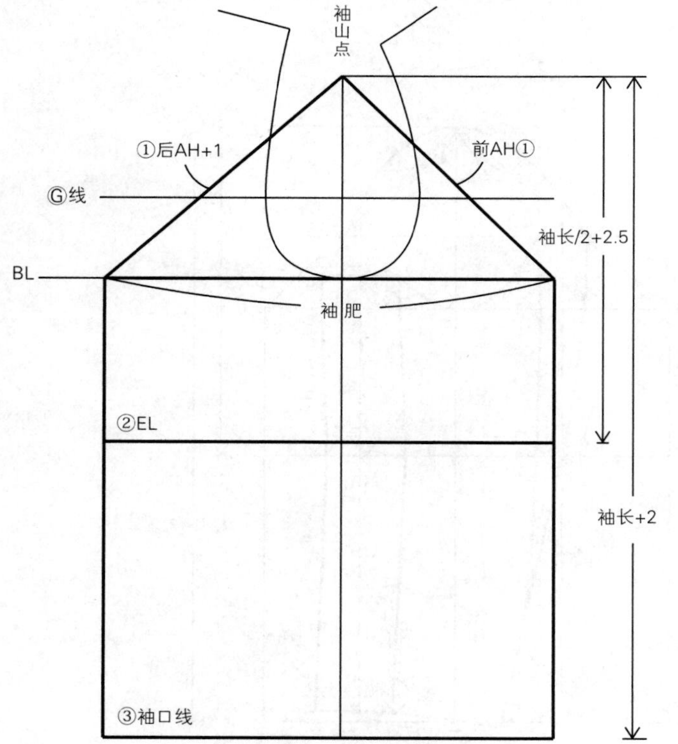

步骤2

① 量前、后片袖窿的尺寸（AH长度），以袖山点为圆心量取前AH、后AH+1cm相交于袖肥线，两交点之间的长度为袖肥尺寸，袖肥为上臂围+6cm松度量比较得当。

② 画EL线。

③ 画袖口线。

步骤3

① 以Ⓖ线为基准确定变曲点，画袖山弧线。

② 绘制前偏袖弧线。

③ 袖口尺寸设计为13cm，以前偏袖为起点量取13cm。

④ 绘制后偏袖弧线。

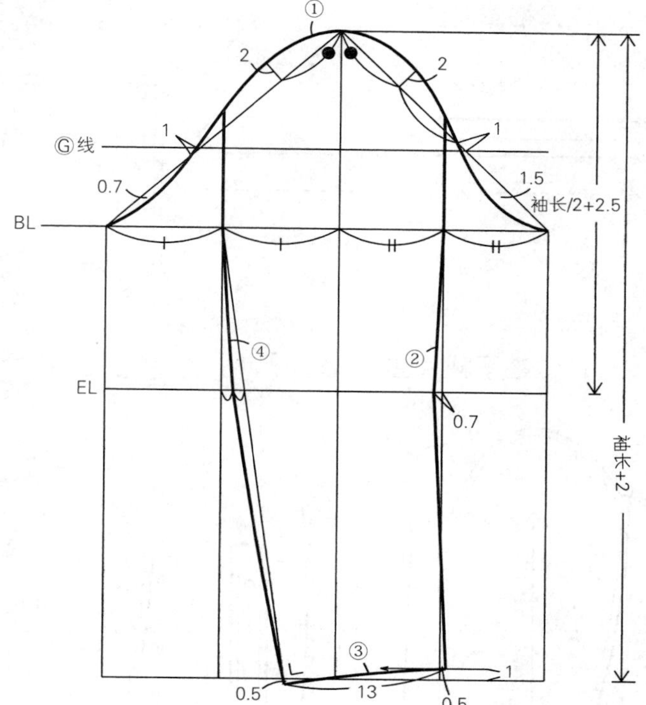

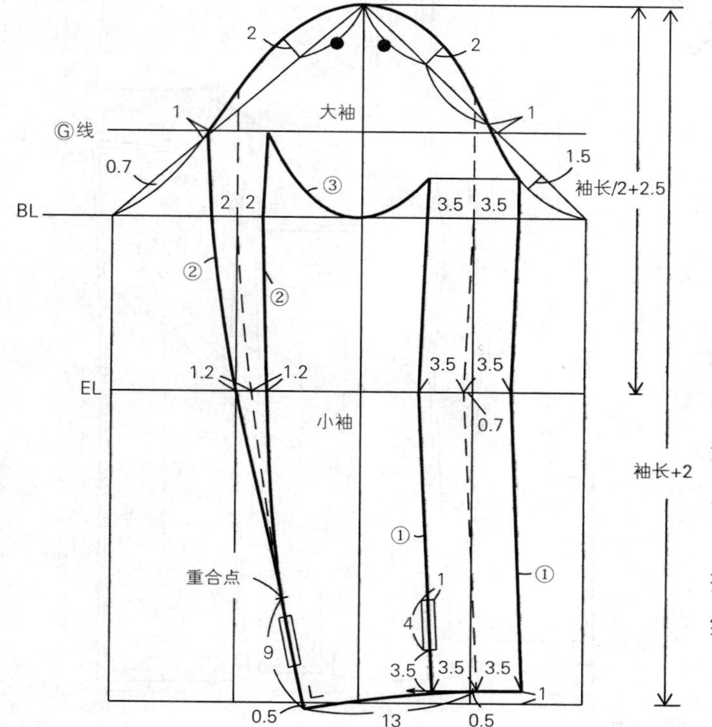

步骤4

① 大、小袖片内袖缝：从前偏袖分别向左、向右取3.5cm定点，画线，上下同宽。

② 大、小袖片外袖缝：由袖根处分别向左、向右取2cm定点，袖肘处向左、右各取1.2cm定点，过以上点和重合点连线（袖口向上9cm处）。

③ 小袖片袖窿：沿着偏袖线折叠纸样，把袖山线的下半段描绘到小袖的袖窿底部。

12. 袖襻制图

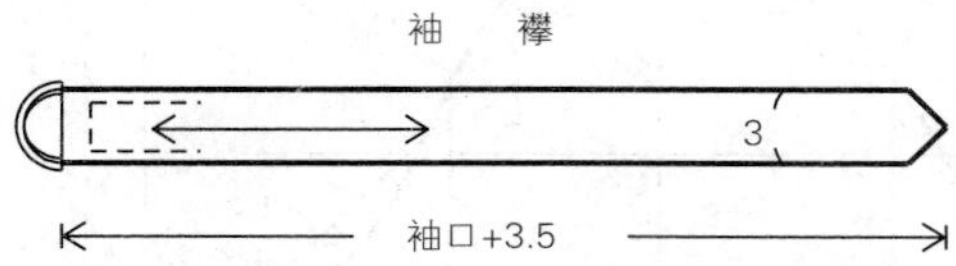

13. 袖子裁片图

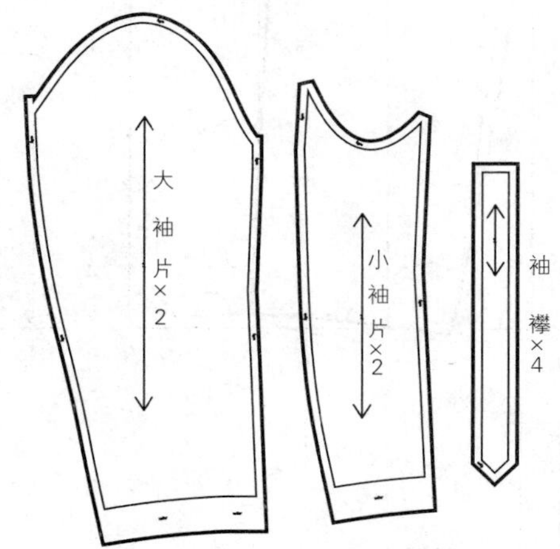

五、紧密排料图

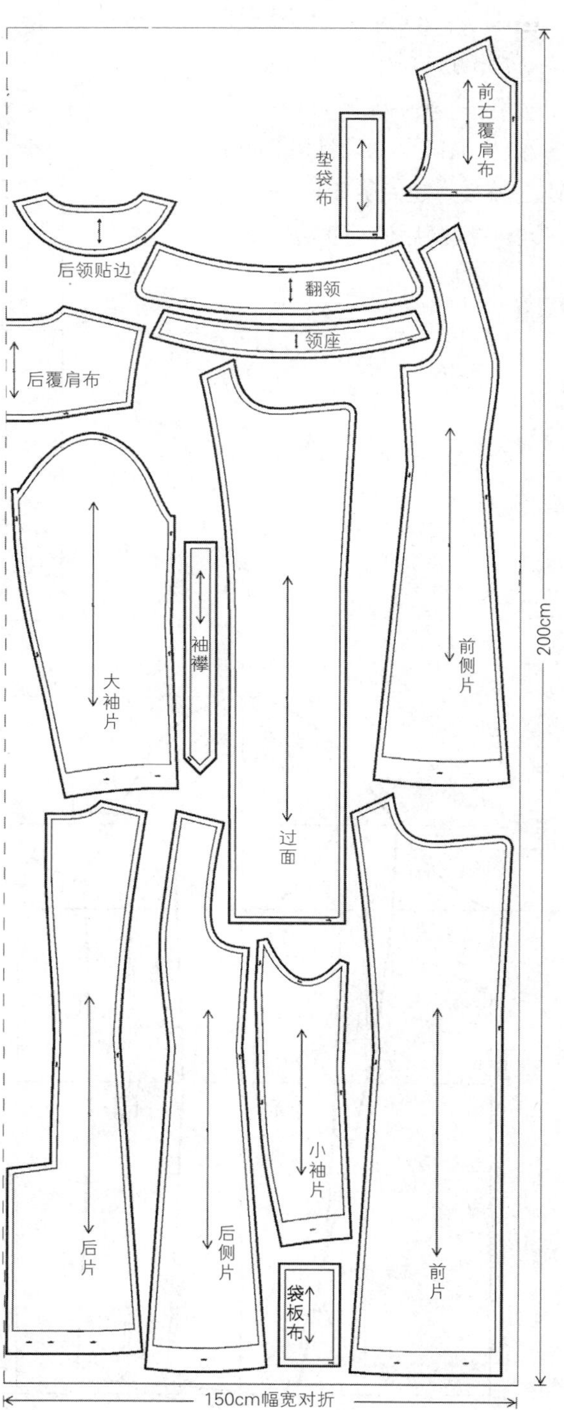

第三节

高腰线女中长大衣

一、款式分析

· 衣身廓型：H型、四开身、略有收腰、高腰线、腰围以上曲面处理。
· 前衣片：公主分割线、袋口在结构线上、各部位加适当的放松量。
· 后衣片：后中缝收腰、公主分割线、各部位加适当的放松量。
· 衣领造型：翻驳领。
· 衣袖造型：圆装袖——弯袖、两片袖。

二、面料、里料、辅料

面料：幅宽150cm，长220cm。

里料：幅宽130cm，长210cm。

厚黏合衬：幅宽90cm，100cm（前身、领子用）。

薄黏合衬：幅宽90cm，长60cm（零部件用）。

厚、薄兼用的黏合衬：幅宽90cm，长60cm。

黏合牵条：宽1.2cm斜丝牵条，长200cm（止口、袖窿使用）。

肩垫：厚度0.7cm，一副。

纽扣：3粒，直径2.5cm。

三、规格设计与结构设计流程

①示例规格：160/84A。 **单位：cm**

部位	净尺寸	成品尺寸	放松量
后衣长（*L*）（BNP～底边）	88	88	—
胸围（*B*）	84	100	16
腰围（*W*）	68	80	12
臀围（*H*）	92	106	14
胸宽	33	35	2
背宽	35	37	2
肩宽（*S*）	39	40	1
背长	38	38	—
袖长（SP～腕骨）	53	56	3
袖肥	—	34	—
袖口宽（1/2）	—	13.5	—
前搭门宽	—	2.5	—
领面宽	—	5	—
领座宽	—	2.5	—
领口宽	—	4	—
袖窿底点～BL	—	2	—

②准备新文化式原型（第八代原型）。

③根据面料的厚度、款式造型进行主要部位放松量的设计。

④设计成衣胸围放松量。

⑤设计成衣腰围放松量。

⑥设计成衣衣长尺寸。

四、制图步骤与方法

1. 原型借助（略）

2. 衣身制图

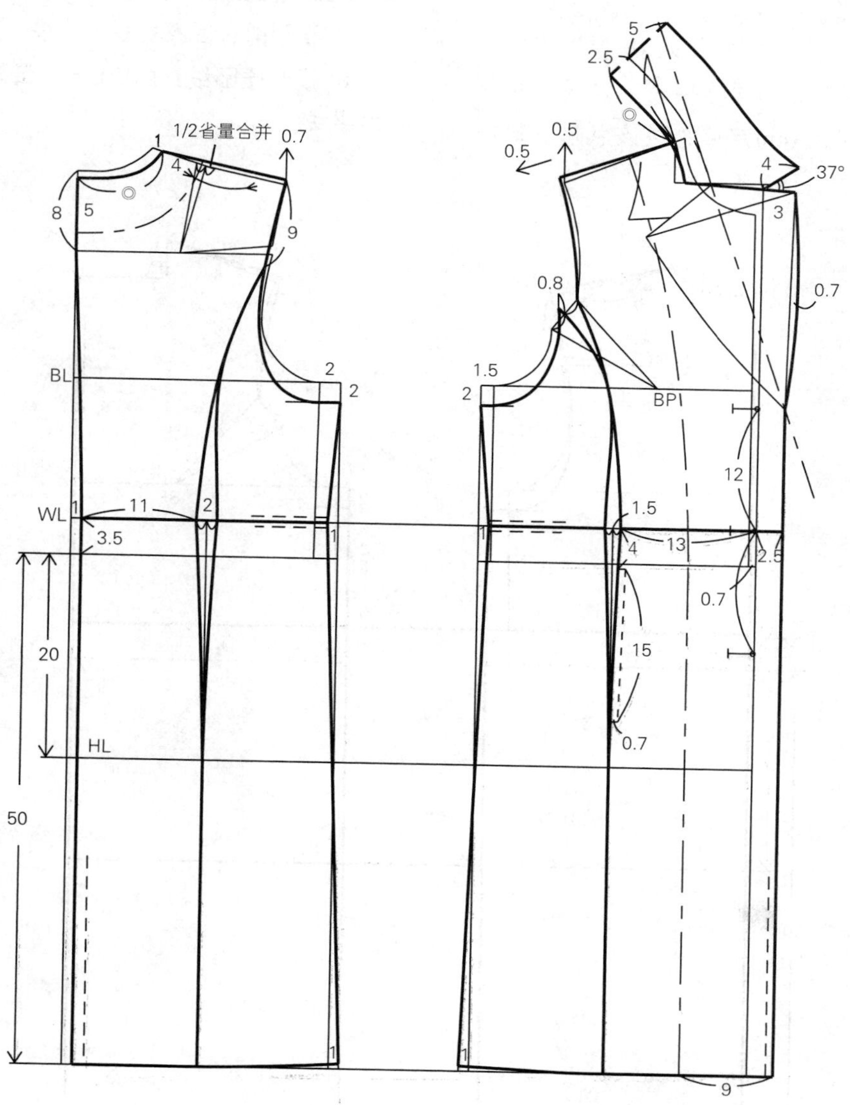

3. 衣身制图步骤

步骤1

① 与前中心线平行，加放0.7cm画新的前中心线0.7cm作为面料的厚度量。

② 底边线：在WL线向下取50cm，画水平线，作为底边线。

③ 臀围线（HL）：从腰围线（WL）向下取20cm画出水平线，作为臀围线。

④ 前、后衣身领弧线：后原型肩颈点扩大1cm，与后领深连接为领弧线；前原型肩颈点扩大1cm定点，过该点向下做垂线，取4cm定点，过该点画水平线相交于前中心线。

⑤ 肩线：作为垫肩量在后肩端点追加0.7cm，与新肩颈点SNP连接为后肩线；前肩端点分别向上、向左加放0.5cm定点，与前肩颈点SNP连接为前肩线。

⑥ 前、后衣身在胸围线上袖窿处加出松量1.5cm、2cm。

⑦ 绘制前、后衣身袖窿弧线。

⑧ 提升腰围线：由WL向上量取3.5cm画水平线。

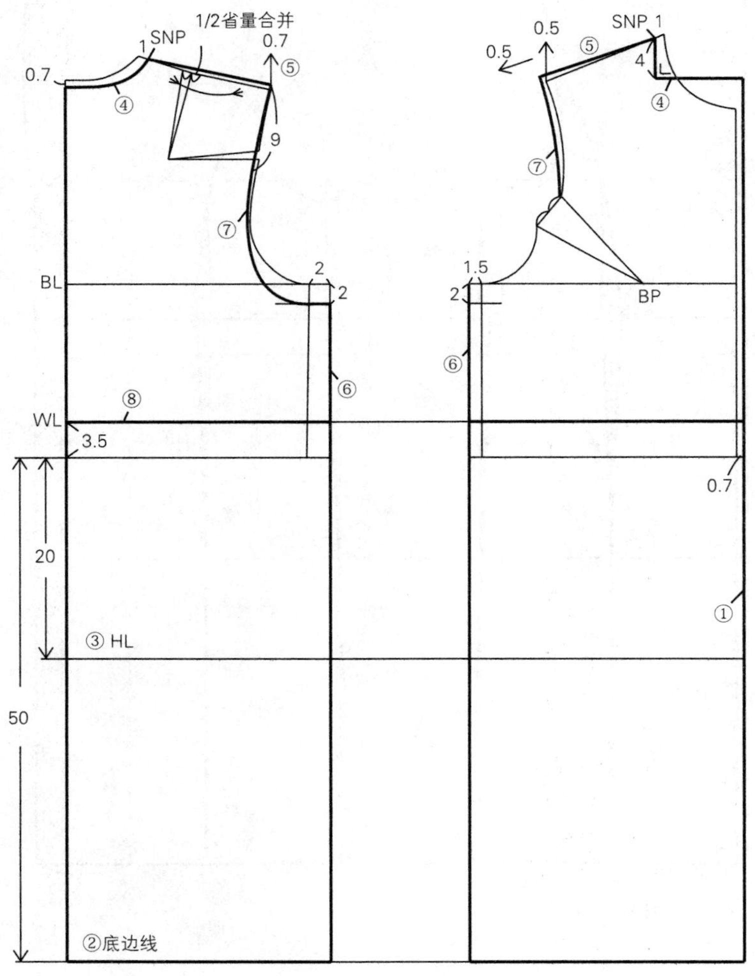

步骤2

① 绘制后中心线。

② 止口线：搭门宽2.5cm。

③ 确定前、后衣片结构线的位置。

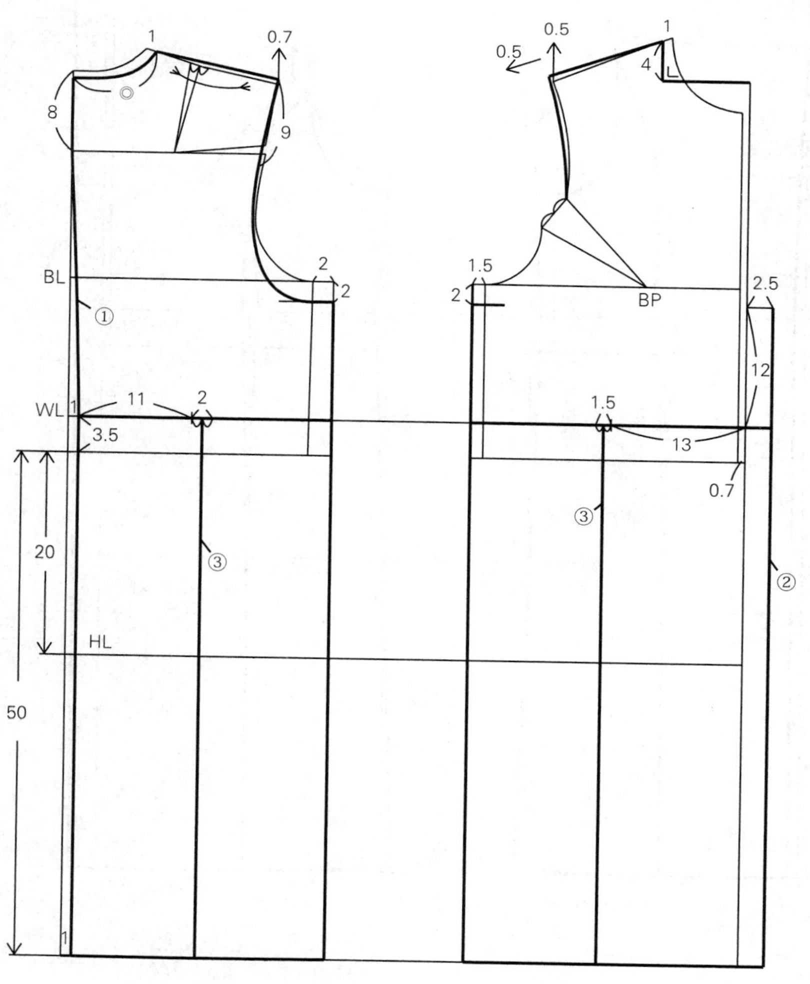

步骤3

① 确定后片结构线。

② 确定前片结构线。

③ 绘制驳口线。

④ 绘制领口线。

⑤ 设计驳头宽。

⑥ 设计倒伏量，确定绱领线位置。

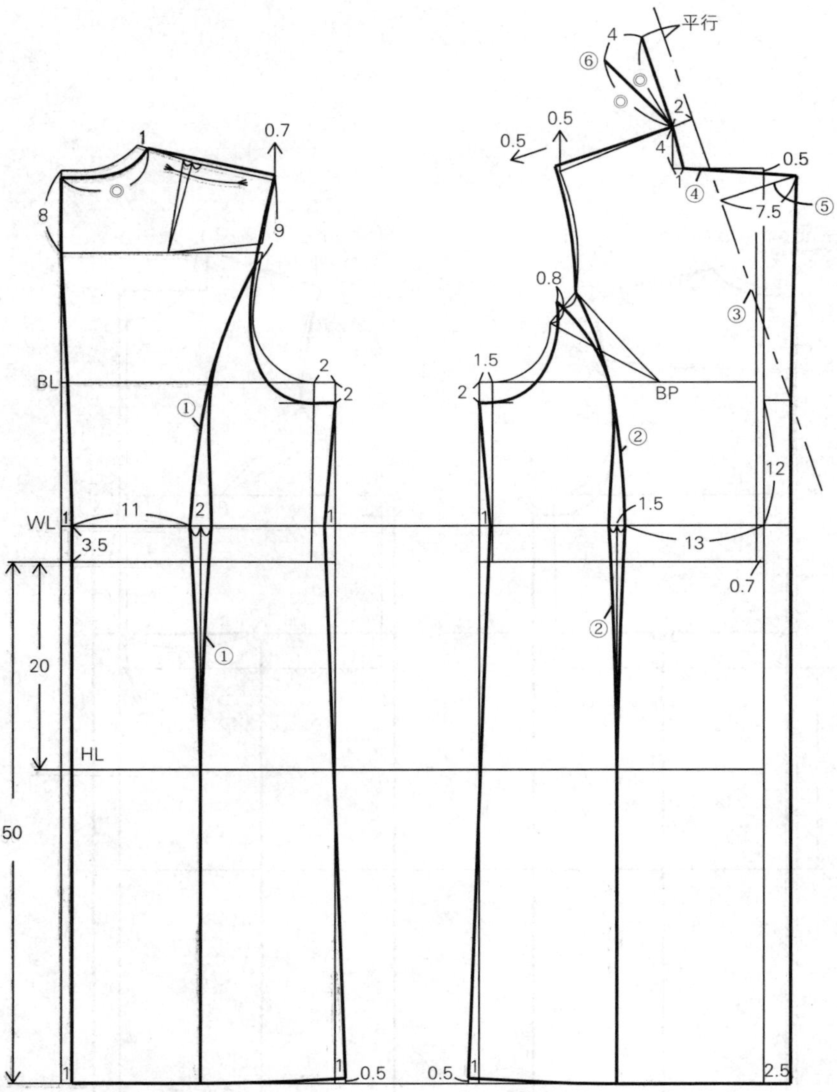

步骤4

① 领子绘制完整（参考领子部分）。

② 确定袋口位置。

③ 确定扣眼位置。

④ 确定过面位置。

⑤ 确定后领贴边位置。

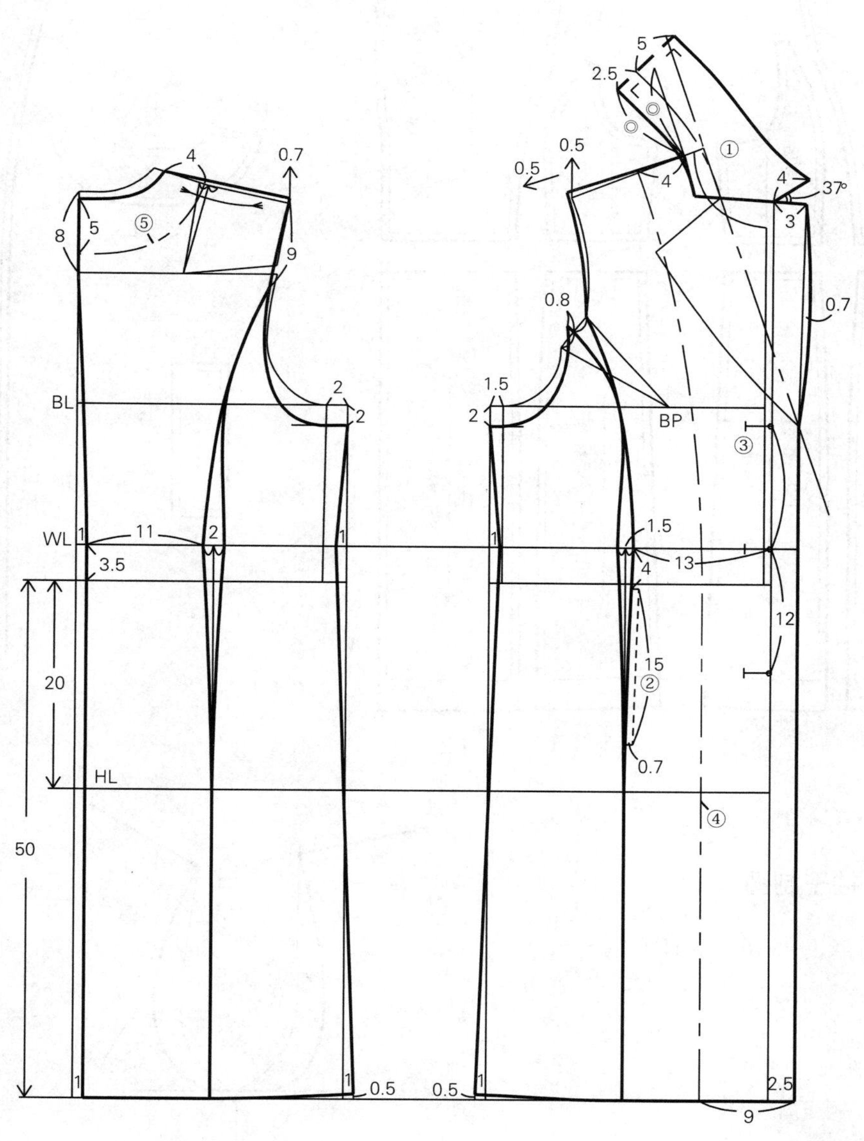

4. 衣身裁片图

衣身主体衣片包括：前片上、前侧片上、前片下、前侧片下、后片上、后侧片上、后片下、后侧片下。

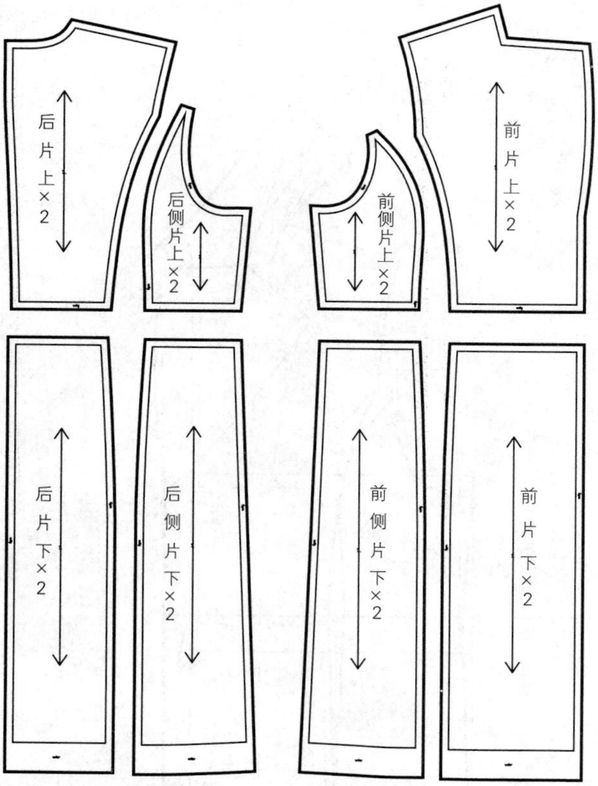

5. 零件裁片图

零料部分包括：过面、后领贴边、垫袋布。

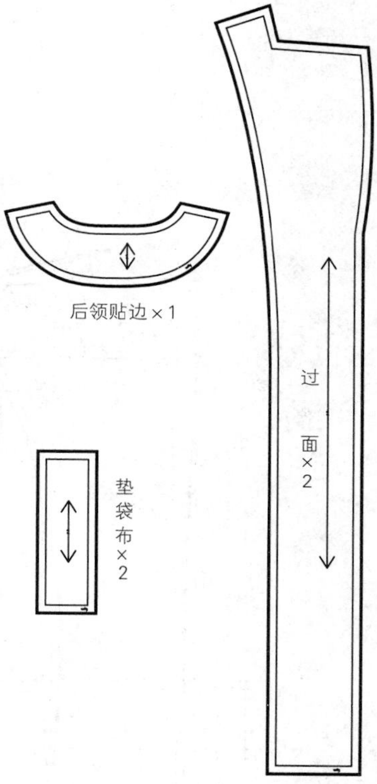

后片上×2
后侧片上×2
前侧片上×2
前片上×2
后领贴边×1
后片下×2
后侧片下×2
前侧片下×2
前片下×2
垫袋布×2
过面×2

6. 袖子制图

测量衣身袖窿（AH）的长度，确定袖山高尺寸。

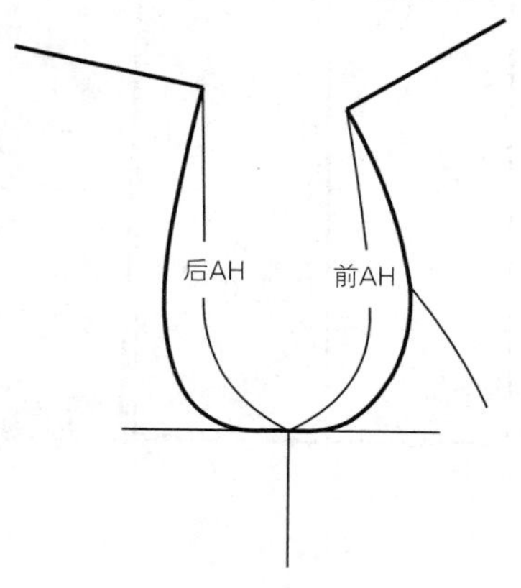

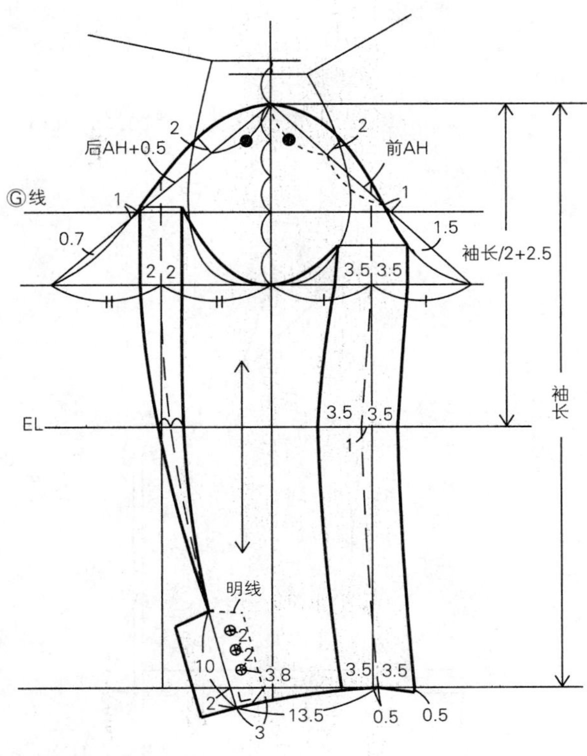

7. 袖子裁片图

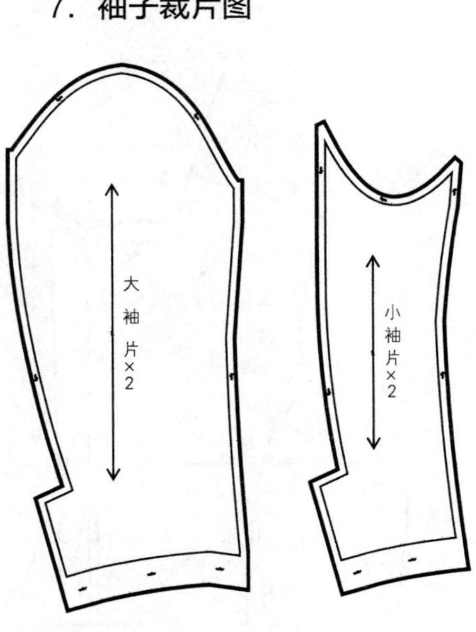

8. 领子制图

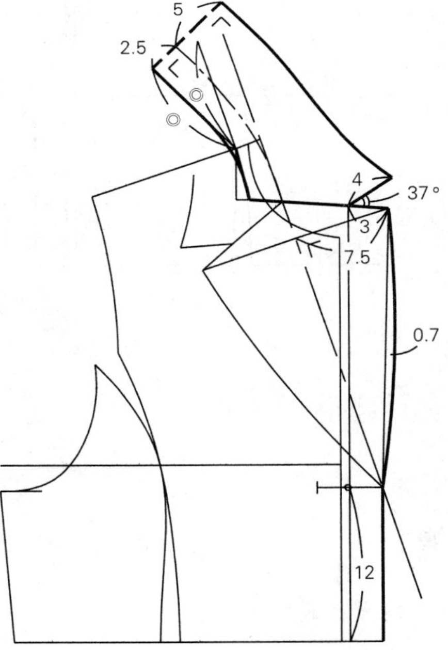

步骤1

① 领宽点扩大1cm，由此点向下取领深4cm，作水平线。

② 确定翻折线位置。

步骤2

① 绘制领口线。

② 设计领子角度及倒伏尺寸4cm。

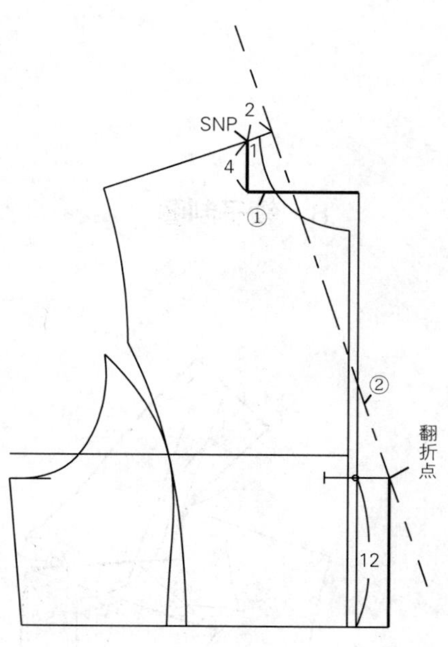

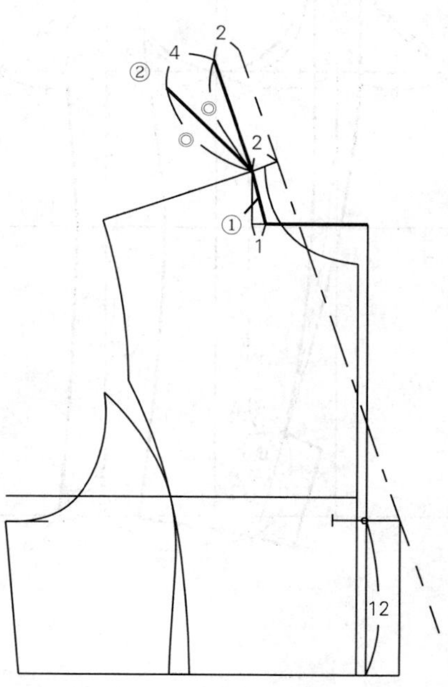

步骤3

① 设计驳头宽7.5cm。

② 做领子中心线，设计领座为2.5cm、翻领5cm。

③ 绘制驳头止口辅助线。

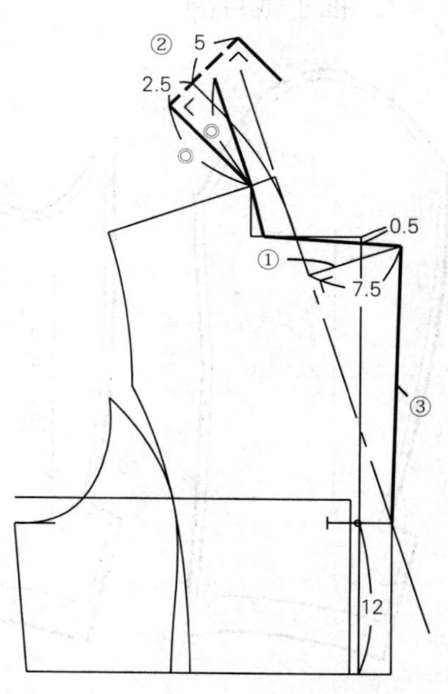

步骤4

①量取驳嘴宽3cm。

②设计前领宽角度37°。

③量取4cm为前领宽。

④流畅连接领外口线。

⑤将绱领线和翻领线修正为圆顺的线条。

⑥绘制驳头止口线。

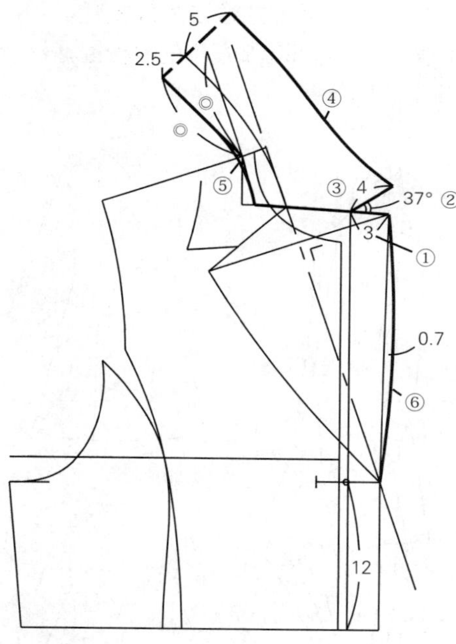

9. 领子裁片图

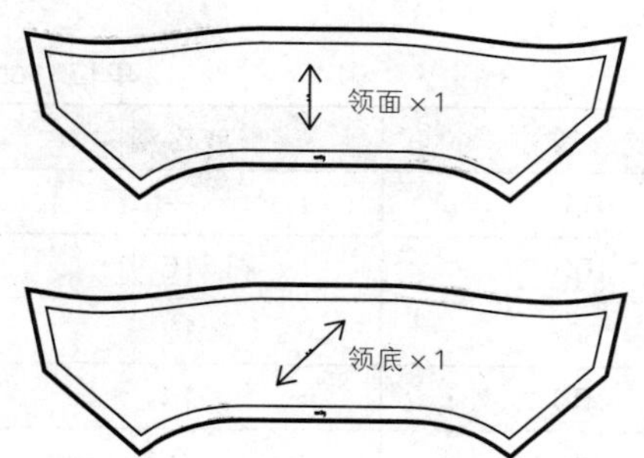

五、紧密排料图

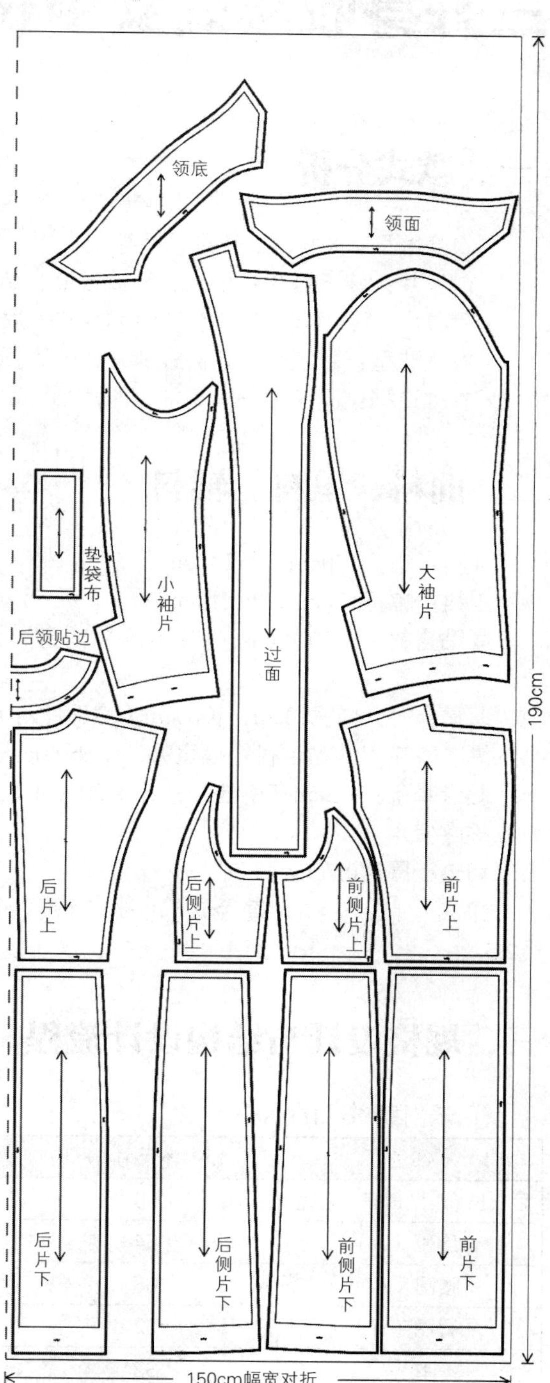

第四节

三开身收腰式女中长大衣

一、款式分析

· 衣身廓型：X型、三开身、修身型。
· 前衣片：腋下公主线结构、领弧省道、结构线上插袋，各部位加适当的放松量。
· 后衣片：后中缝收腰、腋下公主线结构、后中缝下摆开衩，各部位加适当的放松量。
· 衣领造型：翻领——翻折线剪开，分为领面、领座两部分。
· 衣袖造型：圆装袖——弯袖、两片袖。

二、面料、里料、辅料

面料：幅宽150cm，长230cm。

里料：幅宽130cm，长210cm。

厚黏合衬：幅宽90cm，长110cm（前身、领子用）。

薄黏合衬：幅宽90cm，长60cm（零部件用）。

厚、薄兼用的黏合衬：幅宽90cm，长60cm。

黏合牵条：1.2cm宽斜丝牵条，长200cm（止口、袖窿使用）。

肩垫：厚度0.7cm，一副。

纽扣：前襟8粒，直径2.5，袖口4粒，直径2.5。

三、规格设计与结构设计流程

① 示例规格：160/84A。　　单位：cm

部位	净尺寸	成品尺寸	放松量
后衣长（L）（BNP～底边）	85	85	—
胸围（B）	84	100	16
腰围（W）	68	80	12
臀围（H）	92	106	14
胸宽	33	35	2

续表

部位	净尺寸	成品尺寸	放松量
背宽	35	37	2
肩宽（*S*）	39	40	1
背长	38	38	—
袖长（SP～腕骨）	53	56	3
袖肥	—	34	—
袖口宽（1/2）	—	13	—
前搭门宽	—	8	—
领面宽	—	6	—
领座宽	—	4	—
领口宽	—	8	—
袖窿底点～BL	—	1	—

② 准备新文化式原型（第八代原型）。

③ 根据面料的厚度、款式造型进行主要部位放松量的设计。

④ 设计成衣胸围放松量。

⑤ 设计成衣腰围放松量。

⑥ 设计成衣衣长尺寸。

四、制图步骤与方法

1. 原型借助

① 与后中心线垂直并相交画出腰围线，放置后身原型，在距离后身原型3cm处，放置前身原型。省道以及BP点处做出记号，过Ⓖ点画水平线，该线用于袖子部分制图。

② 肩省量的1/2合并，剪开袖窿，分散合并省量，修正肩线、袖窿线。

③ 从前片肩颈点量取领弧6cm与BP点连线，并剪开连线。在袖窿省处合并1/3省量。

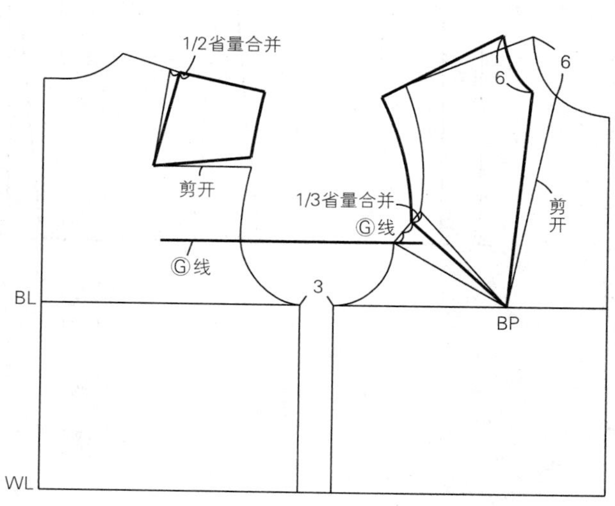

2. 衣身制图

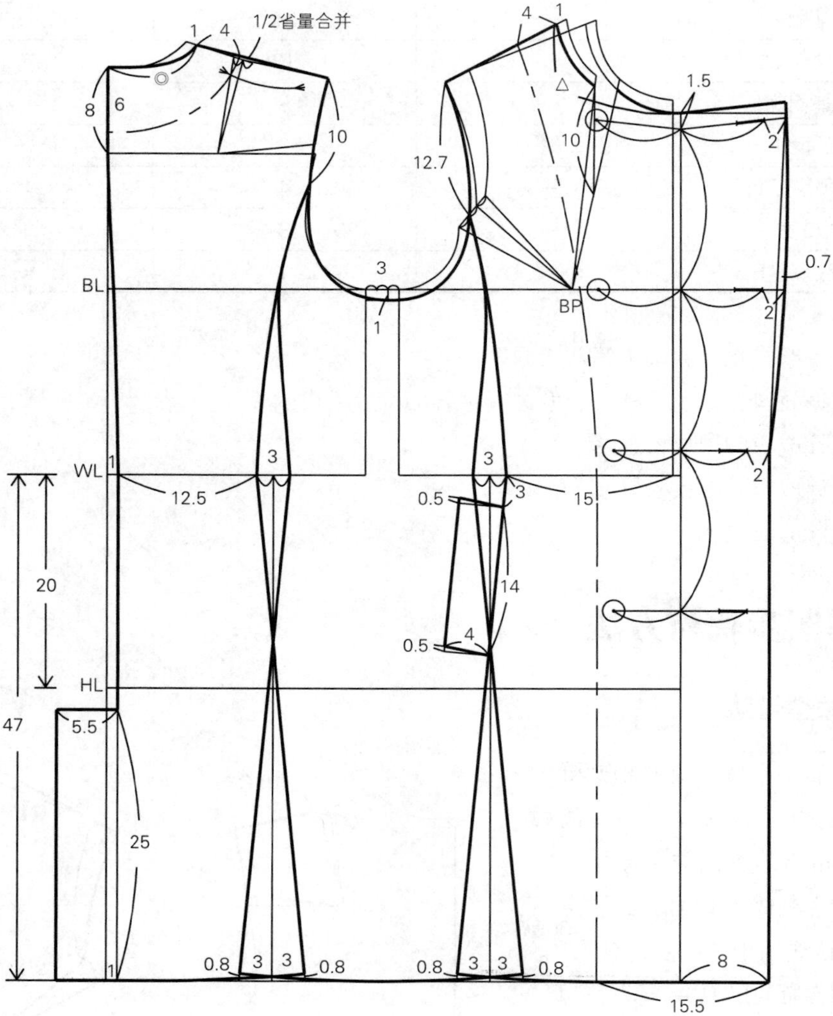

1/2省量合并
1
4
8
6
10
12.7
4
1
1.5
△
10
2
0.7
3
1
BL
BP
2
WL
1
3
12.5
3
0.5
3
15
2
20
14
0.5
4
HL
47
5.5
25
1
0.8
3
3
0.8
0.8
3
3
0.8
8
15.5

3. 衣身制图步骤

步骤1

① 底边线：在后中心线上由WL向下量取47cm，画垂直于后中线的垂线。

② 臀围线：由WL向下20cm，画垂直于后中线的垂线。

③ 与前中心线平行，加放0.7cm画新前中线，0.7cm作为面料的厚度量。

④ 画领弧线：由原型肩颈点向肩线扩大领宽1cm，前领深下降1.2cm，分别连接前、后片领弧线。

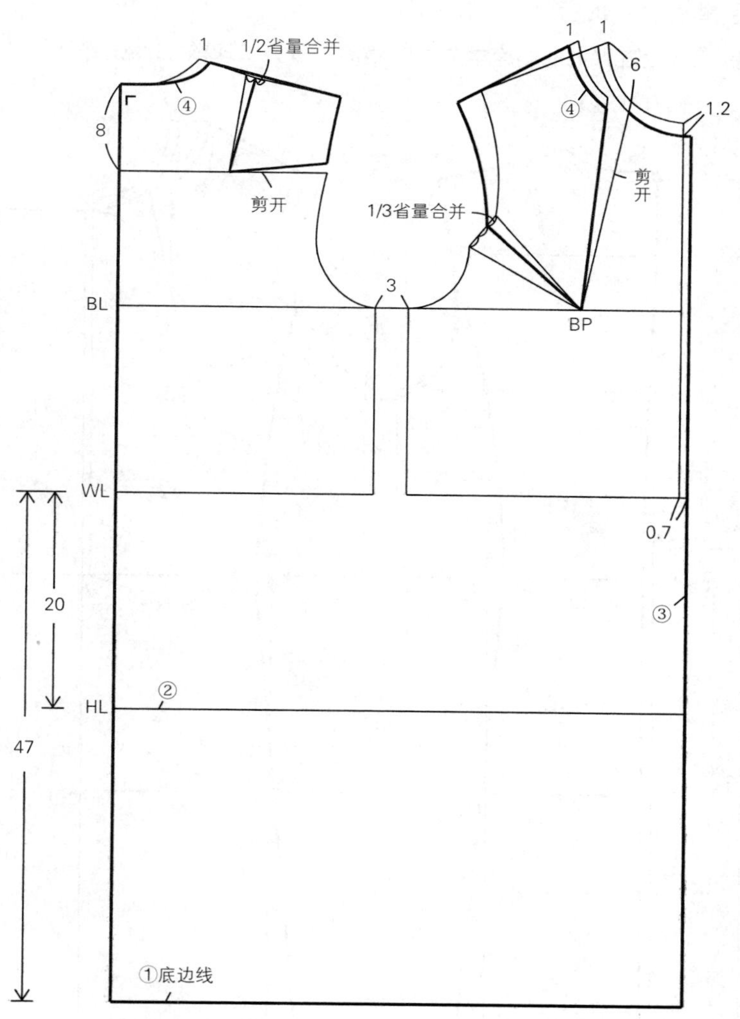

步骤2

① 绘制后中心线。

② 止口线：搭门宽8cm。

③ 袖窿深下降1cm，画顺袖窿弧线，并从前、后片肩端点，分别向下量取12.7cm定点*A*、10cm定点*B*。

④ 确定前片、后中心片结构线位置：前片由*A*点曲线连接到*C*点，再由*C*点直线连接到*E*点；后片由*B*点曲线连接到*D*点，再由*D*点直线连接到*F*点。

⑤ 绘制底边线。

⑥ 确定领弧省位置：取领弧省长10cm。

⑦ 确定对位记号位置：把前后原型之间的距离三等分，取前1/3点，作为与袖子的对位点。

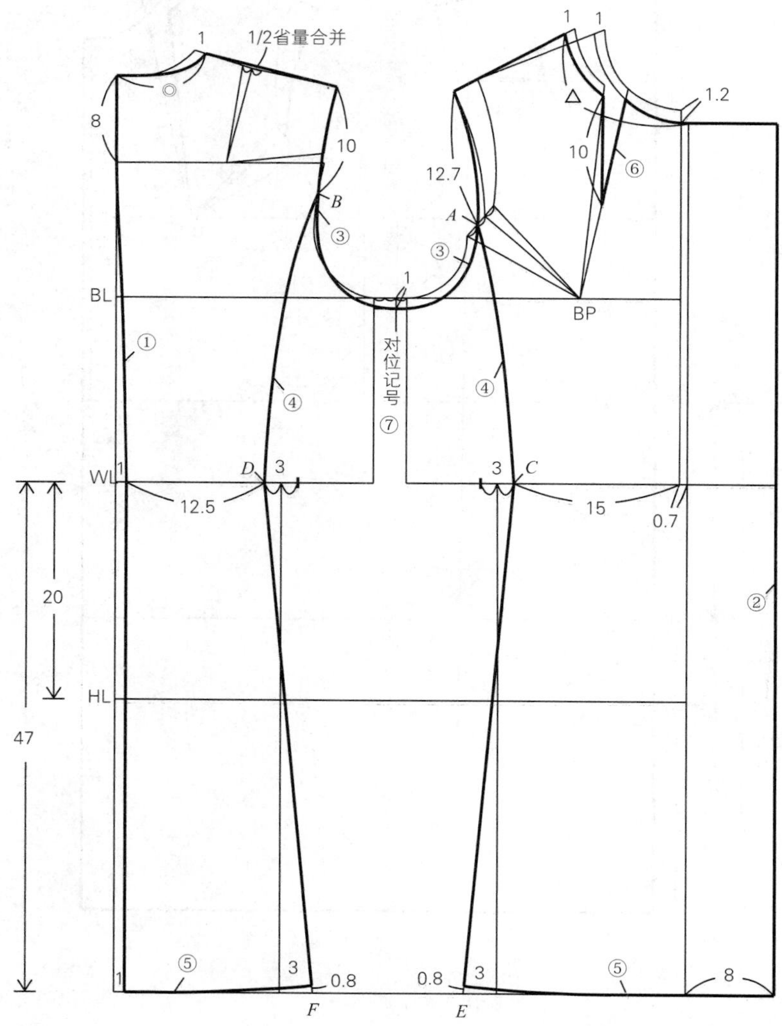

步骤3

① 确定侧片结构线位置：前片由A点曲线连接到H点，再由H点直线连接到M点；后片由B点曲线连接到J点，再由J点直线连接到N点。

② 设计止口线走势，前片止口顶点分别向右、向下各1.5cm、1cm定点，该点与翻折点连直线。

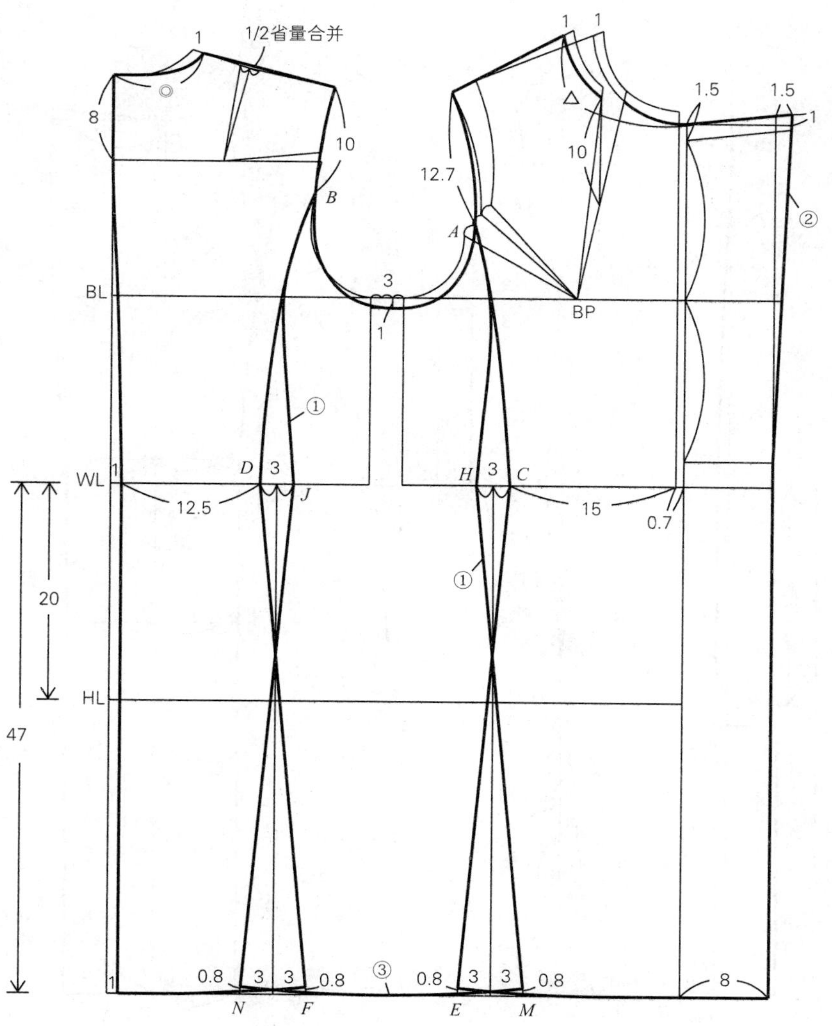

步骤4

① 画后中心线开衩。

② 确定袋口位置。

③ 确定扣眼、纽扣位置。

④ 画过面。

⑤ 画后领贴边。

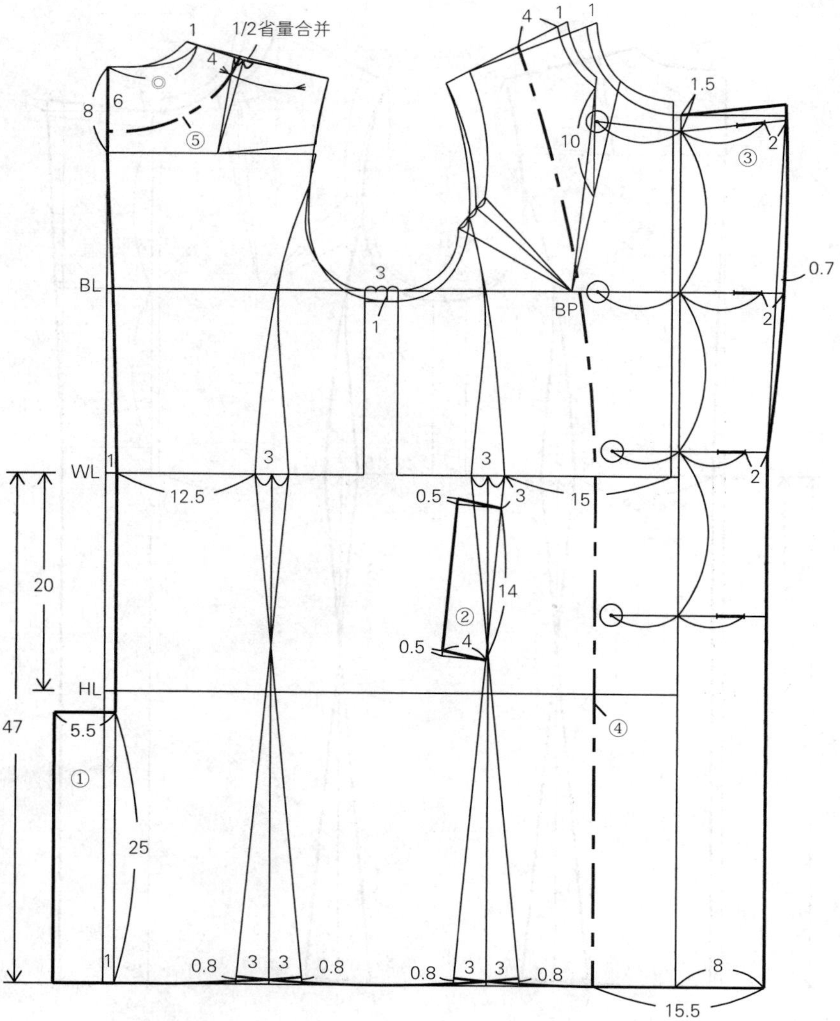

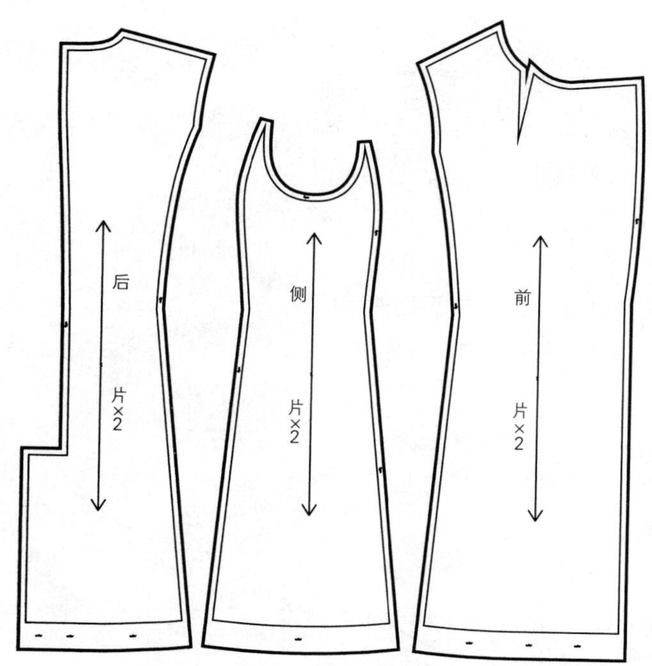

4. 衣身裁片图

衣身裁片包括：前片、侧片、后片。

5. 过面纸样整理

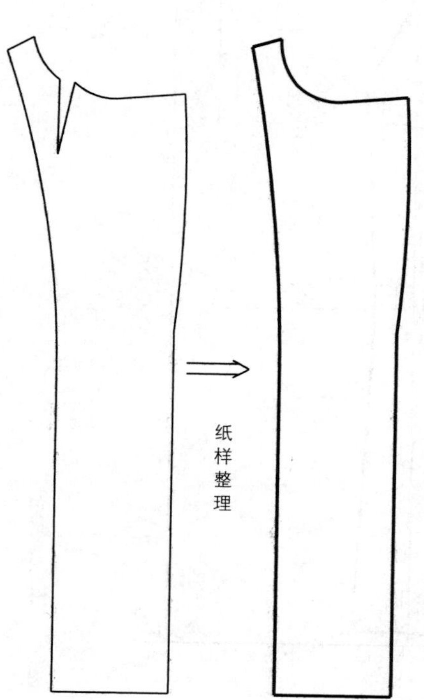

6. 零件裁片图

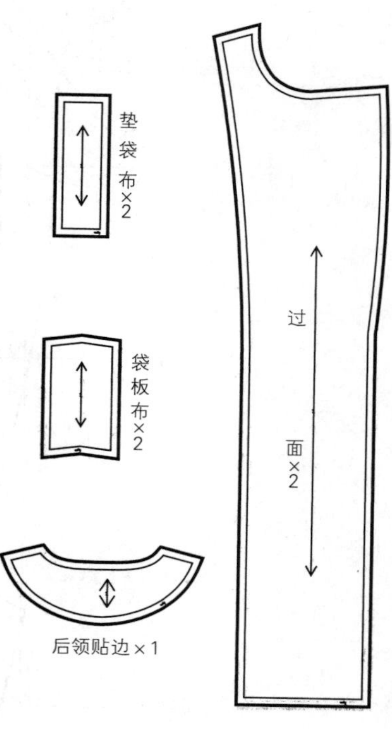

7. 袖子制图

首先测量出AH尺寸（前、后衣身的袖窿弧长度）。

① 通过侧缝点画垂直线作为袖山线。

② 通过袖窿底部画出水平线作为袖肥线。

③ 由袖顶点向下量袖长+2cm，画出底边线，与袖山深线平行。

④ EL线：袖长/2+2.5cm。

⑤ 由袖山顶点向后袖窿深线画后AH+1cm，相交于后袖窿深线。

⑥ 由袖山顶点向前袖窿深线画前AH，相交于前袖窿深线。

⑦ 绘制袖山弧线。

⑧ 绘制大、小袖片内袖缝。

⑨ 绘制大、小袖片外袖缝。

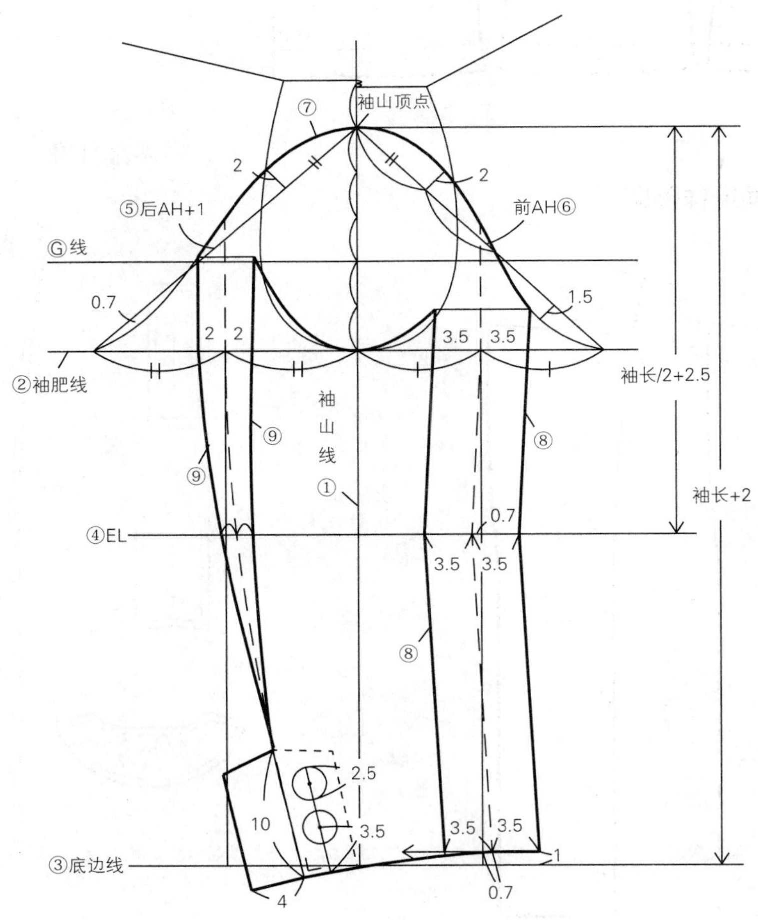

8. 袖子裁片图

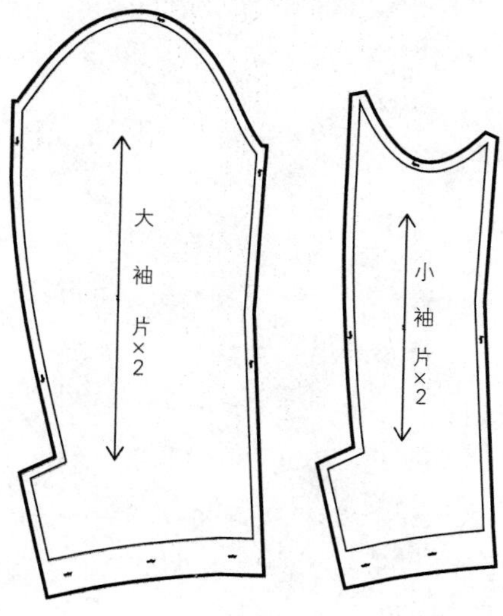

9. 领子制图

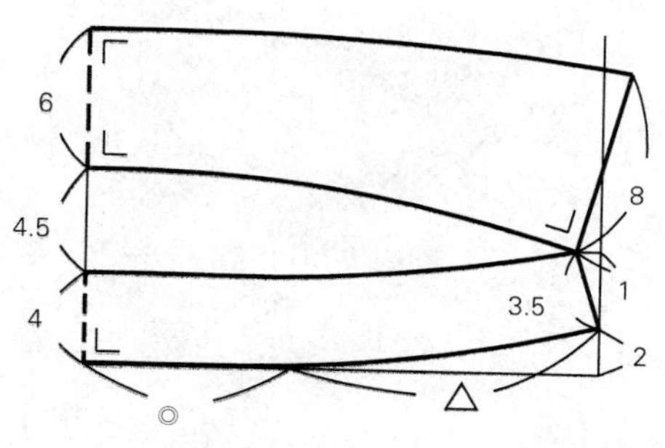

10. 领子裁片图

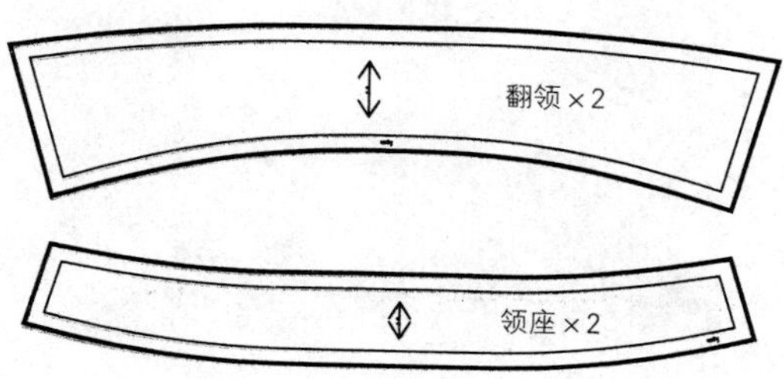

五、紧密排料图

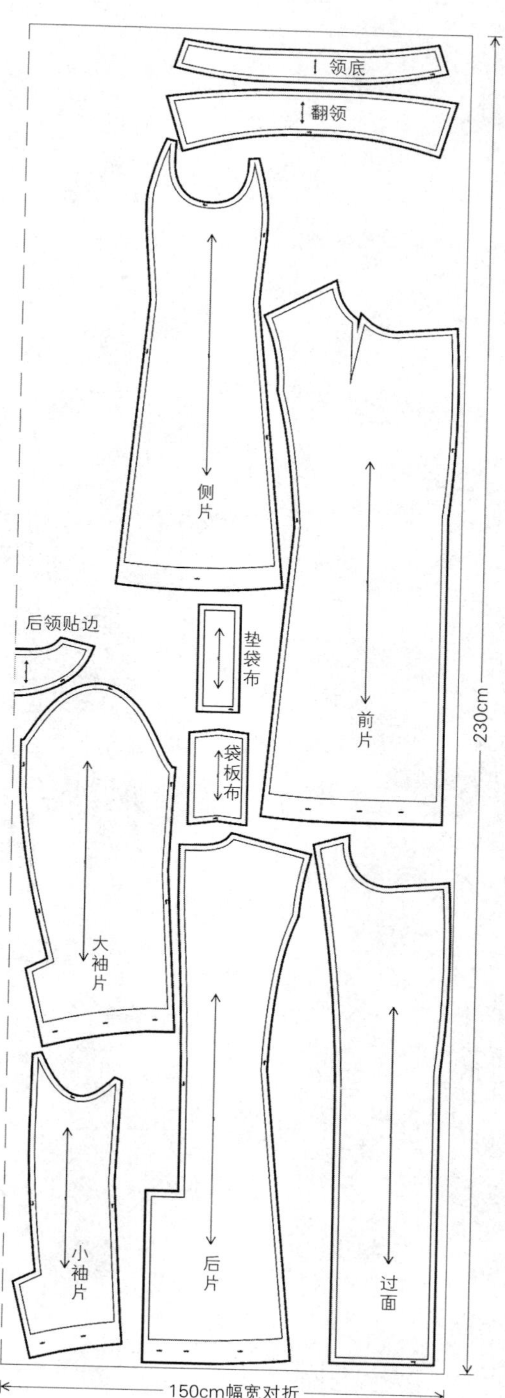

第五章

女式短大衣

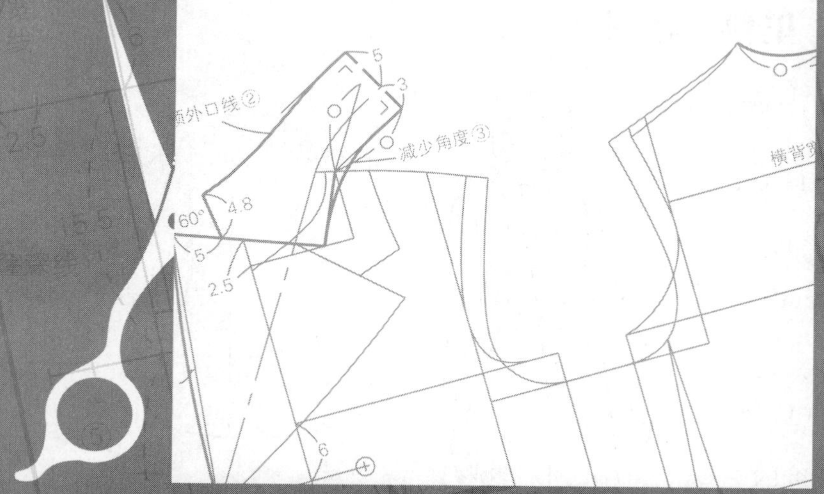

第一节

低腰线八分袖女短大衣

一、款式分析

·衣身廓型：低腰线，四开身，腰线以上曲面处理。

前衣片：前衣襟双排暗扣，领口收省、腋下公主线收腰，同时做腰省处理、侧缝插袋、各部位加适当的放松量。

后衣片：后中缝收腰，腋下公主线收腰处理，各部位加适当的放松量。

·衣领造型：翻领——连翻领。

·衣袖造型：圆装袖——弯袖、两片袖，八分袖长、袖口开衩。

二、面料、里料、辅料

里料：幅宽150cm，长170cm。

里料：幅宽130cm，长160cm。

厚黏合衬：幅宽90cm，长100cm（前身、领子用）。

薄黏合衬：幅宽90cm，长50cm（零部件用）。

厚、薄兼用的黏合衬：幅宽90cm，长50cm。

黏合牵条：1.2cm宽斜丝牵条，长180cm（止口、袖窿使用）

肩垫：厚度0.7cm，一副

纽扣：前襟按扣6副，直径2cm。

三、规格设计与结构设计流程

① 示例规格：160/84A。

单位：cm

部位	净尺寸	成品尺寸	放松量
后衣长（*L*）（BNP～底边）	80	80	—
胸围（*B*）	84	101	17
腰围（*W*）	68	82	14
臀围（*H*）	92	117	25
胸宽	33	35	2
背宽	35	37	2
肩宽（*S*）	39	40	1
背长	38	38	—
袖长（SP～腕骨）	53	48	–5
袖肥	—	34	—
袖口宽（1/2）	—	13	—
前搭门宽	—	4	—
后领面宽	—	5	—
后领座宽	—	4	—
领口宽	—	6	—
袖窿底点～BL	—	1.5	—

② 准备新文化式原型（第八代原型）。

③ 根据面料的厚度、款式造型进行主要部位放松量的设计。

④ 设计成衣胸围放松量。

⑤ 设计成衣腰围放松量。

⑥ 设计成衣衣长尺寸。

四、制图步骤与方法

1. 原型借助（略）

2. 衣身制图

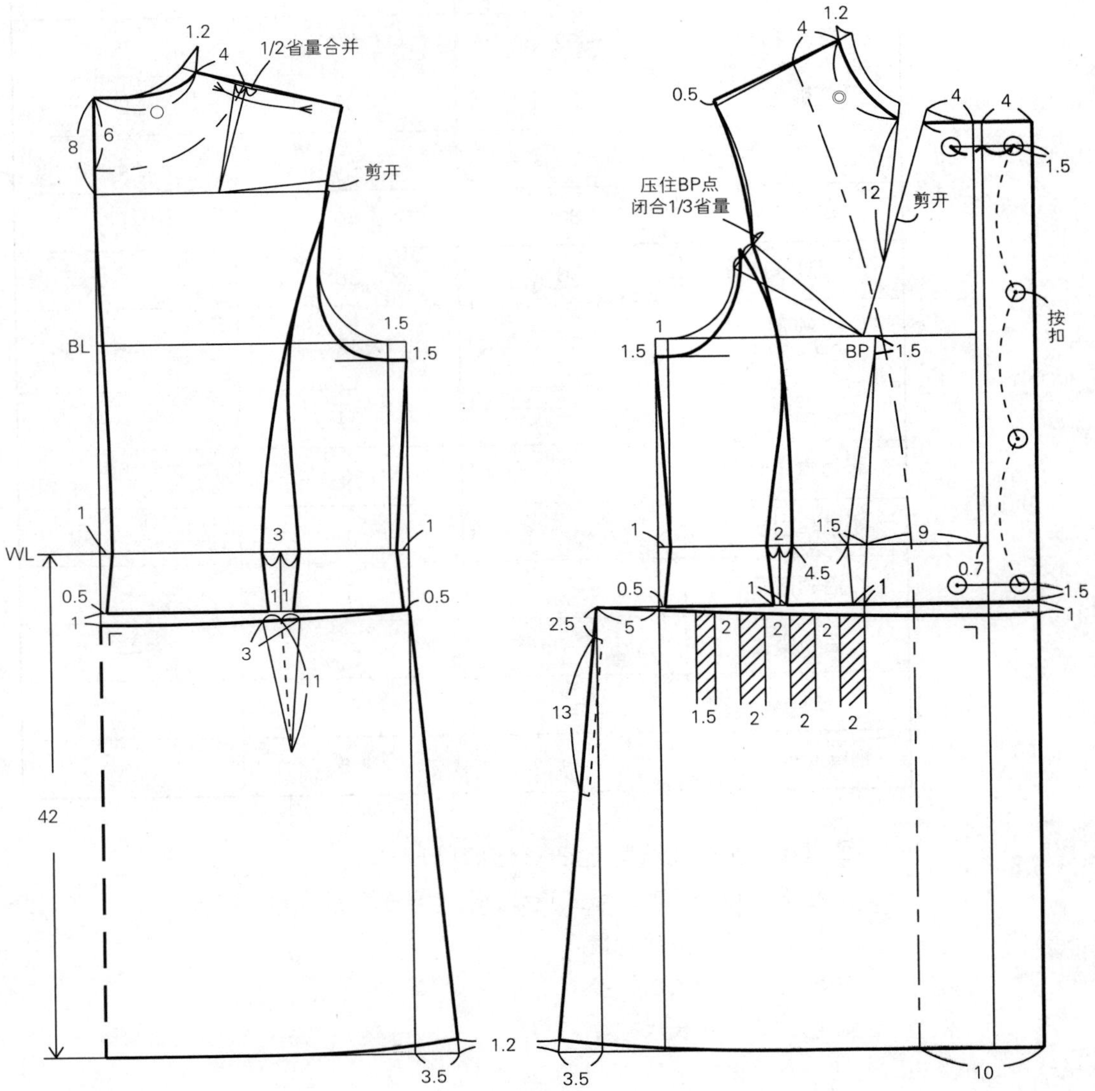

3. 衣身制图步骤

步骤1

① 底边线：在后中线WL线处向下取42cm，画水平线，作为底边线。

② 与前中心线平行，追加0.7cm画新前中线，0.7cm作为面料的厚度量。

③ 开前领弧省：前领弧线距前中心点4cm处剪开，原型袖窿弧省合并1/3省量。

④ 后肩省：原型背宽线由后袖窿处剪开，合并肩省1/2省量。

⑤ 前、后片宽：前、后衣身在胸围线上袖窿处分别加出松量1cm和1.5cm，做垂线直到底边。

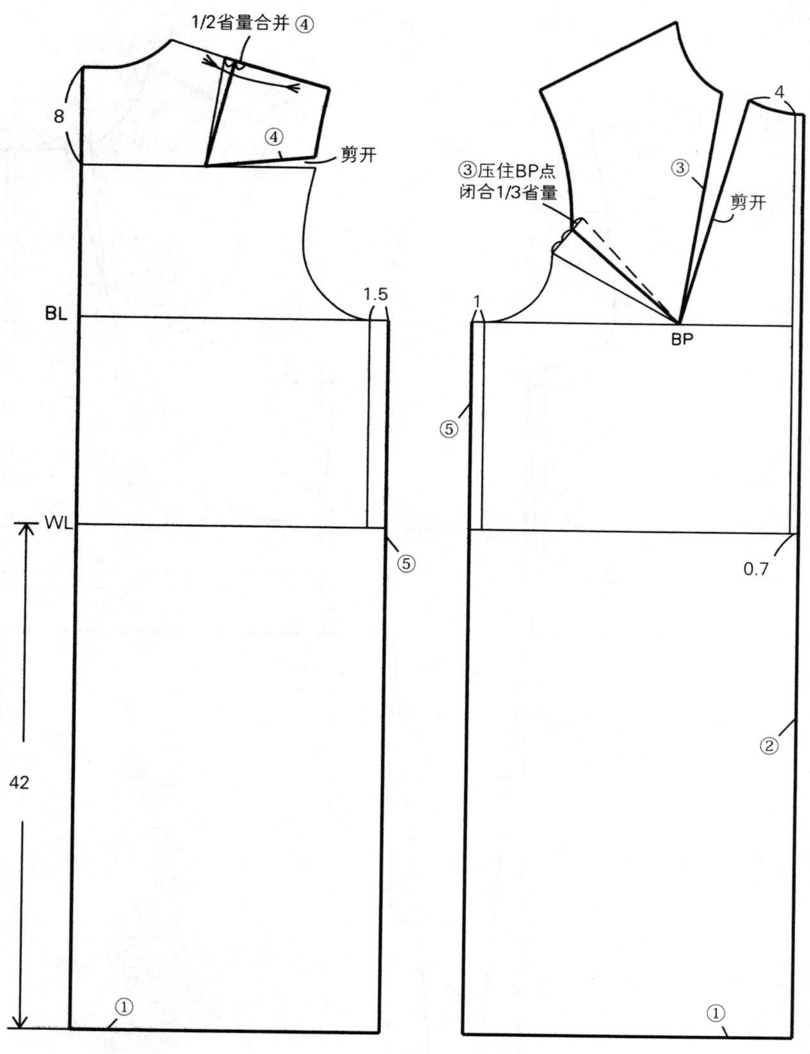

步骤2

① 前、后片领弧线：后原型肩颈点扩大1.2cm，与后领深连接领弧线；前原型肩颈点扩大1.2cm，前领深点画直线相交于领弧省，此点为绱领止点。

② 确定领弧省长度：由*D*点向领弧省剪开线量取12cm，定点*C*。

③ 肩线：前、后片肩端点分别向上取0.5cm，作为肩垫量。

④ 止口线：前中心线向外量取4cm为止口线。

⑤ 前、后衣身袖窿弧线：原型袖窿深下降1.5cm，与肩端点连接圆顺的弧线。

⑥ 上下衣身分割线：由WL下降5cm，做水平线。

⑦ 绘制后片背缝线。

⑧ 绘制前、后片侧缝。

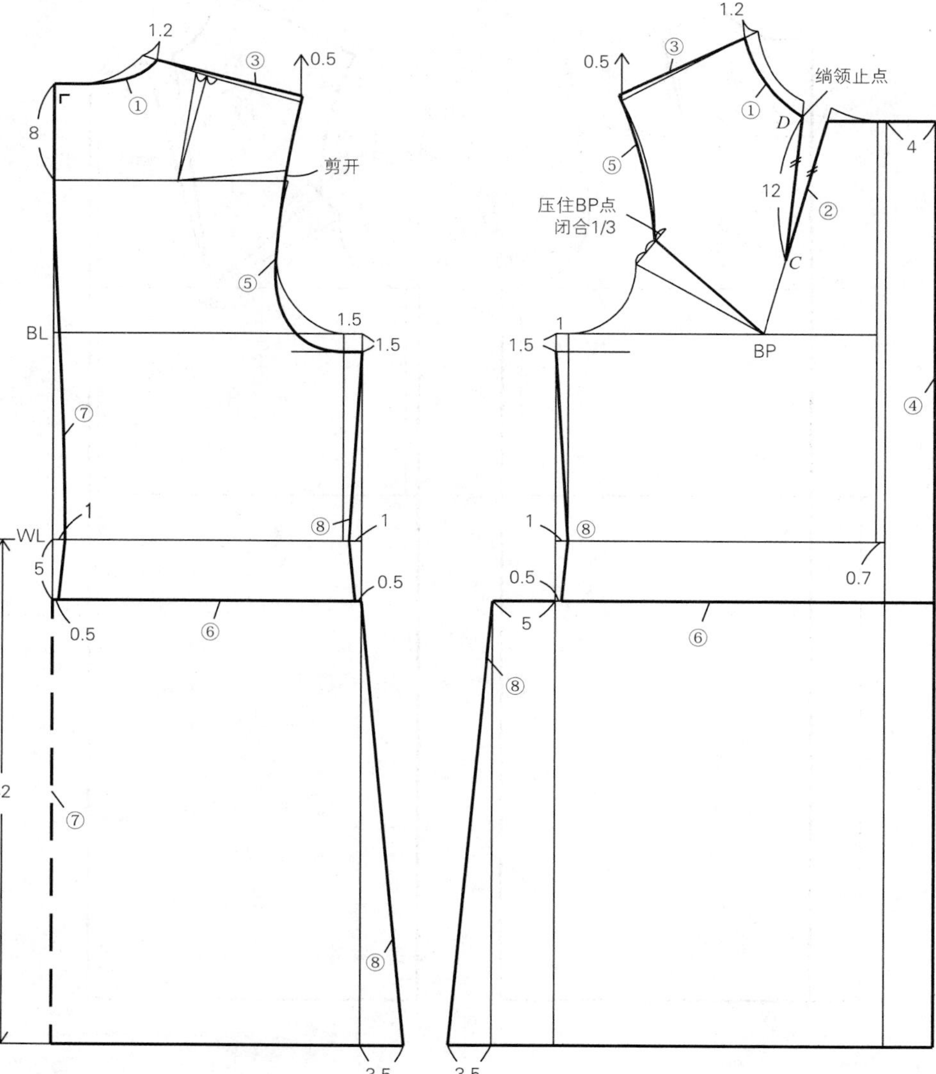

步骤3

① 绘制后上片刀背省结构线。
② 绘制后下片腰线。
③ 绘制前上片刀背省结构线，前侧片袖窿弧线。
④ 绘制前上片腰省。
⑤ 绘制前下片腰线。
⑥ 绘制前、后片底边线。

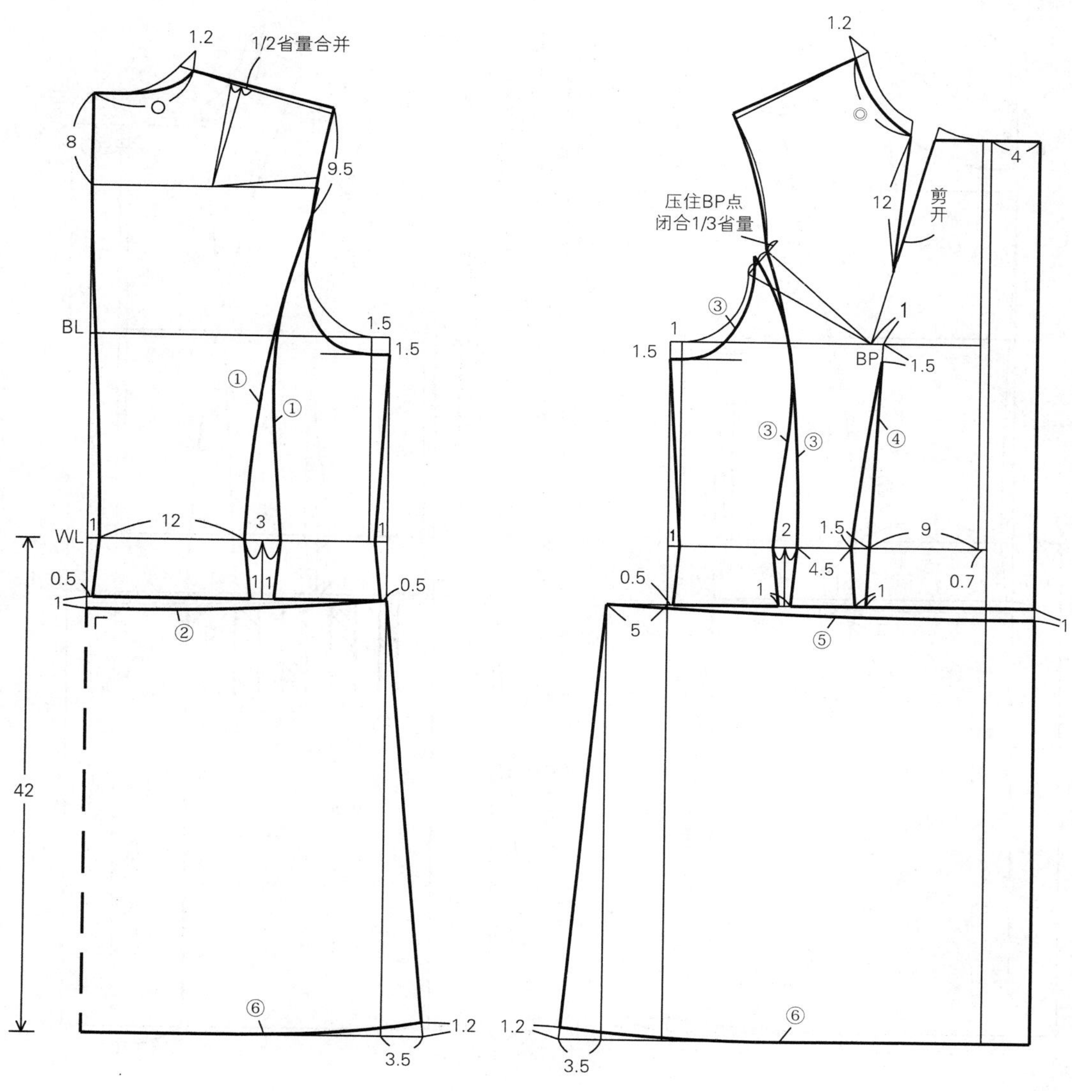

步骤4

① 确定后下片省位。
② 确定前下片褶位。
③ 确定纽扣位置。
④ 确定袋口位置。
⑤ 绘制前片过面、后领贴边。

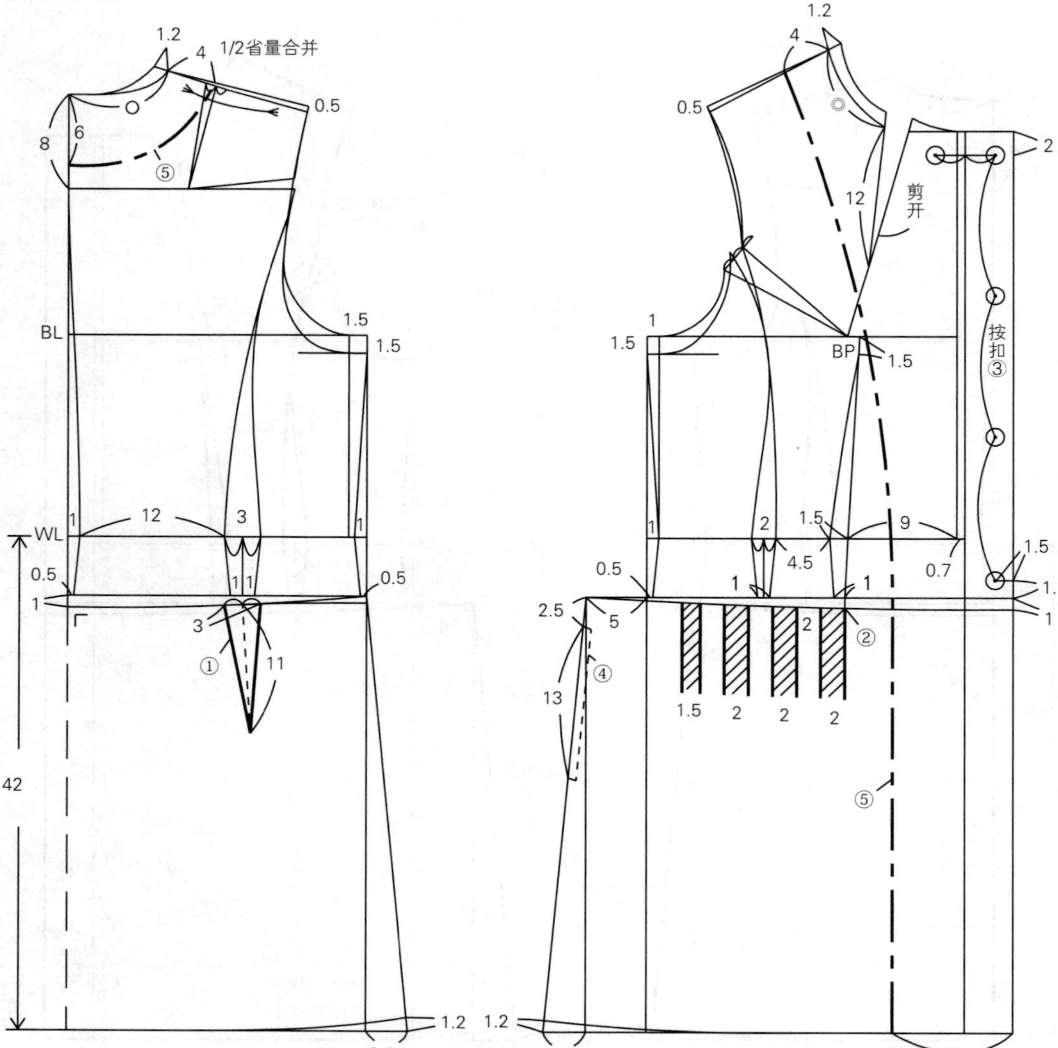

4. 衣身裁片图

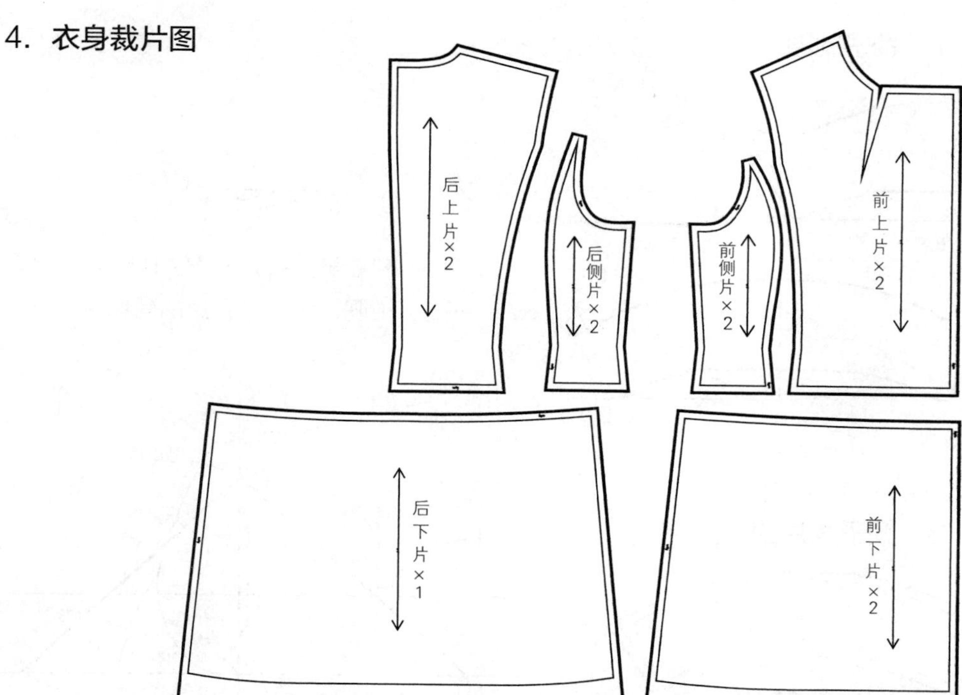

5. 过面纸样整理

6. 零件裁片图

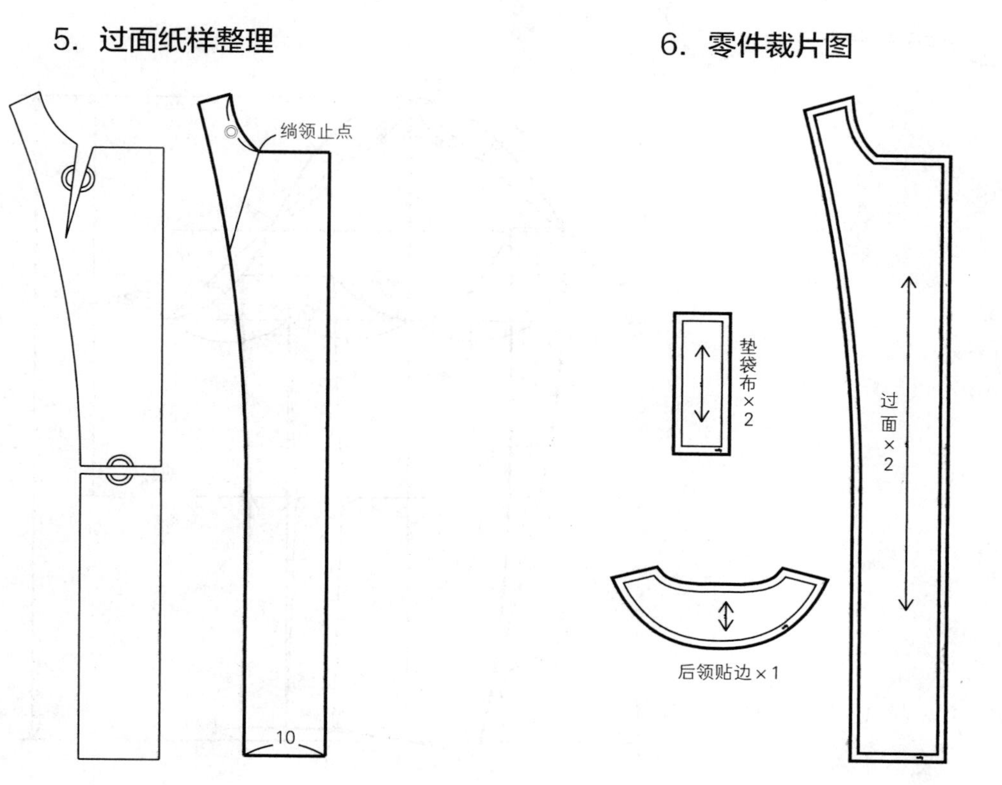

7. 领子制图

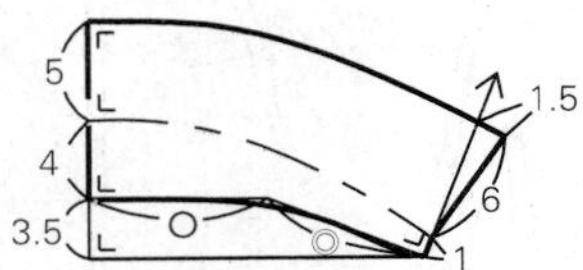

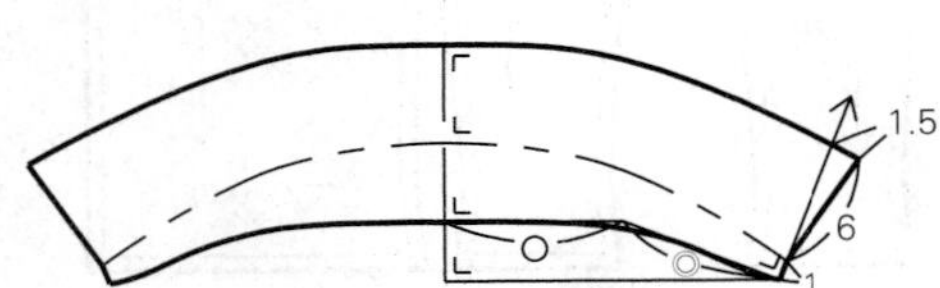

9. 袖子制图

测量前、后片袖窿AH长度，确定袖山高、袖肥，绘制袖弧线的辅助线。

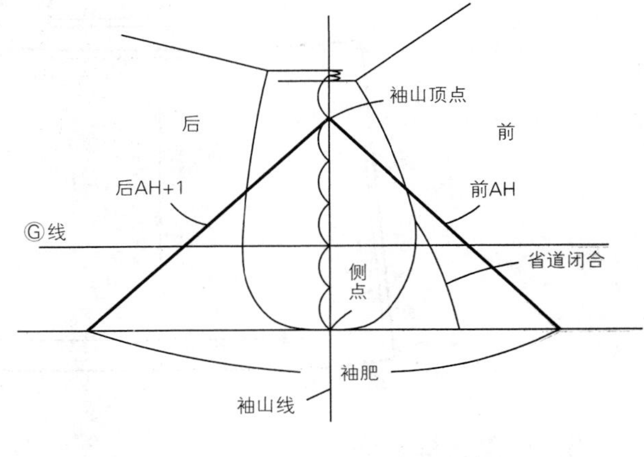

8. 领子裁片图

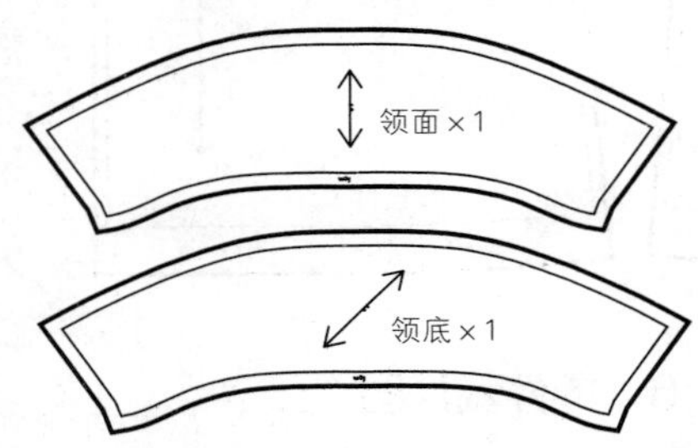

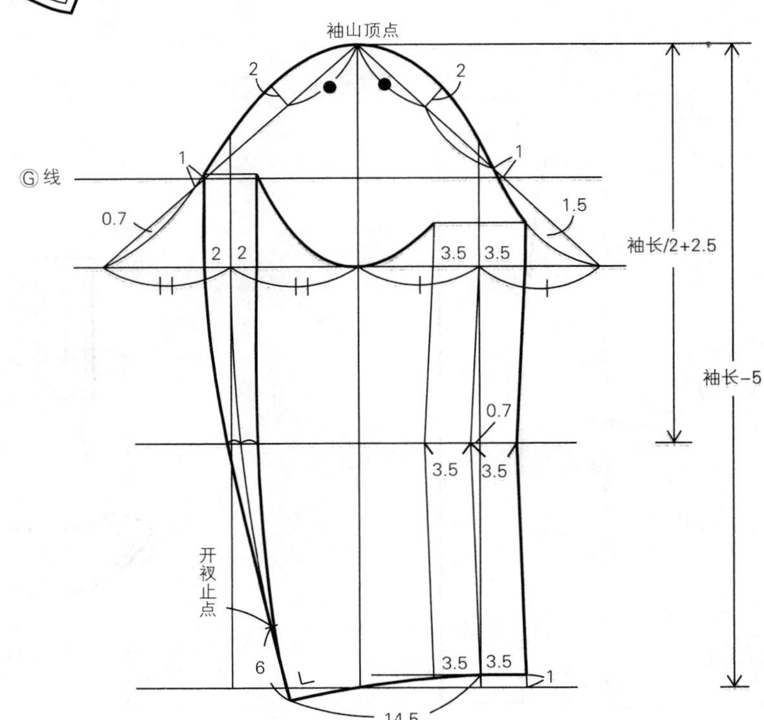

10. 袖子裁片图

大袖片×2
小袖片×2

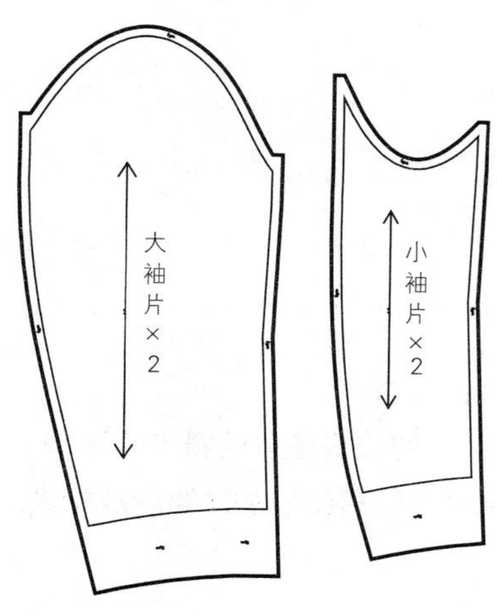

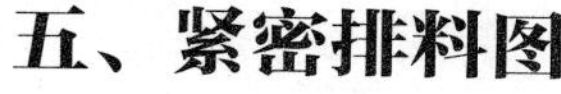

五、紧密排料图

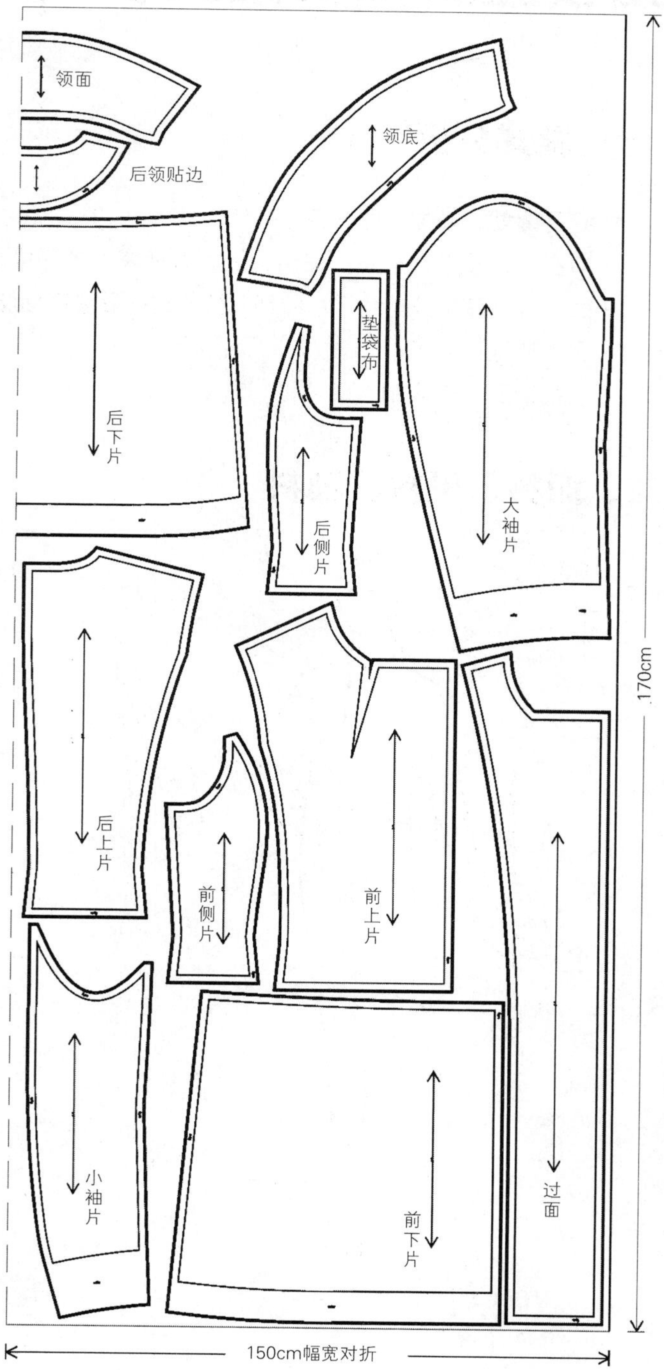

领面
后领贴边
领底
后下片
垫袋布
后侧片
大袖片
后上片
前侧片
前上片
小袖片
前下片
过面
170cm
150cm幅宽对折

第二节

无领连肩袖女短大衣

一、款式分析

· 衣身廓型：筒型、四开身。
· 前衣片：腋下开剪线、在结构线上做插袋、各部位加适当的放松量，前襟单排暗扣。
· 后衣片：腋下开剪线、后腰横向分割线、后腰有活腰襻装饰，各部位加适当的放松量。
· 衣领造型：无领。
· 衣袖造型：连肩袖、四片袖。

二、面料、里料、辅料

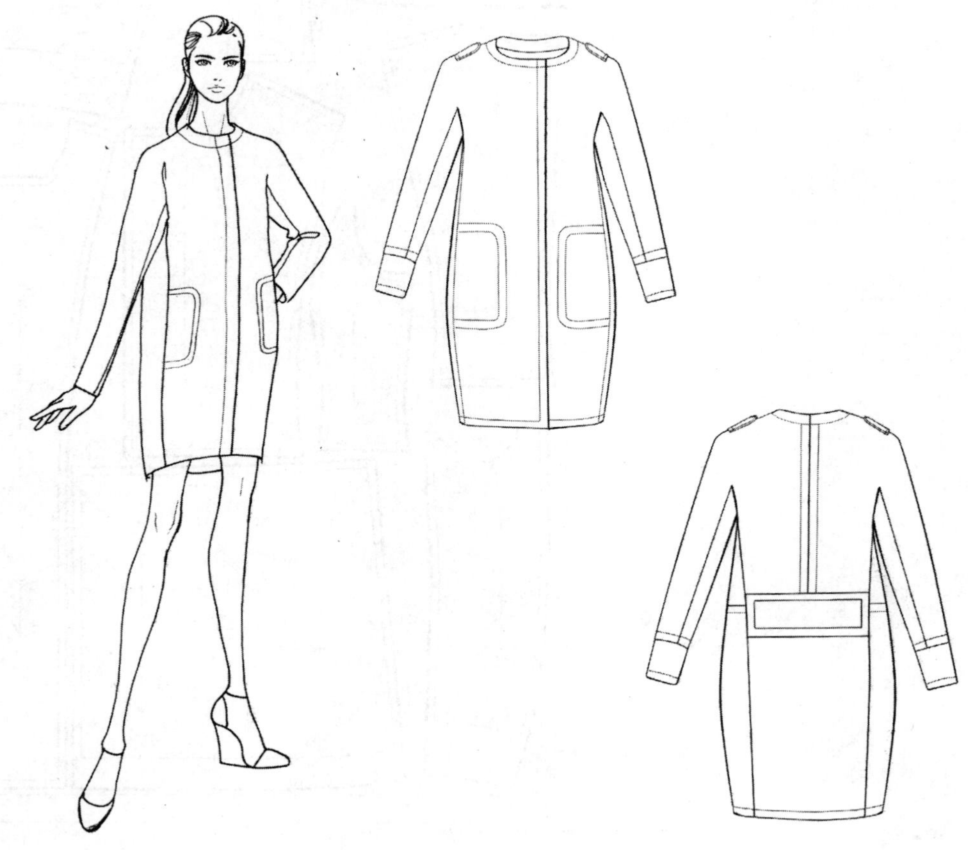

面料：幅宽150cm，长180cm。

里料：幅宽130cm，长170cm。

厚黏合衬：幅宽90cm，长100cm（前身、领子用）。

薄黏合衬：幅宽90cm，长50cm（零部件用）。

厚、薄兼用的黏合衬：幅宽90cm，长50cm。

黏合牵条：1.2cm宽斜丝牵条、长180cm（止口、袖窿使用）

肩垫：厚度0.7cm，一副。

纽扣：前襟按扣5粒，直径2cm。

三、规格设计与结构设计流程

① 示例规格：160/84A。

单位：cm

部位	净尺寸	成品尺寸	放松量
后衣长（*L*）（BNP～底边）	85	85	—
胸围（*B*）	84	102	18
腰围（*W*）	68	105	37
臀围（*H*）	92	110	18
胸宽	33	35	2
背宽	35	37	2
肩宽（*S*）	39	40	1
背长	38	38	—
袖长（SP～腕骨）	53	56	3
袖肥	—	37	—
后袖口宽	—	15	—
前袖口宽	—	13.5	—
后领面宽	—	—	—
后领座宽	—	—	—
前搭门宽	—	2.5	—
袖窿底点～BL	—	1.5	—

② 准备新文化式原型（第八代原型）。

③ 根据面料的厚度、款式造型进行主要部位放松量的设计。

④ 设计成衣胸围放松量。

⑤ 设计成衣腰围放松量。

⑥ 设计成衣衣长尺寸。

四、制图步骤与方法

1. 原型借助（略）

2. 后衣身制图

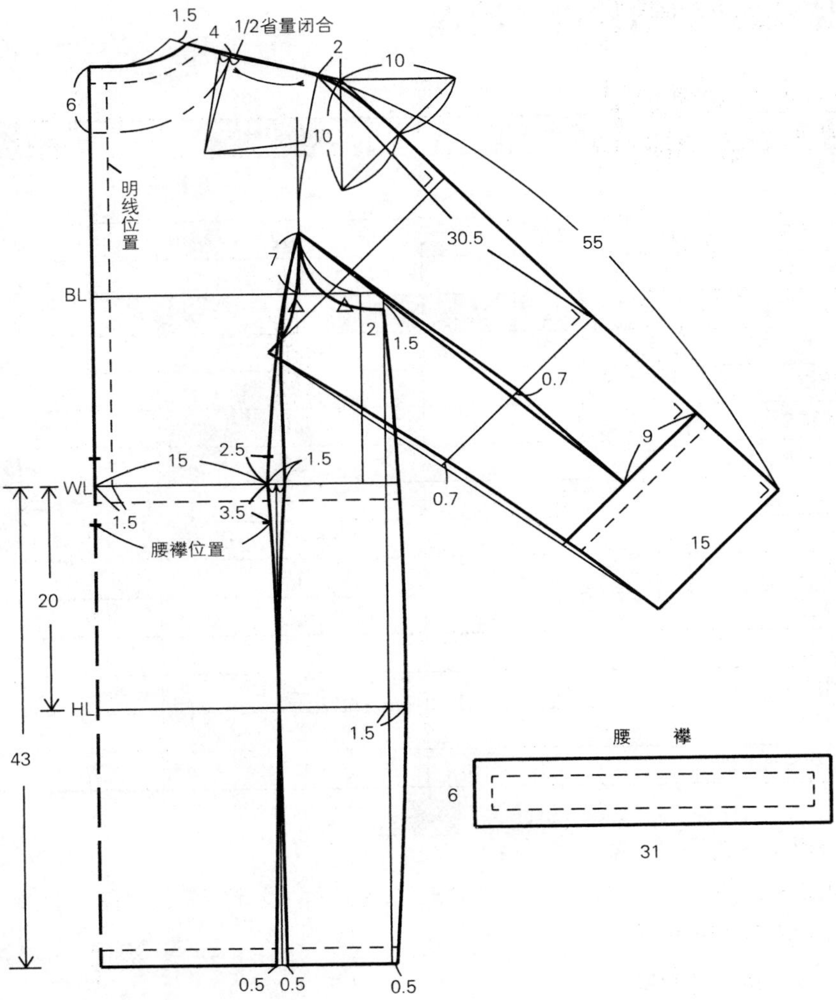

3. 后衣身制图步骤

步骤1

① 新胸围宽的设计：胸围在袖窿处加2cm松量。

② 衣长的设计：后中线从WL线向下取43cm，画水平线，作为底边线。

③ 臀围线：后中线从WL线向下取20cm，画水平线，为腰围线。

④ 后肩线设计：领宽扩1.5cm、肩省合并1/2省量。

⑤ 衣身省道开剪位置以及袖子开剪位置设计：在胸围线上垂直画出背宽线，并向上取7cm定点A。

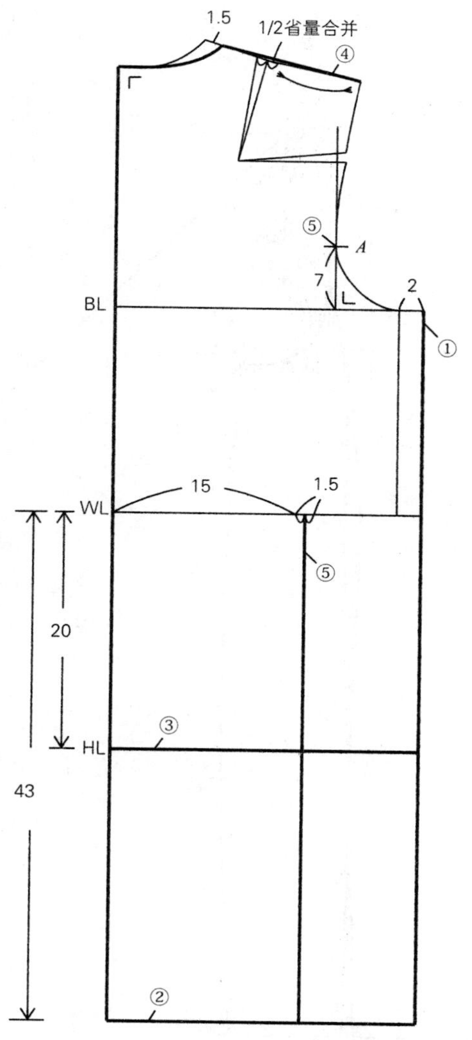

步骤2

① 绘制刀背省结构线。

② 绘制侧缝线：沿胸围线端点向下取1.5cm定点*B*，臀围线加放量1.5cm定点*C*，底边加放量0.5cm定点*D*。用弧线连接*B*点、*C*点、*D*点。

③ 绘制后侧片袖窿弧线：用圆顺弧线连接*A*点到*B*点。

④ 设计袖子角度以及长度：由肩端点延长2cm，以此点为顶点画出边长为10cm的等腰直角三角形，底边1/2点与顶点连接直线，然后从肩端点延此线量取袖长55cm。

⑤ 设计袖口尺寸：以袖外线为直角边垂直画线，在该线上取15cm为袖口尺寸。

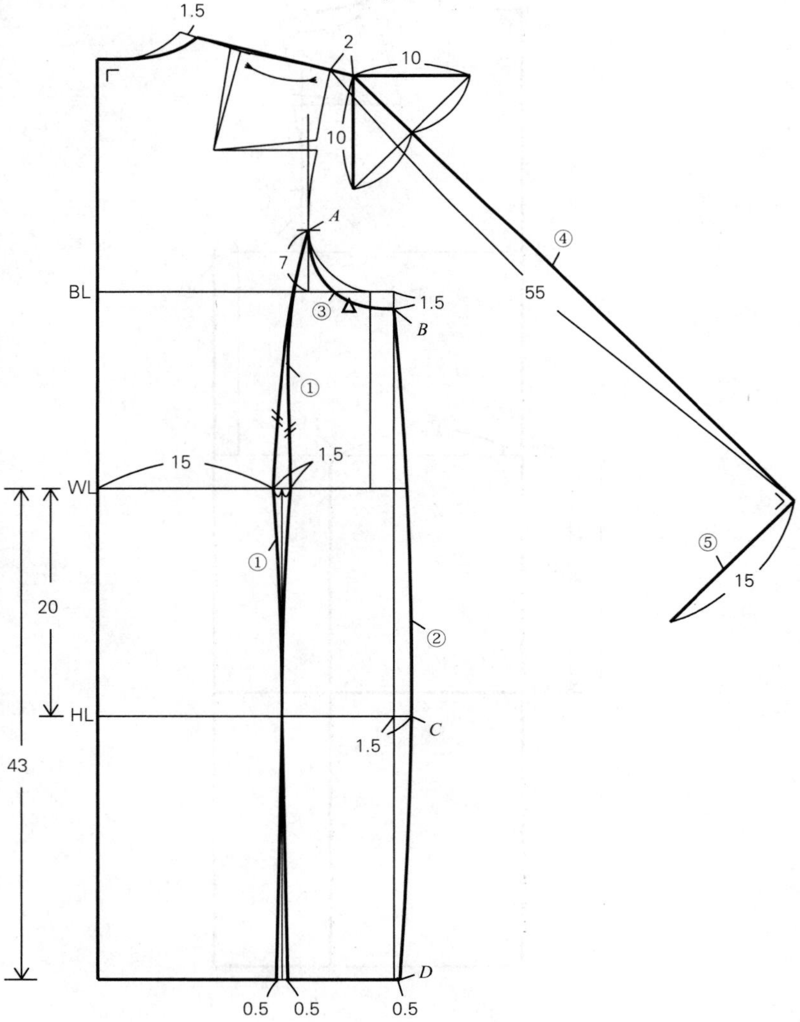

步骤3

① 设计袖山高：从肩端点延袖外线量取袖长13cm定点F。

② 绘制袖山深线：以袖外线为直角边，由点F垂直画线，为袖山深线。

③ 绘制后袖片开剪辅助线。

④ 设计袖头尺寸10cm高。

⑤ 肩端部位连接圆顺弧线。

⑥ 确定腰围线为后衣身上、下片分割的位置。

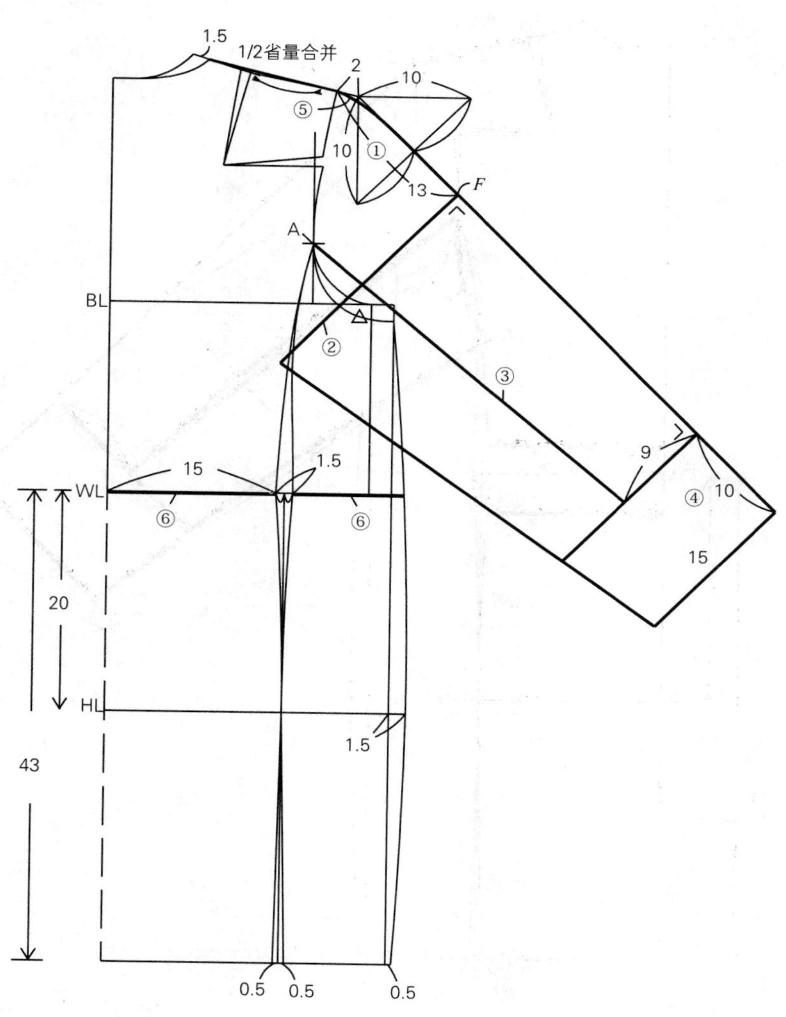

步骤4

① 设计袖肘线（EL）位置：由肩端点延袖外线量取30.5cm。

② 绘制后袖侧片袖山弧线。由A点起画弧线相交于袖山深线定点H，使之与侧片袖窿弧线相等。

③ 绘制袖子内袖缝线。由H点过EL线上0.7点连接到S点。

④ 绘制后袖开剪线。

⑤ 设计后腰襻位置。

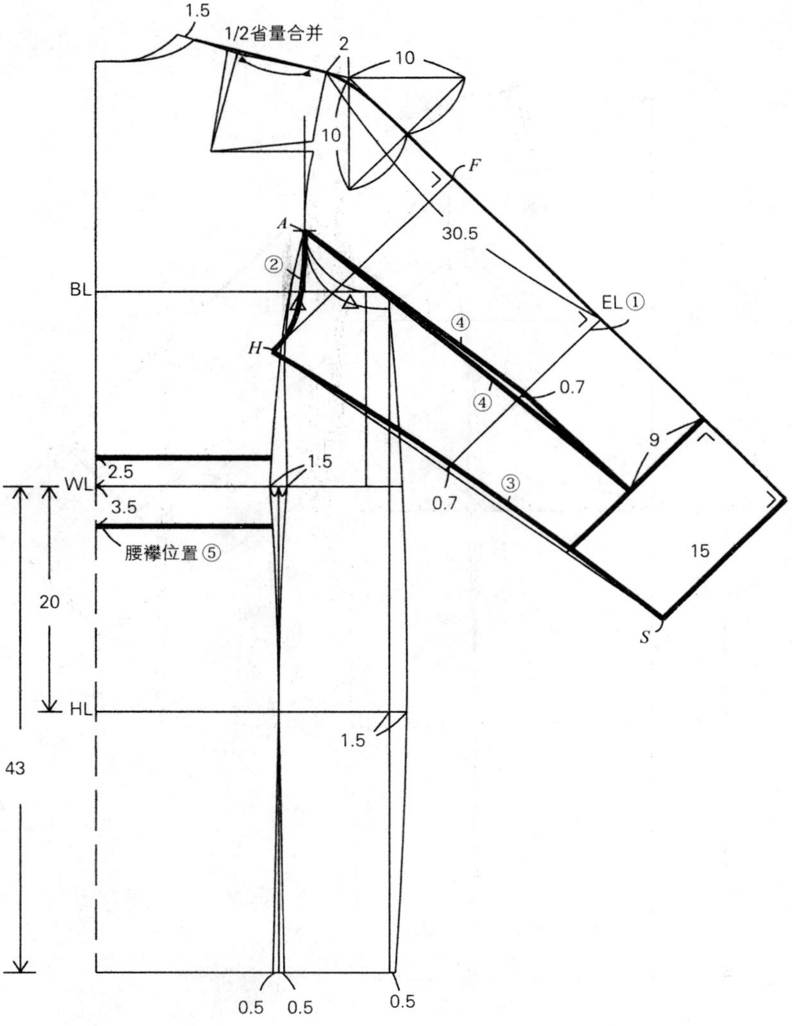

4. 后衣身裁片图

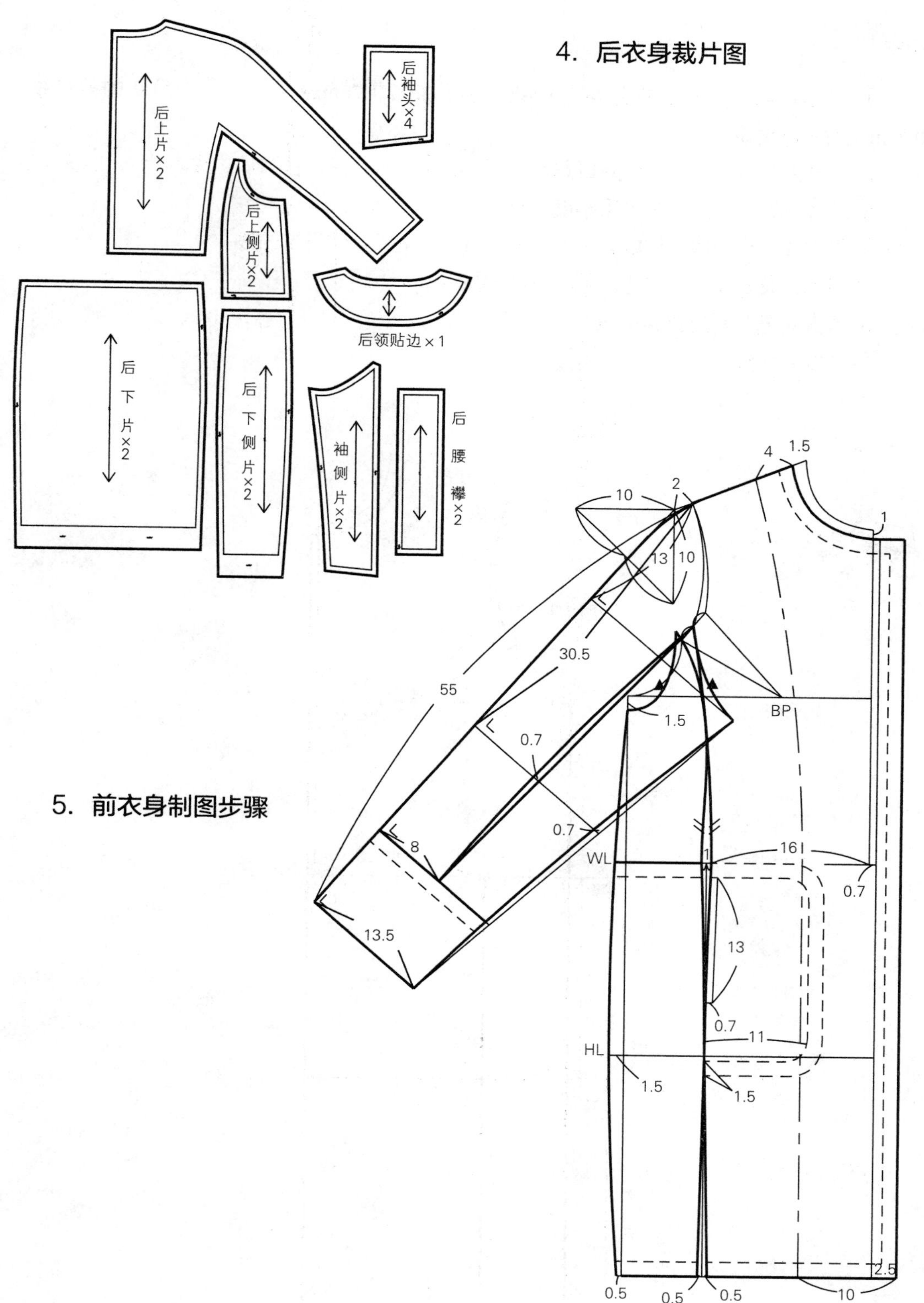

5. 前衣身制图步骤

步骤1

① 绘制新前中心线：在原型前中线右侧、加放0.7cm画平行线，作为新的前中线，0.7cm是面料厚度量。

② 衣长的设计：在前中线WL线处向下取43cm画水平线，作为底边线。

③ 前片侧缝辅助线：由原型袖窿端点向下垂直画线相交于底边线。

④ 臀围线：前中线在WL线处向下取20cm画水平线，作为臀围线。

⑤ 原型袖窿省闭合1/2省量，作为刀背省起点。

⑥ 衣身省道开剪位置辅助线。

⑦ 绘制领弧线。

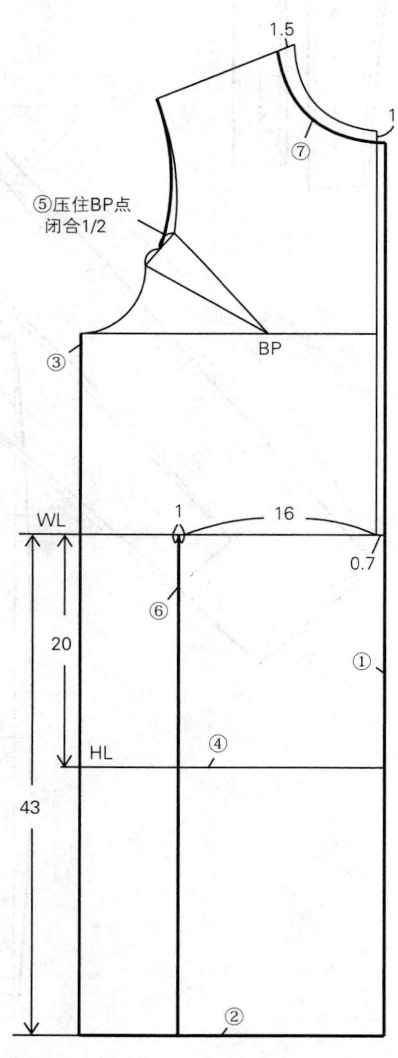

步骤2

① 绘制刀背省结构线。

② 绘制侧缝线。

③ 绘制前侧片袖窿弧线：沿胸围线端点向下取1.5cm定点*B*，用圆顺弧线连接*S'*点到*B*点。

④ 设计袖子角度以及长度：由肩端点延长2cm，以此点为顶点画出边长为10cm的等腰直角三角形，底边1/2点与顶点连接直线，然后从肩端点延此线量取袖长55cm。

⑤ 设计袖口尺寸。

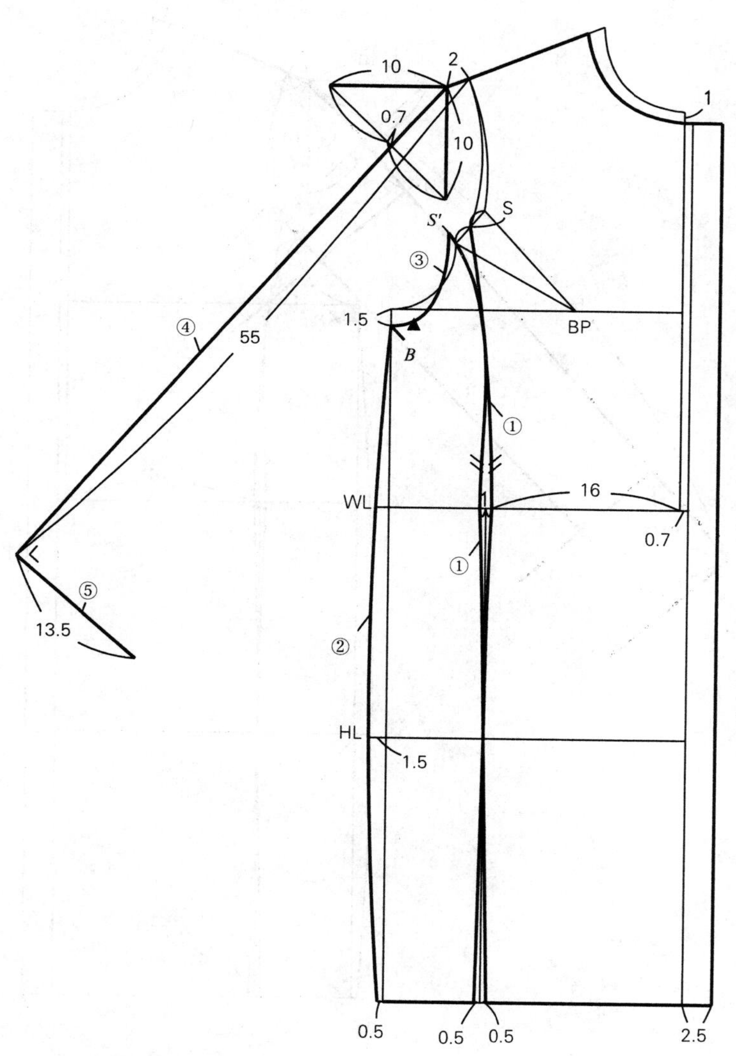

步骤3

① 设计袖山高：肩端点向下13cm，确定点A。

② 绘制袖山深线：以袖外山为底边，过A点画垂线，为袖山深线。

③ 绘制前袖片开剪辅助线：由S点直线连接K点。

④ 设计袖头宽。

⑤ 肩端部位连接圆顺弧线。

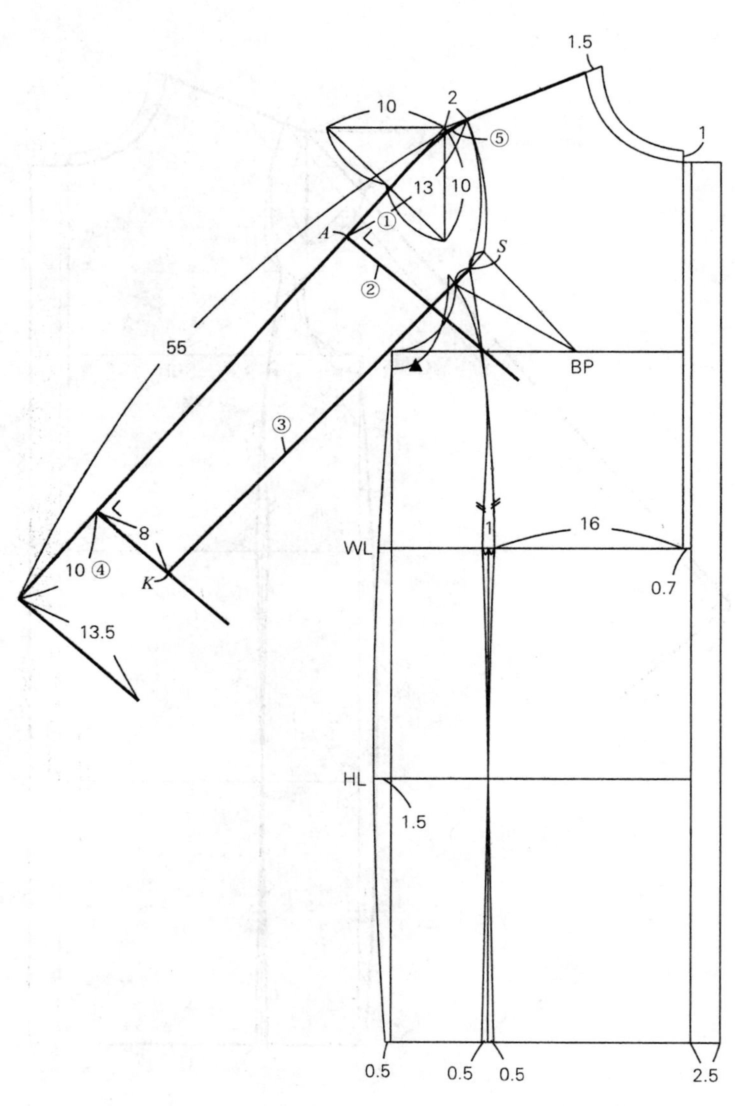

步骤4

① 设计EL线位置。

② 绘制前袖侧片袖山弧线，使之与侧片袖窿弧线相等，并相交于袖山线深，定点H，此点为袖肥端点。

③ 绘制袖子内袖缝线。

④ 绘制前袖剪开线。

⑤ 确定口袋位置。

⑥ 确定腰围线为前侧片上、下片分割位置。

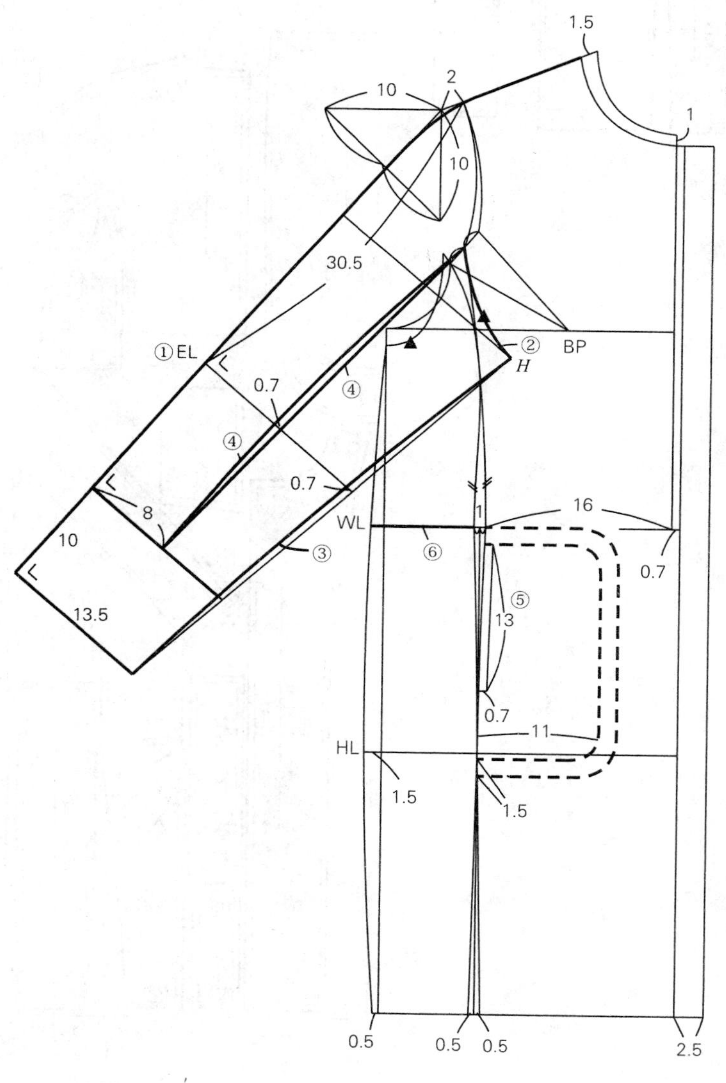

6. 前衣身裁片图

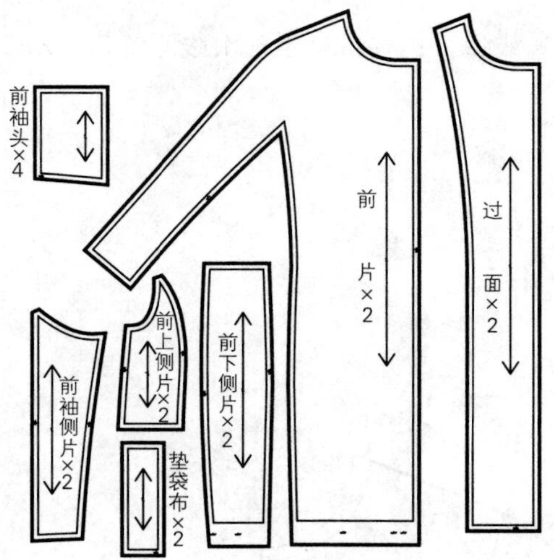

五、紧密排料图

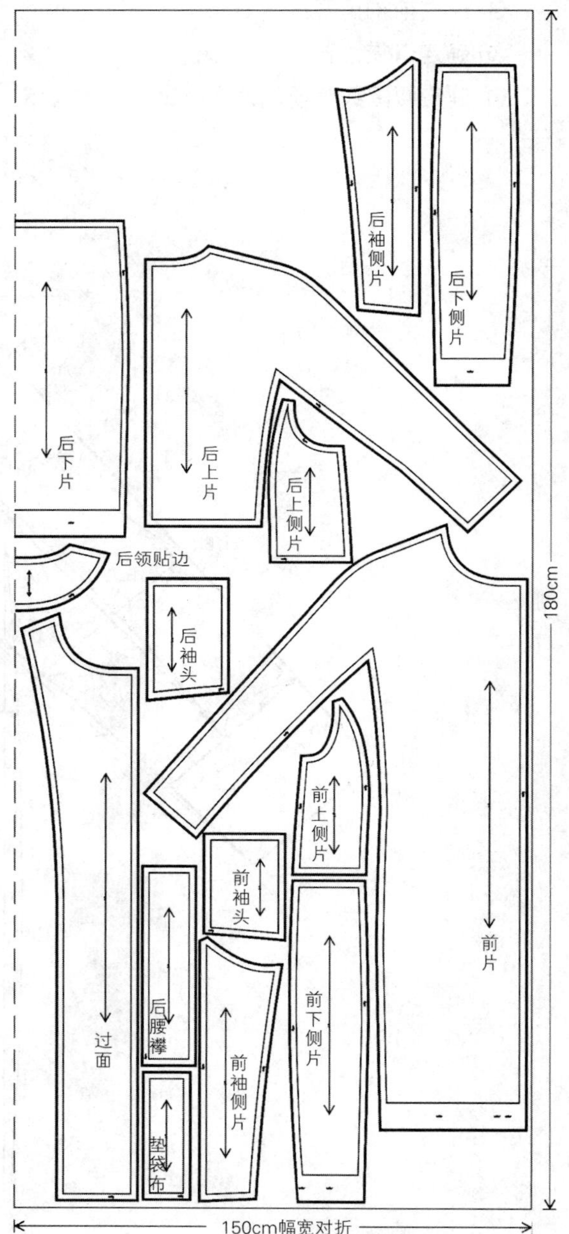

第三节

海军领插肩袖女短大衣

一、款式分析

整体造型：A型。

袖子：两片构成的插肩袖。

领子：海军领，宽度接近肩端点。

前襟：三粒明扣。

衣长：到膝盖线以上5cm。

此款大衣大方、时尚，适合各层次人群选择。

二、面料、里料、辅料

面料：幅宽150cm，长230cm。

里料：幅宽130cm，长190cm。

厚黏合衬：幅宽90cm，长120cm（前身用）。

薄黏合衬：幅宽90cm，长100cm（零部件用）。

厚、薄兼用的黏合衬：幅宽90cm，长70cm。

黏合牵条：宽1.2cm斜丝牵条，长280cm（止口、袖窿使用）。

肩垫：厚度0.7cm，一副。

纽扣：明扣三粒，直径3cm。

三、规格设计与结构设计流程

① 示例规格：160/84A。 单位：cm

部位	净尺寸	成品尺寸	放松量
后衣长（*L*）（BNP～底边）	83	83	—
胸围（*B*）	84	112	28
腰围（*W*）	68	—	—
臀围（*H*）	92	—	—
胸宽	33	—	—
背宽	35	—	—
肩宽（*S*）	39	40	1
背长	38	38	—
袖长（SP～腕骨）	53	57	4
袖肥	—	—	—
后袖口宽	—	17	—
前袖口宽	—	16	—
后领面宽	—	16	—
后领座宽	—	1	—
领口宽	—	—	—
袖窿底点～BL	—	1.5	—

② 准备新文化式服装原型（第八代原型）。

③ 根据面料的厚度、款式造型进行主要部位放松量的设计。

④ 设计成衣胸围放松量。

⑤ 设计成衣腰围放松量。

⑥ 设计成衣衣长尺寸。

⑦ 用原型借助方法，进行制板设计。

四、制图步骤与方法

1. 原型借助（略）

2. 后衣身及后袖制图

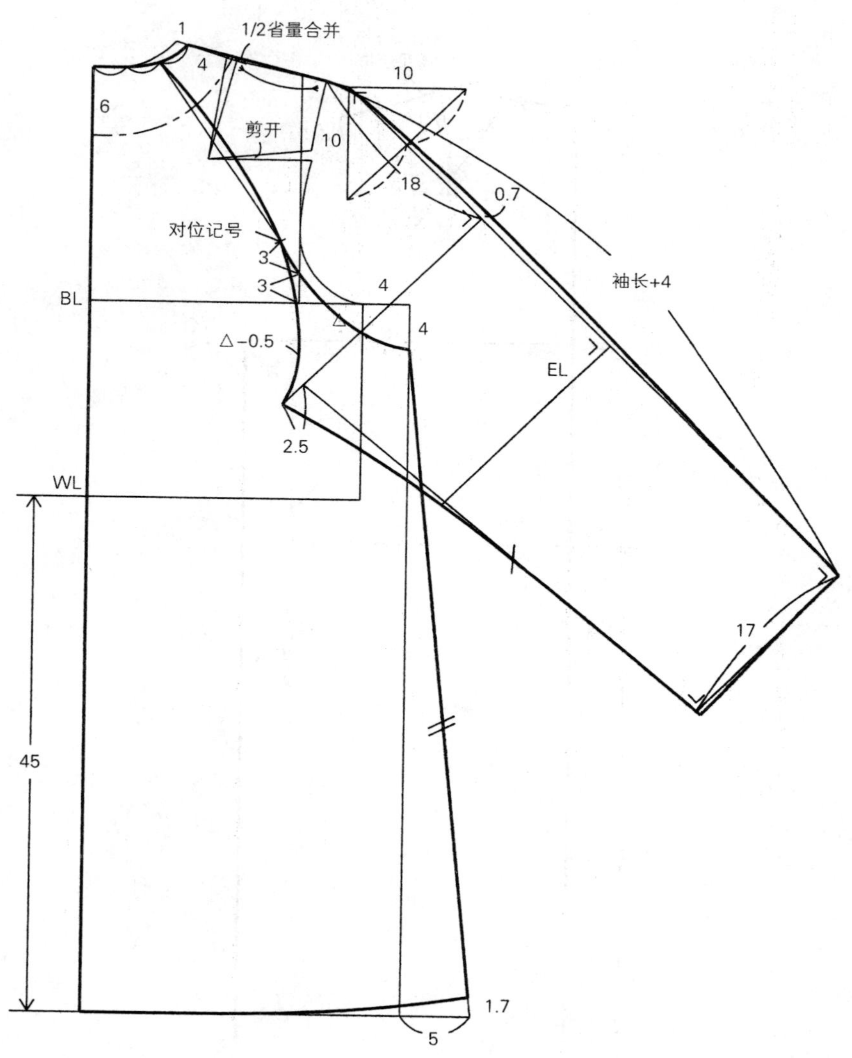

3. 后衣身及后袖制图步骤

步骤1

① 底边线：由腰围线垂直向下取45cm画出底边线，平行于腰围线。

② 领围线：由原型肩颈点扩大1cm，再与领深线连接画出圆顺的领弧线。

③ 后肩辅助线：将袖窿线剪开，肩省合并1/2省量，并用直线连接新肩与肩端点。

④ 袖窿腋下点：胸围线加4cm放松量，从此点向下做垂线到底边。

⑤ 袖窿弧辅助线：在领弧线上取1/3处定点*A*，在BL线与背宽线的交点向上取3cm定点，并与点*A*连线作为袖窿辅助线。

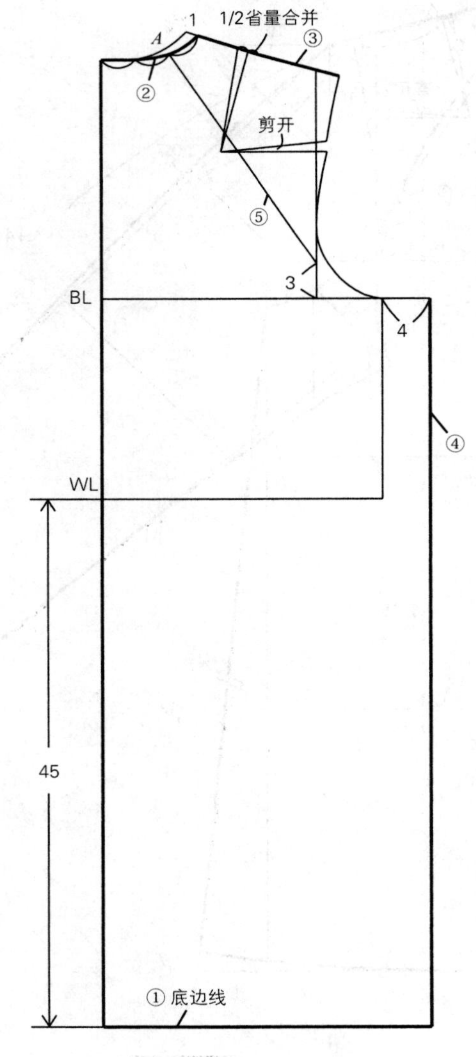

步骤2

① 原型袖窿深下降4cm，找到新的袖窿腋下点。

② 绘制袖窿弧线，确定与袖山弧线的对位记号。

③ 侧缝线：下摆撇出5cm，与袖窿腋下点连接，画出侧缝线。

④ 底边线起翘1.7cm，画圆顺底边线。

⑤ 肩线：肩端点向上0.5cm定点，重新绘制肩线。

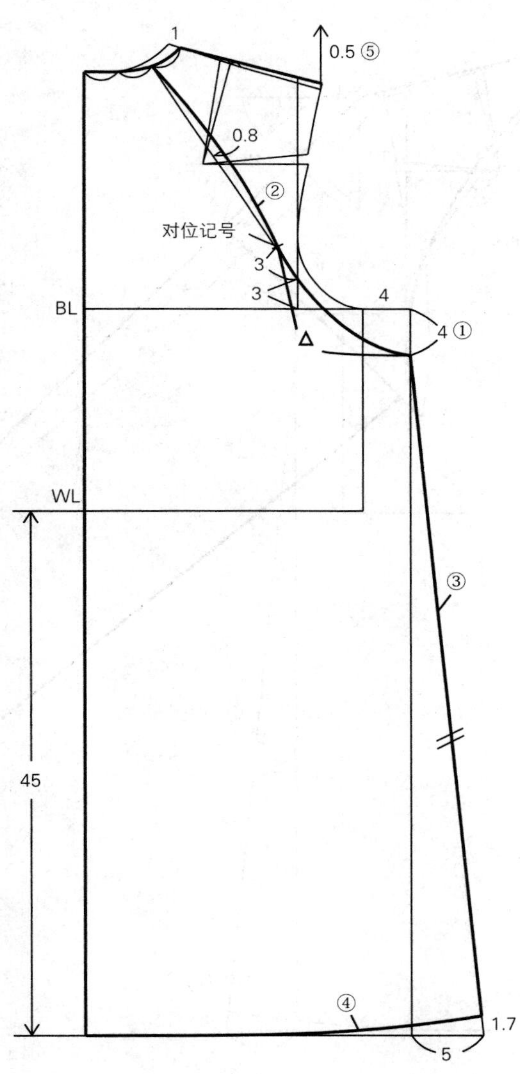

步骤3

① 袖子外缝线：由肩端点延长2cm，以此点为顶点画出边长为10cm的等腰直角三角形，底边1/2点与顶点连接直线，然后从肩端点延此线量取袖长+4cm。

② 袖口宽：以袖处缝线为直角边，垂直画线，在该线上量取17cm为袖口尺寸。

③ 袖山高：由肩端点向下量取18cm。

④ 绘制袖肥线：垂直于袖外缝线画线为袖肥线。

⑤ 袖山弧线：与袖窿弧线等长，并相交于袖肥线，为袖肥端点。

⑥ 绘制内袖缝辅助线。

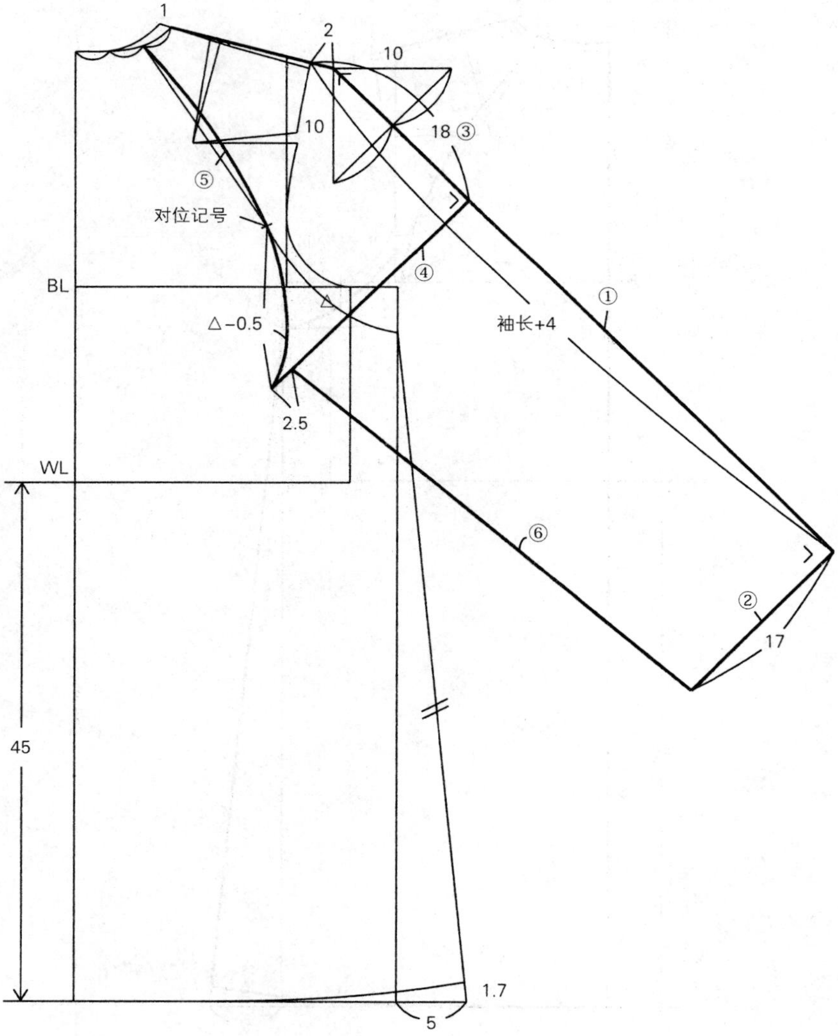

步骤4

① 确定EL线位置。

② 绘制袖口线。

③ 绘制内袖缝线。

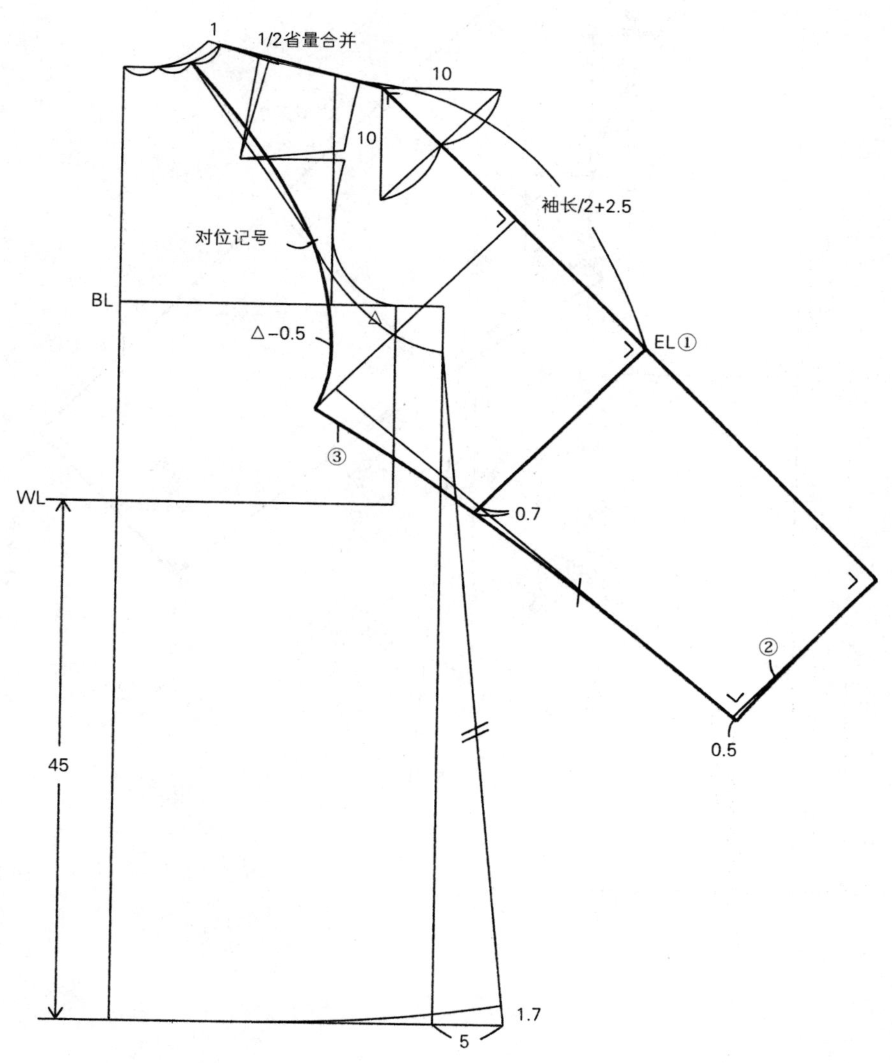

步骤5

① 绘制袖子外缝轮廓线。

② 确定后领贴边位置。

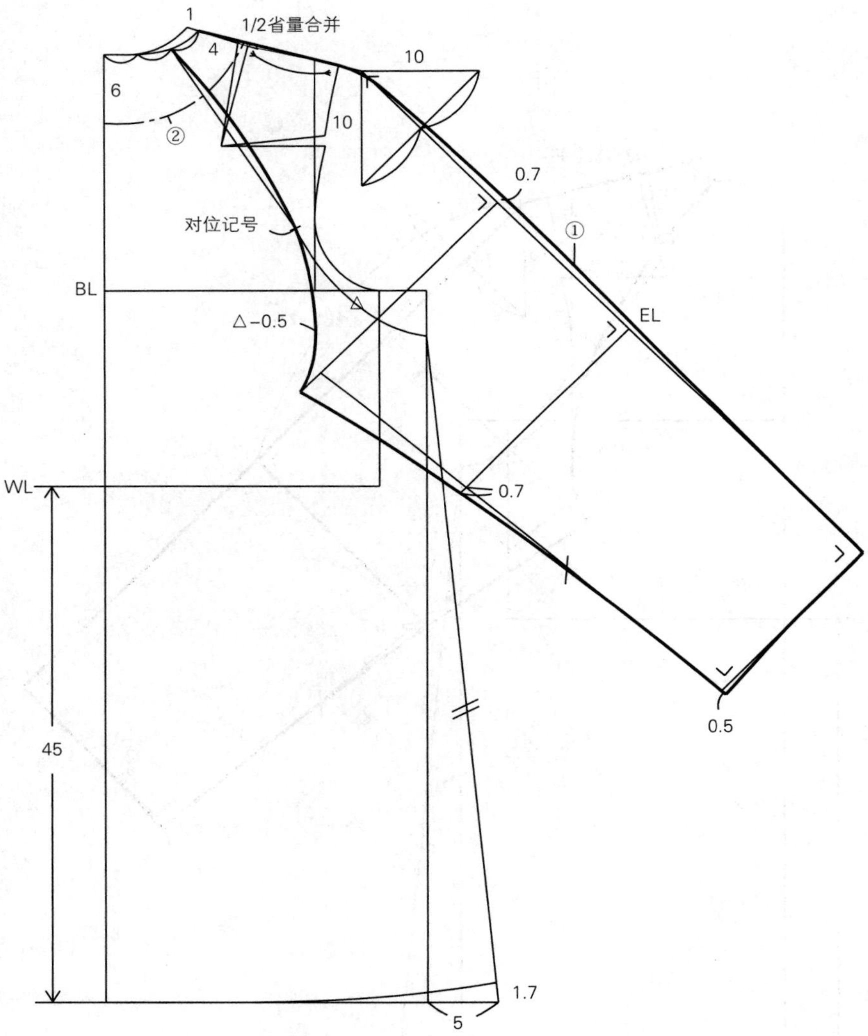

4. 前衣身及前袖制图

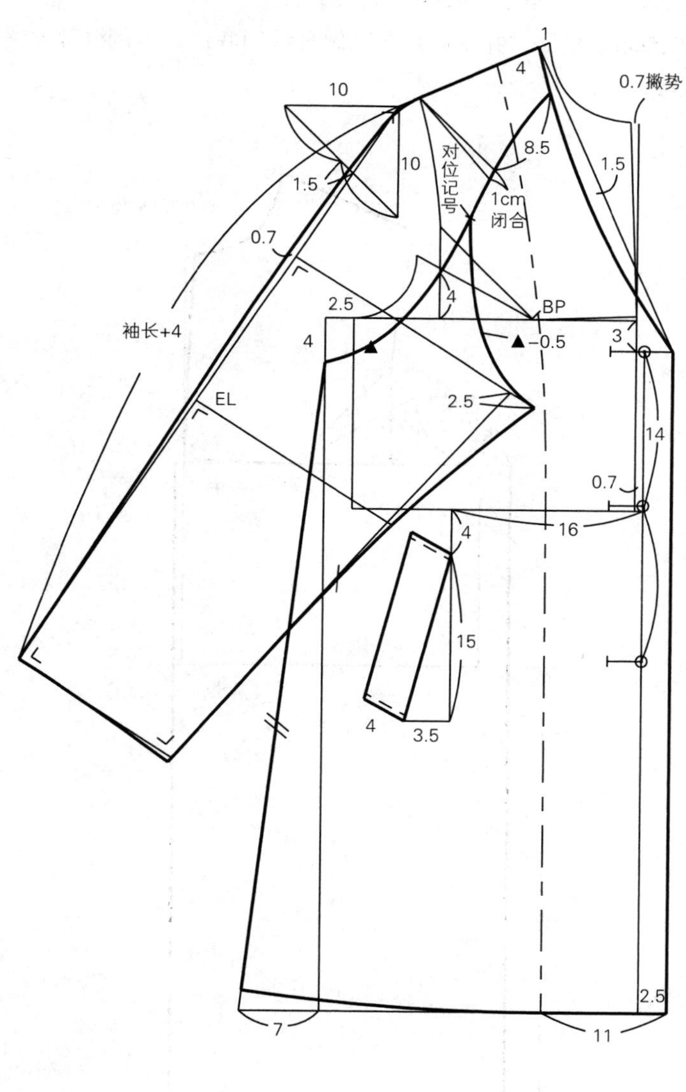
1
4
10
0.7撇势
10
8.5
1.5
对位记号
1.5
1cm
闭合
0.7
2.5
4
BP
袖长+4
4
▲
▲-0.5
3
EL
2.5
14
0.7
16
4
15
4
3.5
2.5
7
11

5. 前衣身及前袖制图步骤

步骤1

① 在前衣片将原型前中心向左撇0.7cm，以分散胸省。

② 前中心线：在原型中心线向右加放0.7cm画与原型中心线平行的新前中心线，0.7cm为面料厚度量。

③ 底边线：从腰线向下垂直量45cm画出底边线。

④ 胸围线加2.5cm放松量，并从此点向下做垂线到底边，为侧缝辅助线。

⑤ 绘制胸宽线。

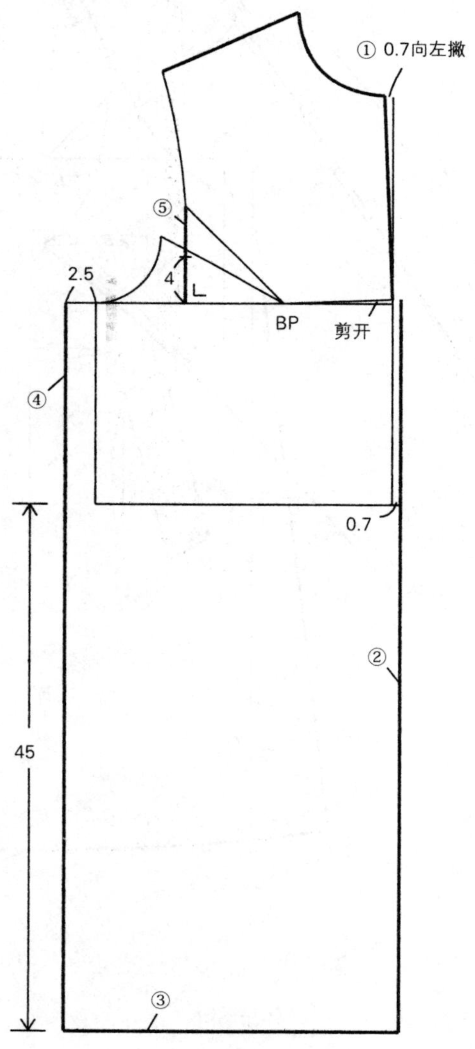

步骤2

① 止口线：前中心线向右移2.5cm定点*B*并画与前中心线平行的线，为止口线。

② 领弧线：领宽扩大1cm与翻折点*B*连线，再做1.5cm弧线。

③ 在侧缝辅助线的BL线处向下4cm确定新的袖窿腋下点。

④ 下摆撇出7cm，与袖窿腋下点连接，画出侧缝线。

⑤ 袖窿弧线：由前肩颈点向下量取4.3cm定点，此点与胸宽线向上4cm点连直线，画出袖窿弧线。

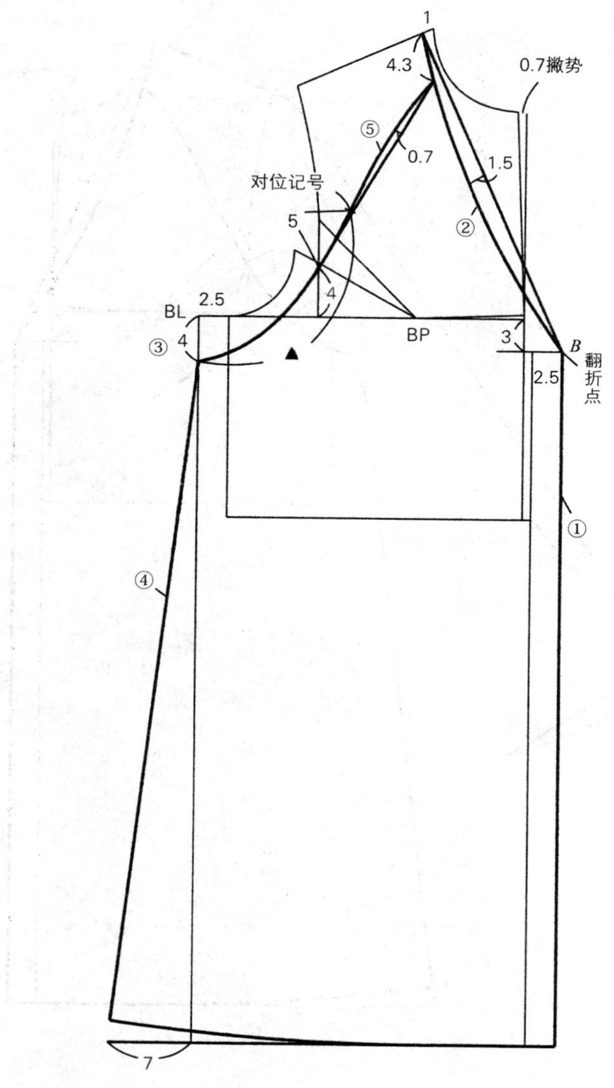

步骤3

① 袖子外缝：肩端点延长2cm为顶点做边长为10cm等腰直角三角形。过斜边1/2向下1.5cm定点，过该点与顶点连线，画出前袖外缝线。并从肩端点延袖外袖缝线取袖长+4cm定点C。

② 袖口尺寸：过袖处线C点做垂线，在袖口垂线上量取16cm，作为前袖口宽。

③ 袖山高：由肩端点沿前袖外缝线量取18cm（定点D），作为袖山高。

④ 袖肥线：由袖山高点D画垂直线，作为袖肥辅助线。

⑤ 底边线：前片侧缝长与后片侧缝长相等。

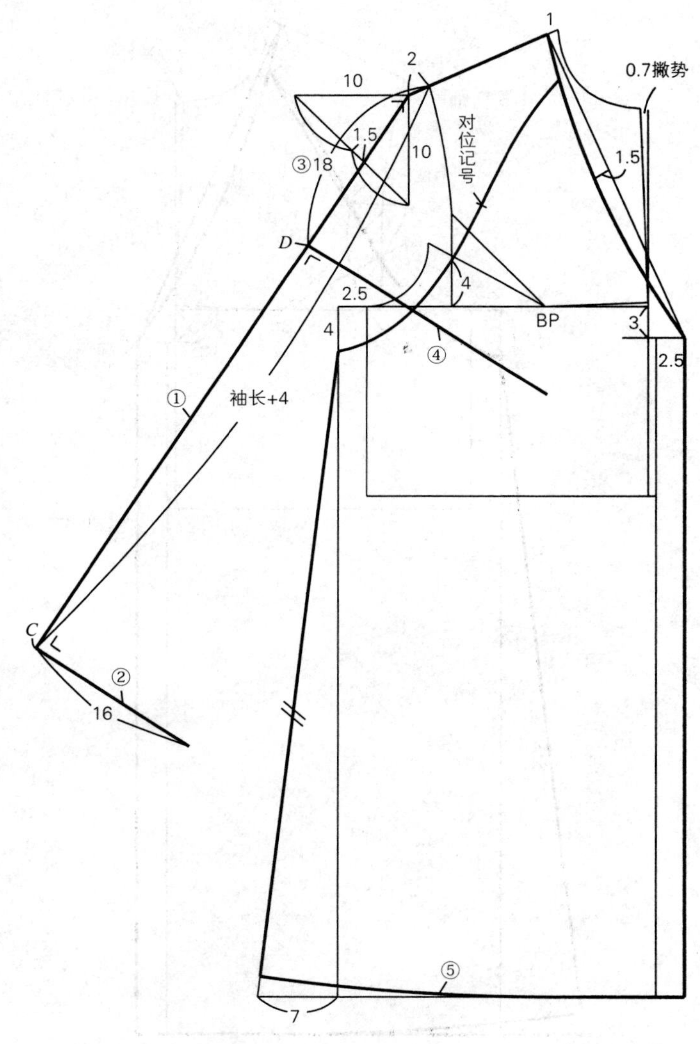

步骤4

① 袖山弧线：与袖窿弧线相等，并相交于袖肥线，为袖肥端点。

② 绘制内袖缝辅助线。

③ 确定EL线位置。

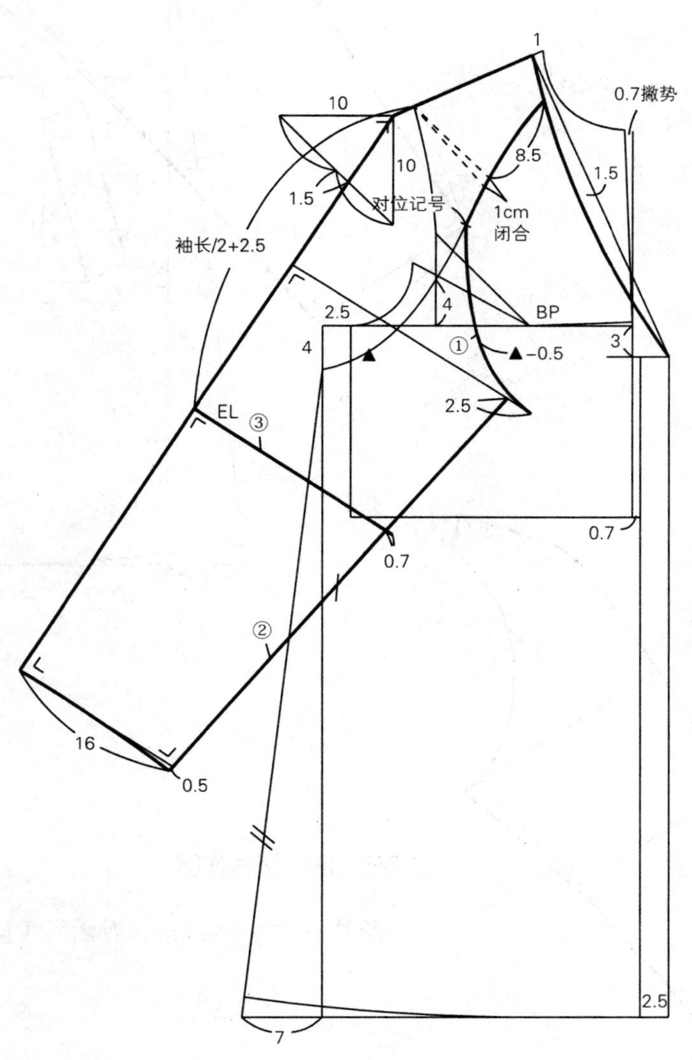

步骤5

① 绘制袖子内缝轮廓线。
② 绘制袖子外缝轮廓线。
③ 确定袋口位置。
④ 确定扣眼位置。
⑤ 确定过面位置。

步骤6 前袖纸样作图

前袖山弧线闭合1cm，袖山弧线整理为圆顺的线。

6. 插肩袖要点

前、后衣片的肩部是重点；前袖外轮廓线比后袖外轮廓线倾斜度大；衣片袖窿线比袖子的袖山线长0.5cm，在绱袖时抻着袖子绱，可使袖子更合身。

7. 衣身裁片图

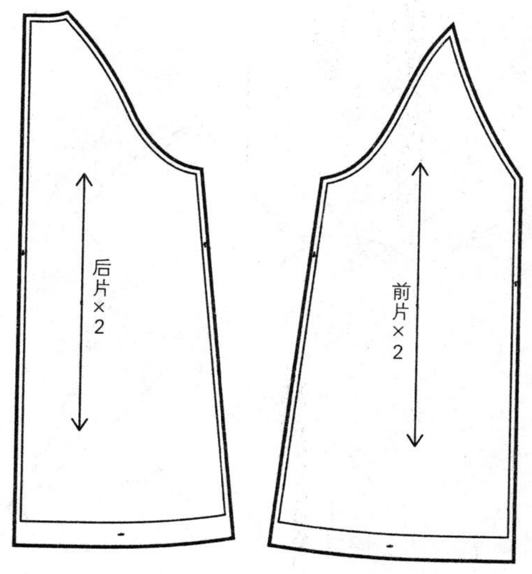

8. 袖子裁片图

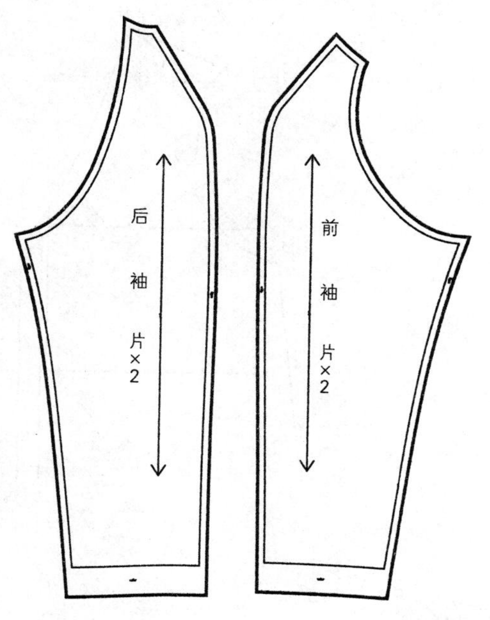

9. 零件裁片图

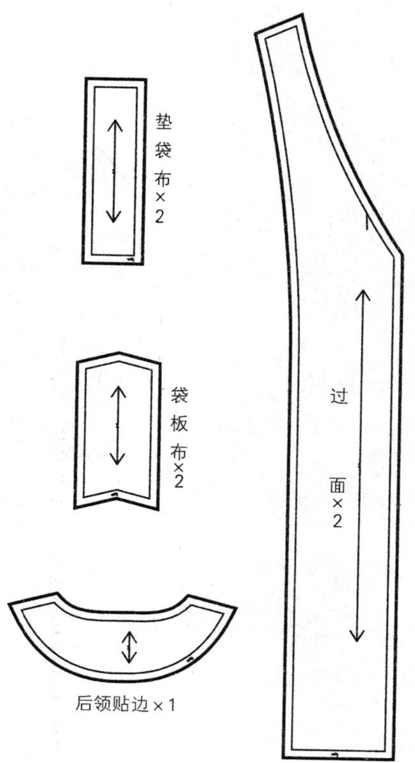

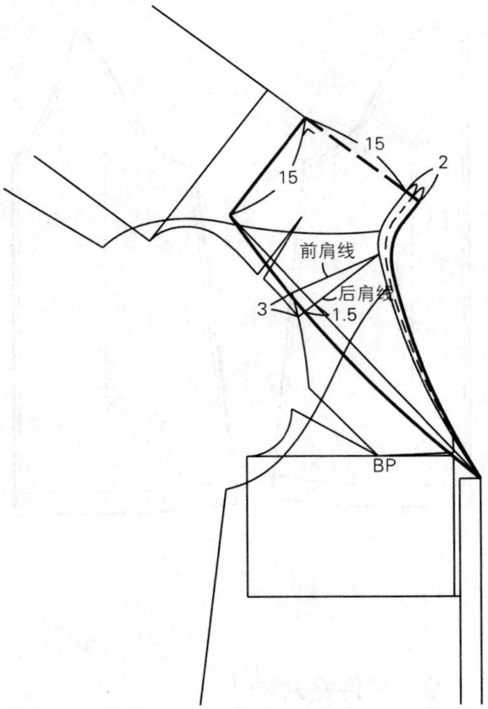

10. 领子制图

步骤1

前、后肩线重合3cm。

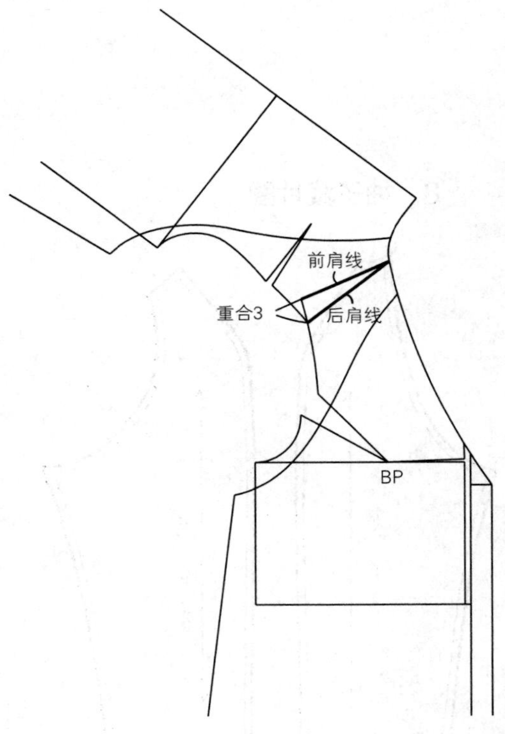

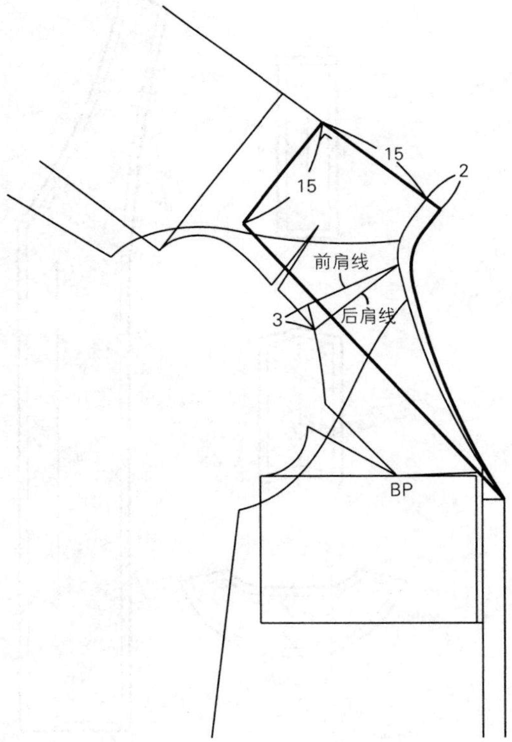

步骤2

设计领面宽度、长度。

步骤3

① 设计领子轮廓线弧度。

② 绘制领子翻折线。

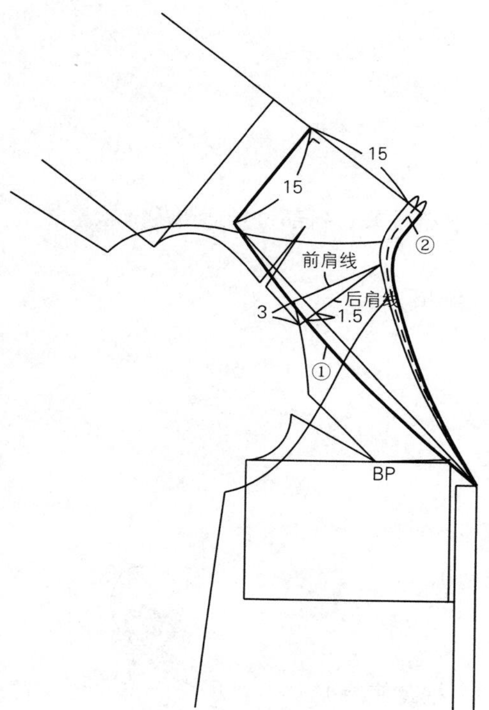

11. 领子裁片图

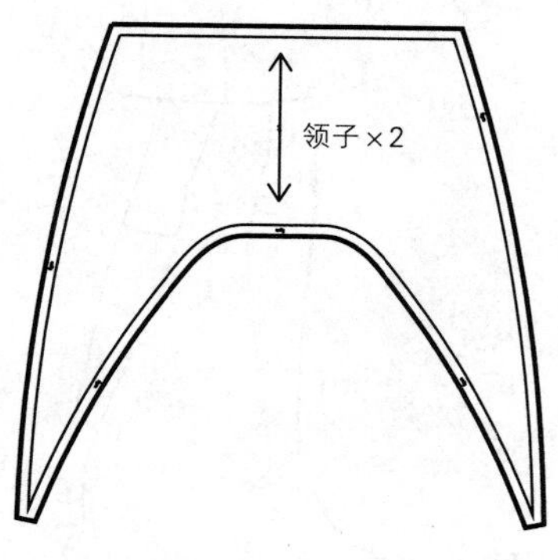

五、紧密排料图

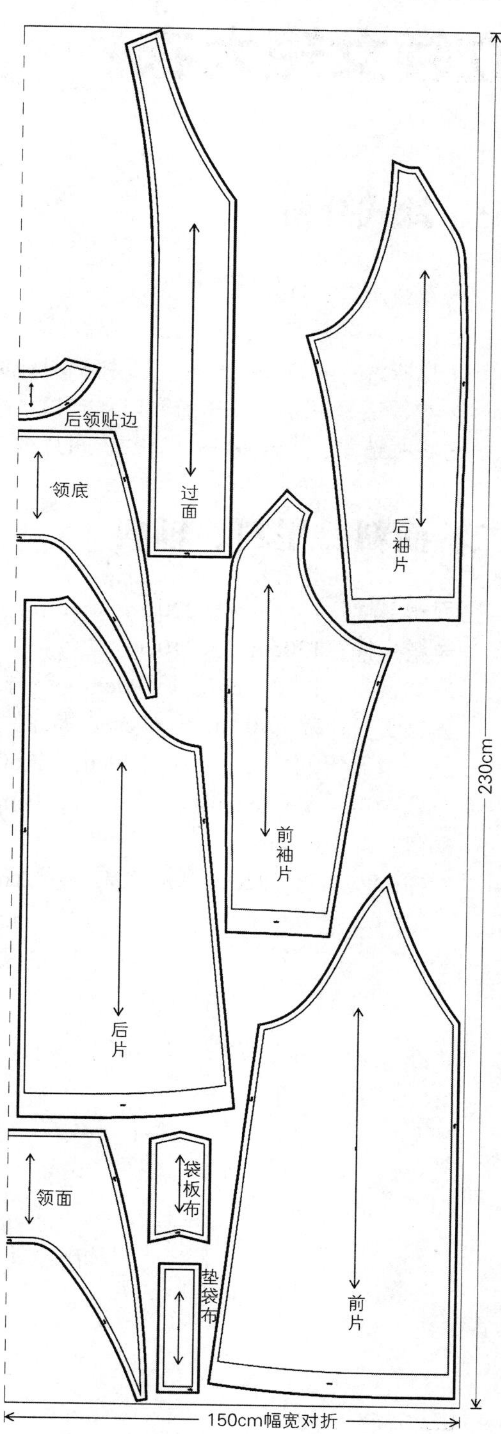

第四节
立领女短大衣

一、款式分析

· 衣身廓型：H型、四开身。
· 前衣片：前胸横线开剪，在结构线上收胸省、侧缝插袋、各部位加适当的放松量。
· 后衣片：后背宽处开剪、后中线做收腰。
· 衣领造型：立领——前领口双排扣，前门襟双排扣。
· 衣袖造型：圆装袖——弯袖、两片袖。

二、面料、里料、辅料

面料：幅宽140cm，长220cm。
里料：幅宽130cm，长210cm。
厚黏合衬：幅宽90cm，长100cm（前身、领子用）。
薄黏合衬：幅宽90cm，长60cm（零部件用）。
厚、薄兼用的黏合衬：幅宽90cm，长60cm。
黏合牵条：宽1.2cm斜丝牵条，长280cm（止口、袖窿使用）。
肩垫：厚度0.7cm，一副。
纽扣：8粒，直径2.5cm，按扣2幅，直径2cm。

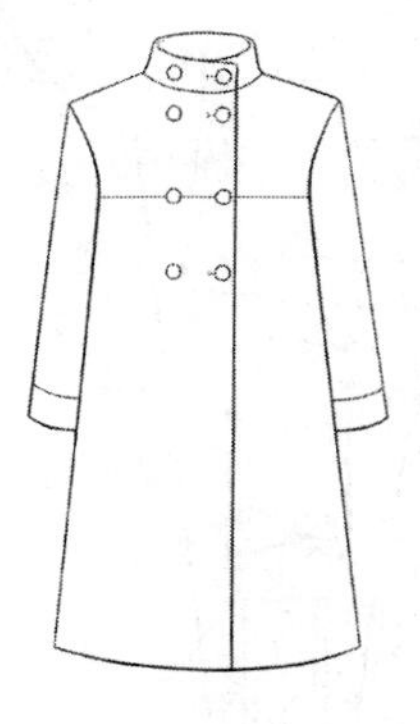
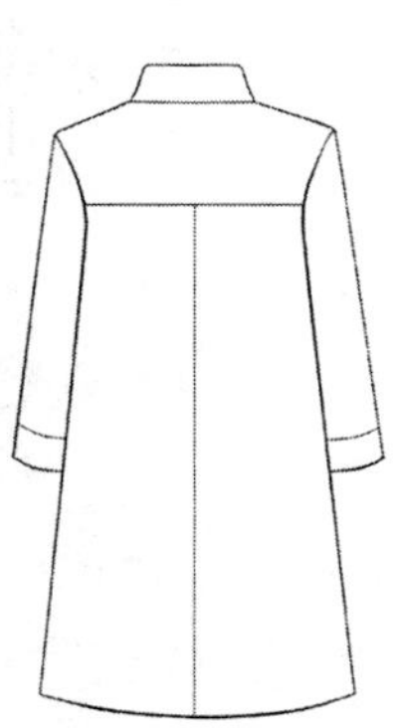

三、规格设计与结构设计流程

① 示例规格：160/84A。

单位：cm

部位	净尺寸	成品尺寸	放松量
后衣长（*L*）（BNP～底边）	102	102	—
胸围（*B*）	84	100	16
腰围（*W*）	68	80	12
臀围（*H*）	92	106	14
胸宽	33	35	2
背宽	35	37	2
肩宽（*S*）	39	40	1
背长	38	38	—
袖长（SP～腕骨）	53	56	3
袖肥	—	34	—
后袖口宽	—	17	—
前袖口宽	—	14.5	—
后领面宽	—	5	—
后领座宽	—	3	—
领口宽	—	3.8	—
袖窿底点～BL	—	1.5	—

② 准备第七代文化服装原型，把前、后原型腰围线放到同一水平线上。

③ 根据面料的厚度、款式造型进行主要部位放松量的设计。

④ 设计成衣胸围放松量。

⑤ 设计成衣腰围放松量。

⑥ 设计成衣衣长尺寸。

四、制图步骤与方法

1. 原型借助（略）

2. 衣身制图

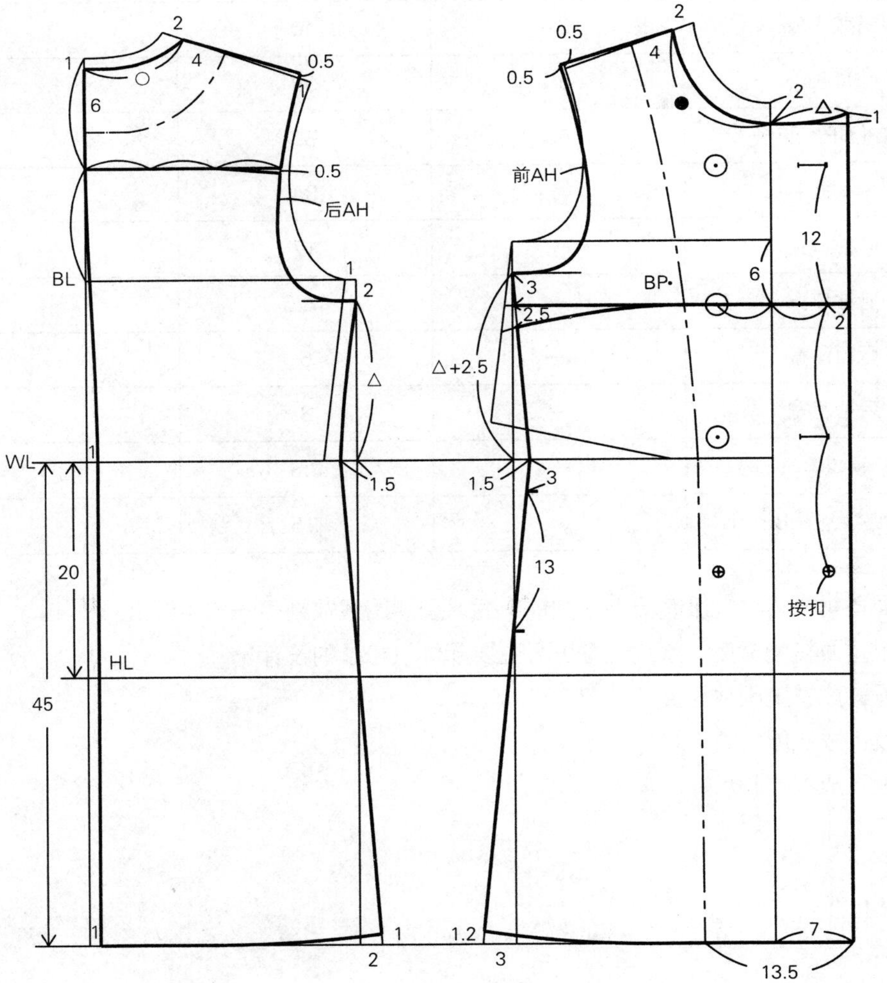

3. 衣片制图步骤

步骤1

① 底边线：垂直延长后中心线，从WL线与后中心线相交点向下量取45cm，确定底边线。

② 臀围线：从WL线与后中心线交点向下量取20cm，确定HL线。

③ 绘制后领弧线。

④ 后肩线：肩端点左移1cm，上翘0.5cm，画顺后肩线。

⑤ 后片侧缝线：原型侧缝线加1cm放松量，下降2cm，定点，画与原型侧缝线平行的线。

⑥ 绘制后片袖窿弧线。

⑦ 绘制前止口线。

⑧ 绘制前领弧线。

⑨ 前肩线：前肩端点左移0.5cm，上翘0.5cm，画顺前肩线。

⑩ 前片侧缝线：原型侧缝线延长45cm为前片侧缝线。

⑪ 绘制前片袖窿弧线。

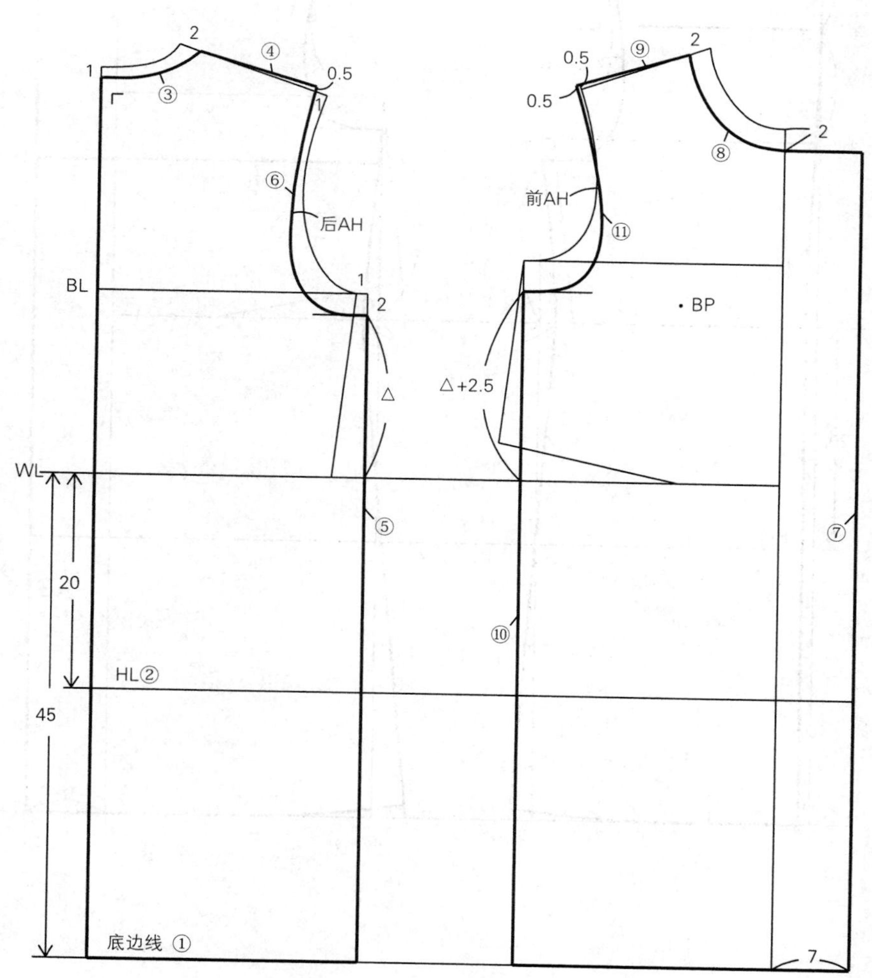

步骤2

① 绘制后片中心线。
② 绘制后片侧缝线。
③ 绘制后片底边线。
④ 绘制前片侧缝线。
⑤ 绘制前片底边线。
⑥ 绘制后片剪开辅助线。
⑦ 绘制前片剪开辅助线。

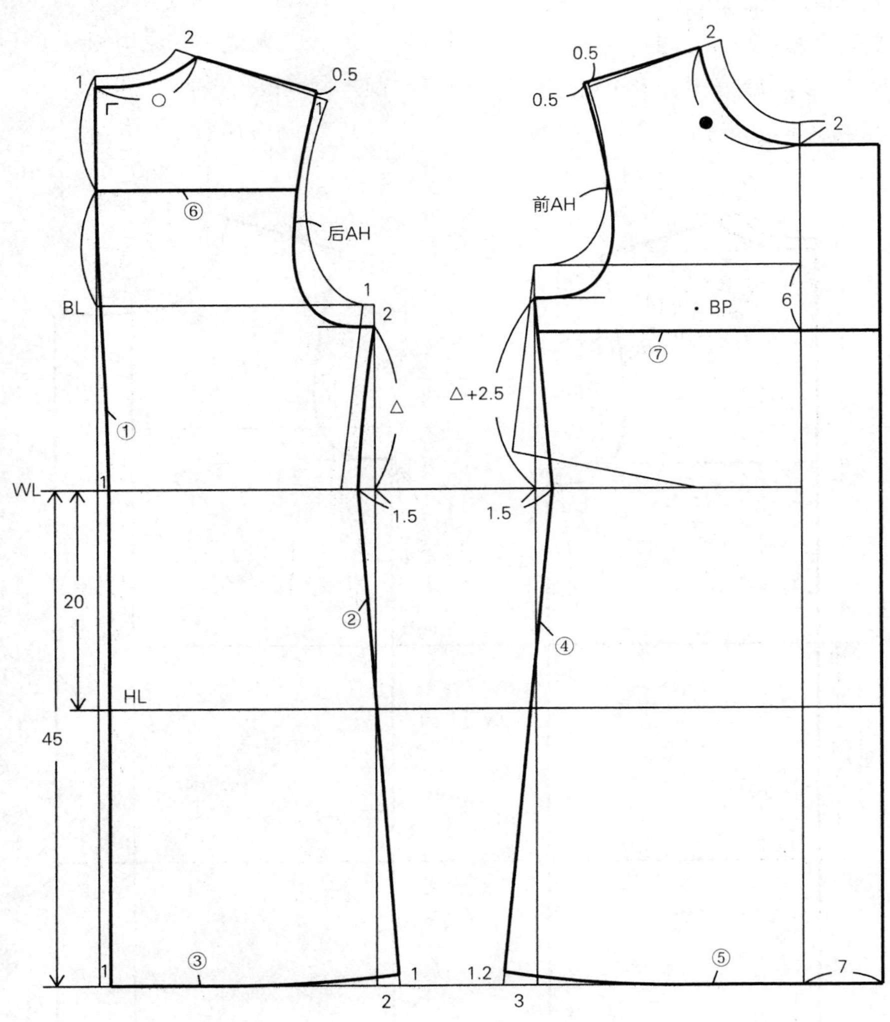

步骤3

① 绘制后片剪开结构线。
② 绘制前片剪开结构线。
③ 绘制绱领口弧线。
④ 确定后领贴边位置。
⑤ 确定过面位置。

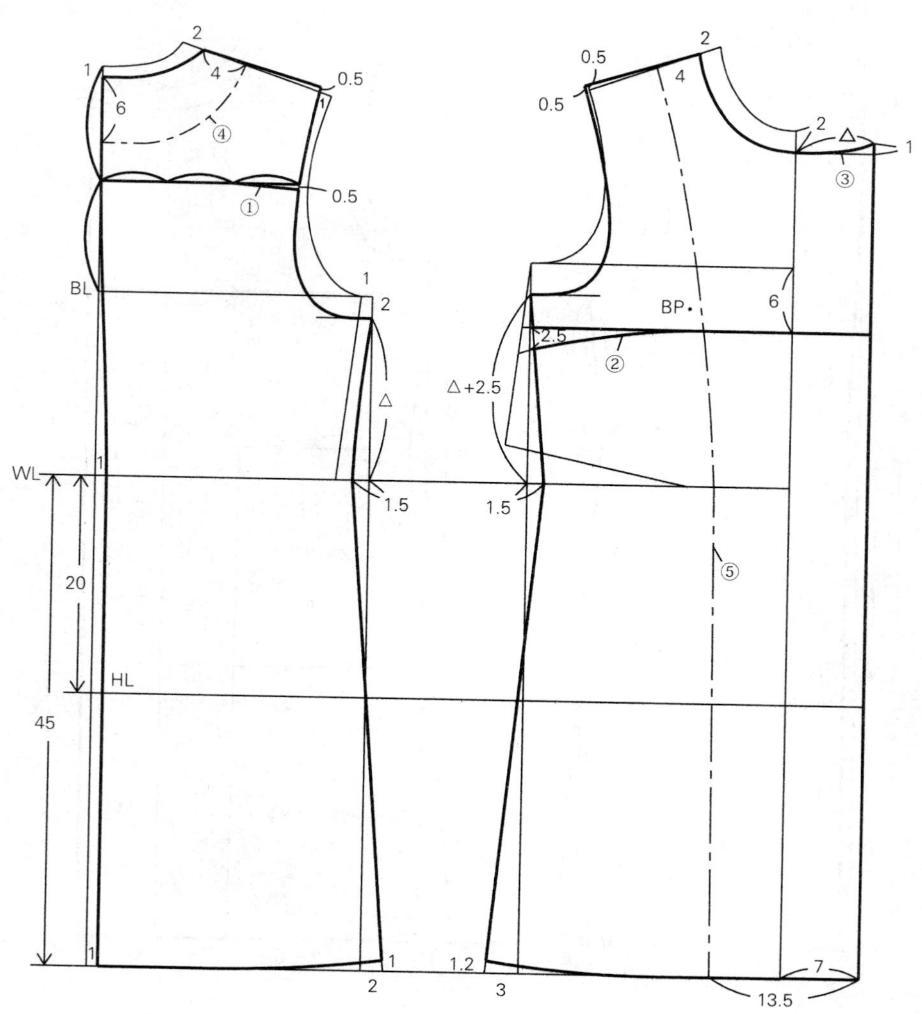

步骤4

① 确定袋口位置。

② 确定扣眼、纽扣位置。

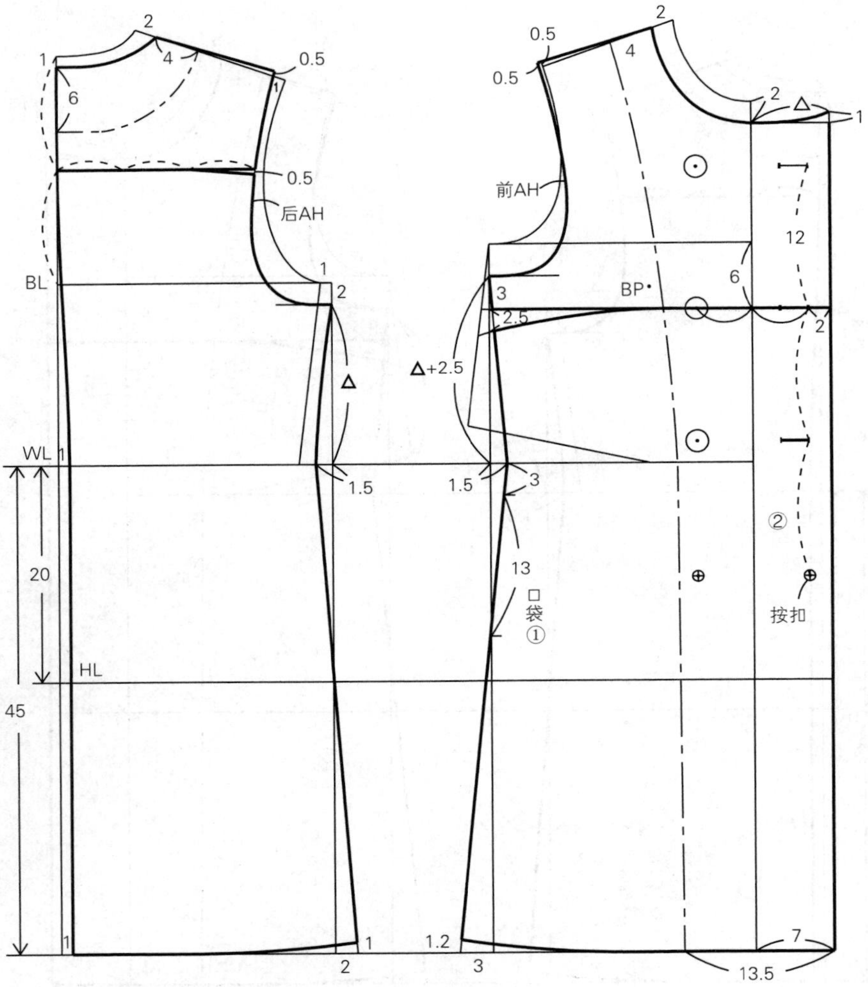

4. 衣身裁片图

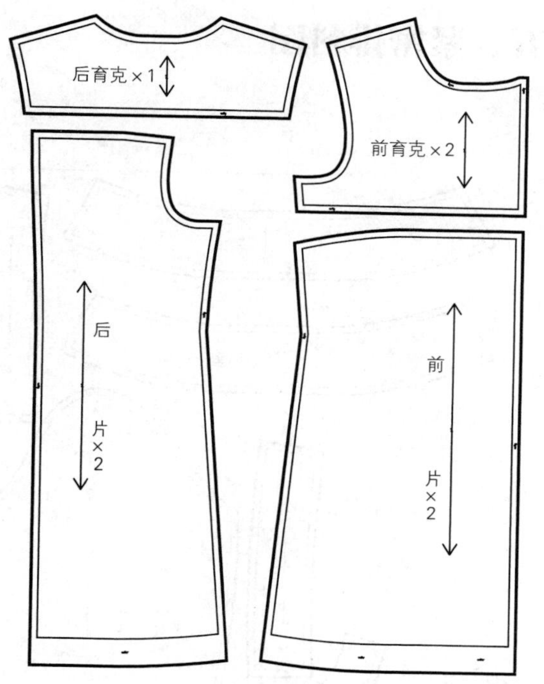

5. 零件裁片图

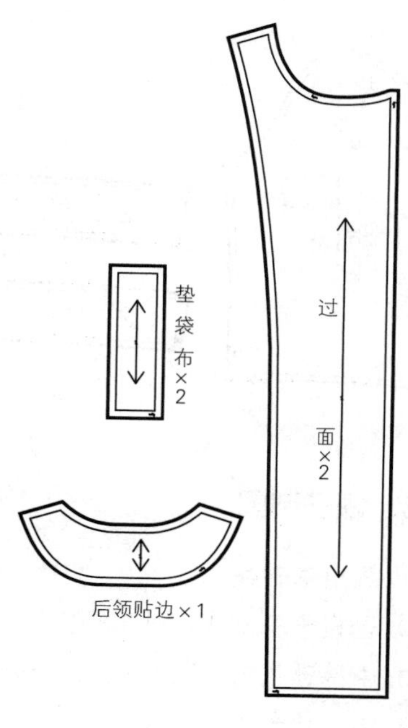

6. 袖子制图

首先测量出AH尺寸，前、后衣身的袖窿弧长度。

① 画出袖山高17.5cm，确定袖山顶点。

② 由袖顶点向下量袖长+2cm，画出底边线，底边线与袖窿深线平行。

③ 画出EL线：由袖窿深线向下量取14cm，画与袖窿深浅平行的线。

④ 由袖顶点向后袖窿深线画后AH+0.7cm，相交于后袖窿深线。

⑤ 由袖顶点向前袖窿深线画前AH，相交于前袖窿深线。

⑥ 画出袖山弧线。

⑦ 画内袖缝、外袖缝。

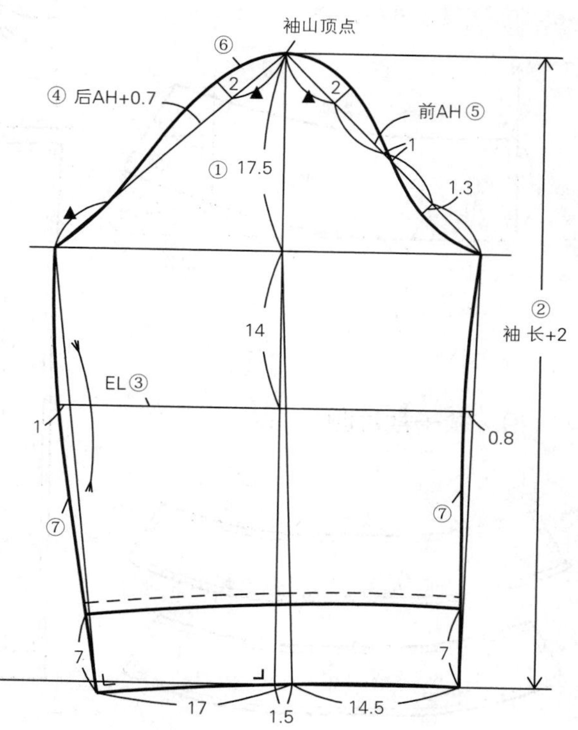

7. 袖子裁片图

袖
片×2
袖口布面×2
袖口布里×2

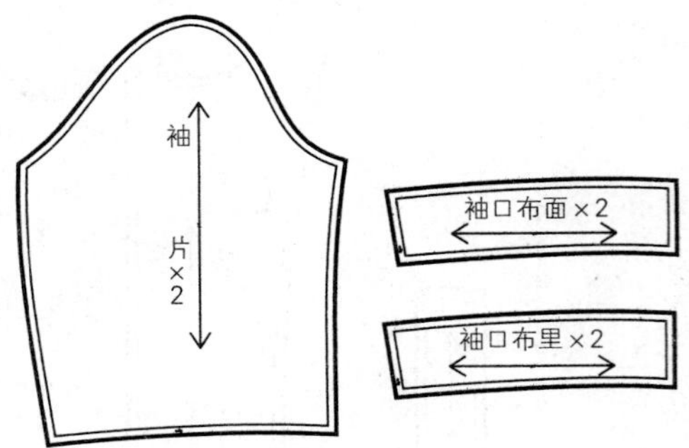

8. 领子制图

① 画出基础线。

② 垂直于基础线，画出领中线。

③ 由基础线向上取8cm，画出领宽线。

④ 画出领子底边弧线。

⑤ 画出领口宽8cm。

⑥ 连接领外轮廓线。

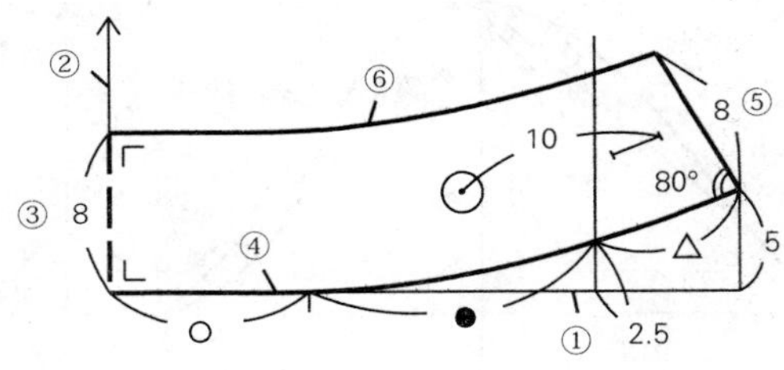

②
⑥
10
8 ⑤
80°
③ 8
④
5
○
●
①
2.5

9. 领子裁片图

领面×1
领里×1

五、紧密排料图

领面
袖口布面
领里
袖口布里
袖片
后领贴边
后育克
前育克
过面
后片
垫袋布
前片
150cm
150cm幅宽对折

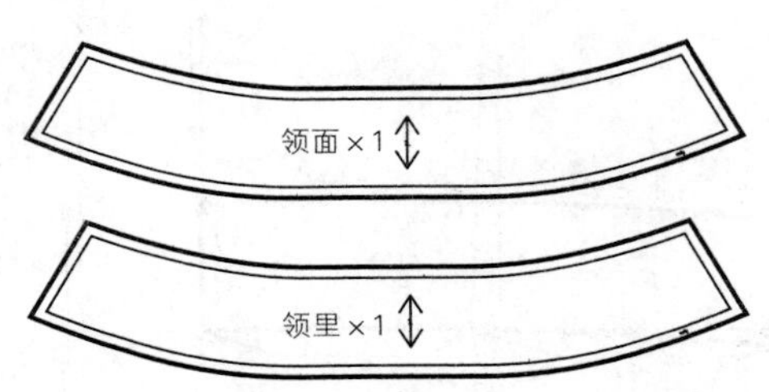

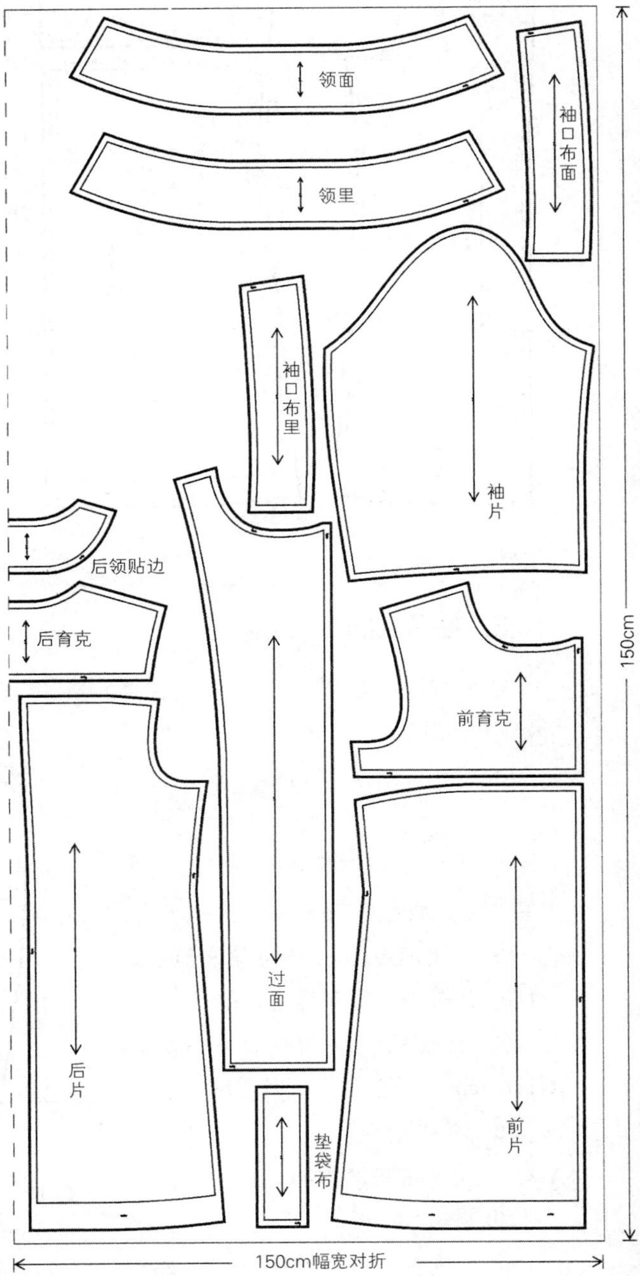

第五节
覆肩式贴袋女短大衣

一、款式分析

·衣身廓型：H型、四开身、直线条处理。

·前、后衣片：前后身公主线结构，八片身，前、后肩部做覆肩，既保暖又有极好的装饰性。

·衣领造型：连帽领。

·衣袖造型：圆装袖——弯袖、两片袖。

·口袋：明袋——贴袋，有袋盖，与覆肩形成呼应，有很好的装饰效果。

二、面料、里料、辅料

面料：幅宽140cm，长280cm。

里料：幅宽130cm，长280cm。

厚黏合衬：幅宽90cm，长130cm（前身用）。

薄黏合衬：幅宽90cm，长100cm（零部件用）。

厚、薄兼用的黏合衬：幅宽90cm，长50cm。

黏合牵条：宽1.2cm斜丝牵条，长280cm（止口、袖窿使用）。

肩垫：厚度0.7cm，一副。

纽扣：前门襟牛角扣4套、按扣5副，袖襻扣2粒。

三、规格设计与结构设计流程

① 示例规格：160/84A。　　单位：cm

部位	净尺寸	成品尺寸	放松量
后衣长（*L*）（BNP～底边）	88	88	—
胸围（*B*）	84	100	16
腰围（*W*）	68	80	12
臀围（*H*）	92	106	14
胸宽	33	35	2
背宽	35	37	2
肩宽（*S*）	39	40	1
背长	38	38	—
袖长（SP～腕骨）	53	56	3
袖肥	—	36	—
袖口宽（1/2）	—	14	—
前搭门宽	—	3.5	—
后领面宽	—	—	—
后领座宽	—	—	—
领口宽	—	—	—
袖窿底点～BL	—	1.5	—

② 准备第七代原型，把前、后原型腰围线放到同一水平线上。

③ 根据面料的厚度、款式造型进行主要部位放松量的设计。

④ 设计成衣胸围放松量。

⑤ 设计成衣腰围放松量。

⑥ 设计成衣衣长尺寸。

四、制图步骤与方法

1. 原型借助（略）

2. 衣身制图

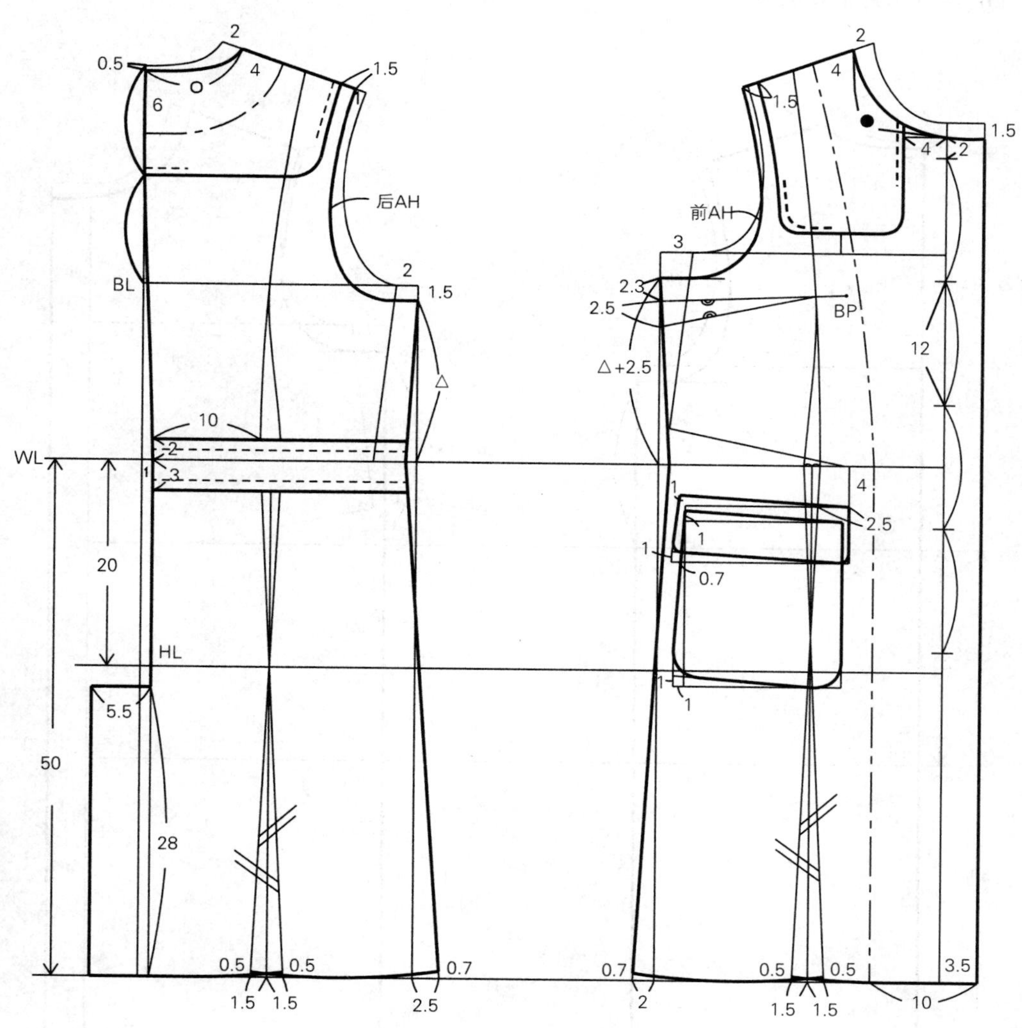

3. 衣片制图步骤

步骤1

① 绘制底边线。

② 绘制臀围线（HL）。

③ 绘制后领弧线。

④ 后肩线：肩端点向左移1cm。

⑤ 后片侧缝线：原型加放松量2cm。

⑥ 绘制后片袖窿弧线。

⑦ 止口线：中心线向右移3.5cm，画与前中线平行的线。

⑧ 绘制前领弧线。

⑨ 前肩线：肩端点向左移0.5cm。

⑩ 前片侧缝线：原型加放松量3cm。

⑪ 绘制前片袖窿弧线。

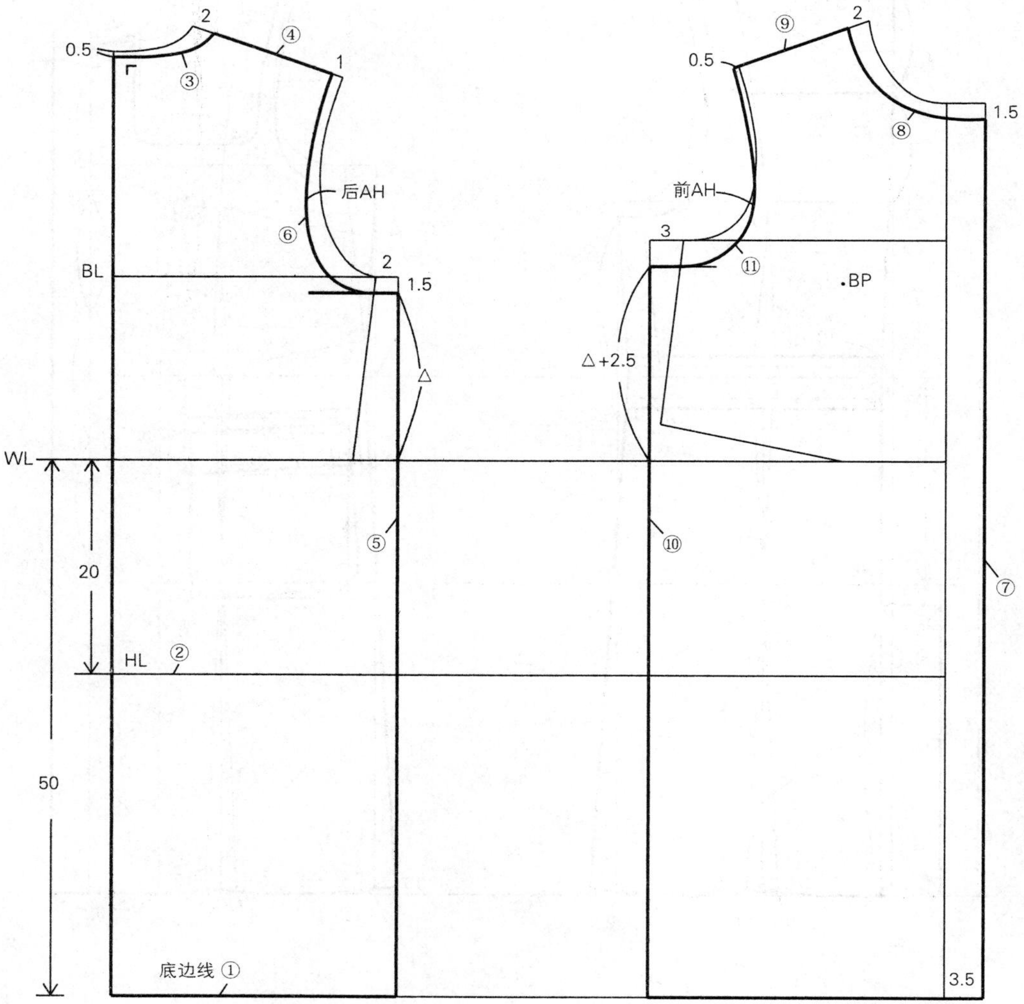

步骤2

① 绘制后片中心线。
② 绘制后片侧缝线。
③ 绘制后片公主线。
④ 绘制后片底边线。
⑤ 绘制前片侧缝线。
⑥ 绘制前片公主线。
⑦ 绘制前片底边线。
⑧ 绘制前侧片省道转移时合并省道位置。

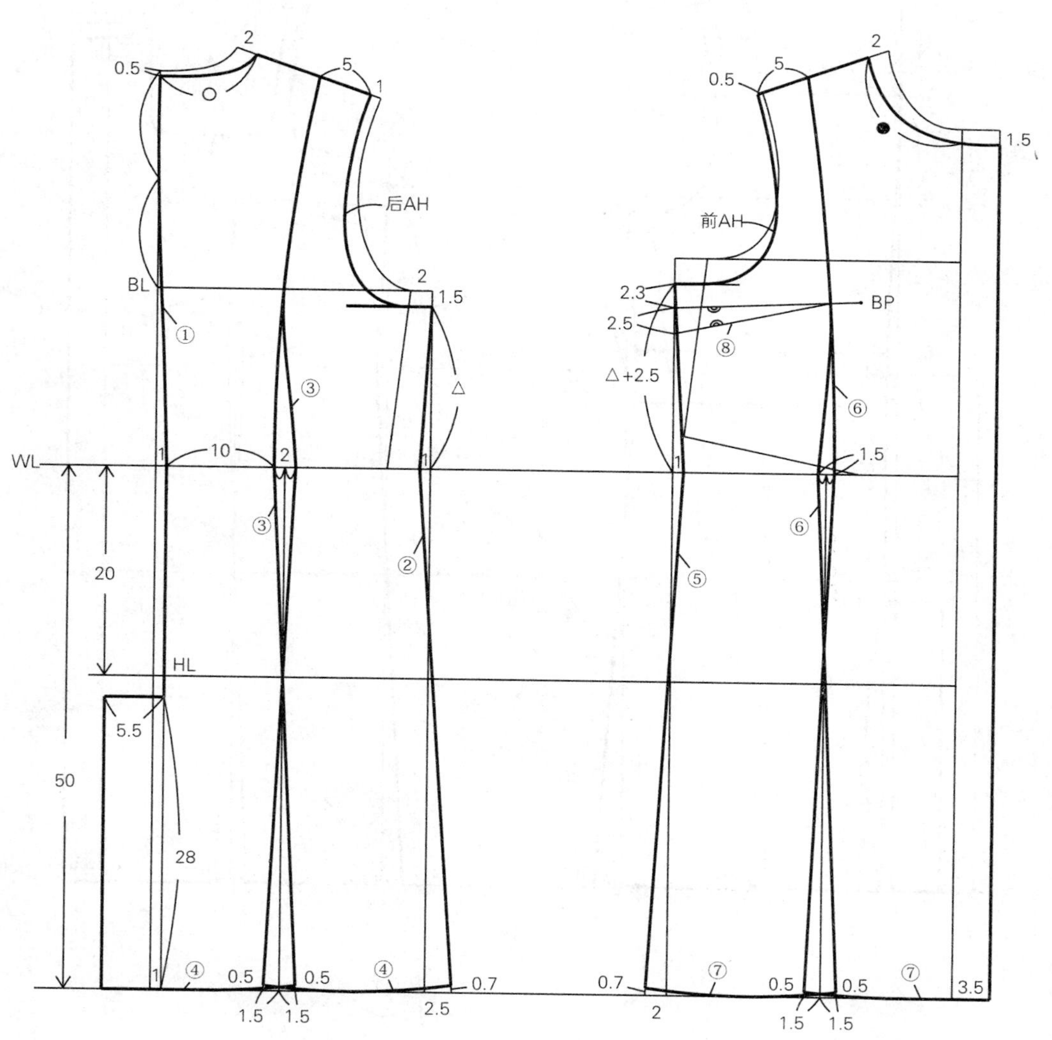

步骤3

① 绘制后覆肩。

② 绘制前覆肩。

③ 确定后腰装饰布位置。

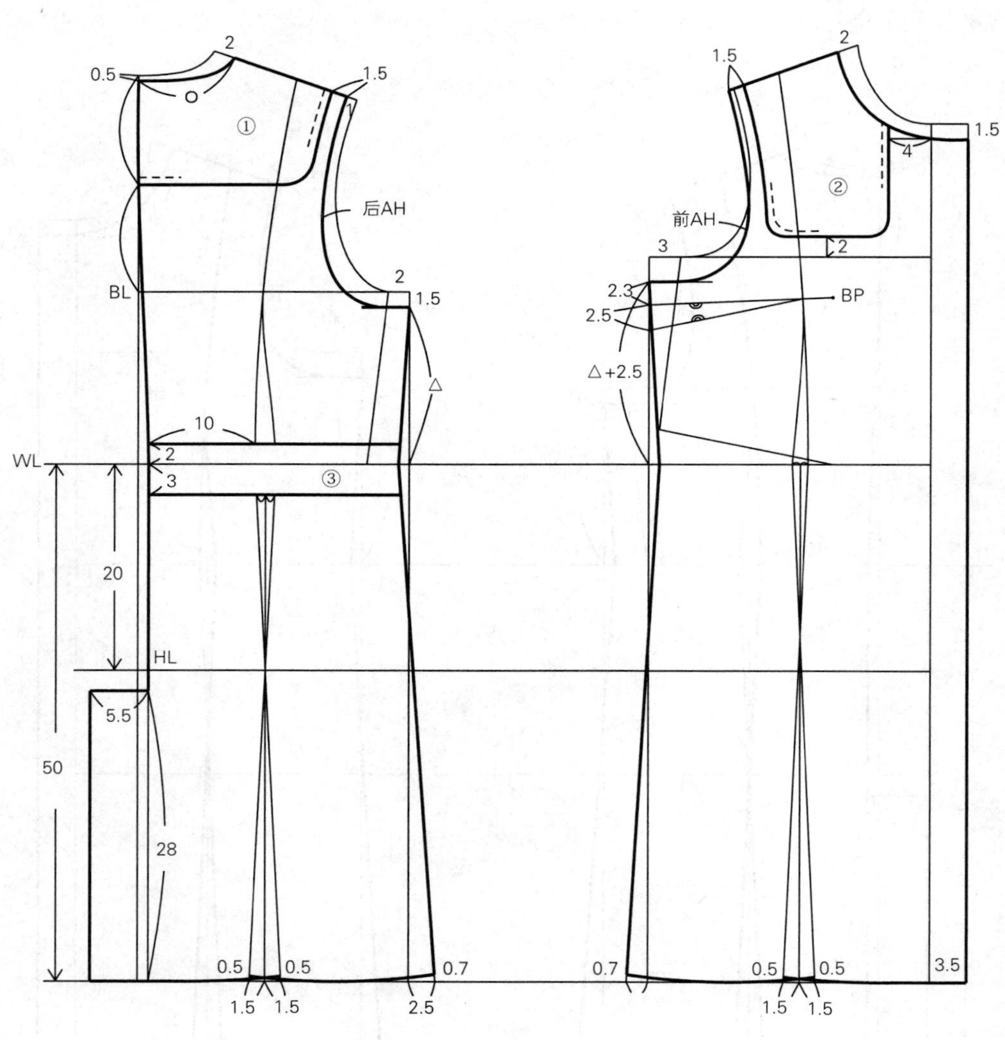

步骤4

① 设计口袋位置。
② 设计扣子位置。
③ 绘制过面。
④ 绘制后领贴边。

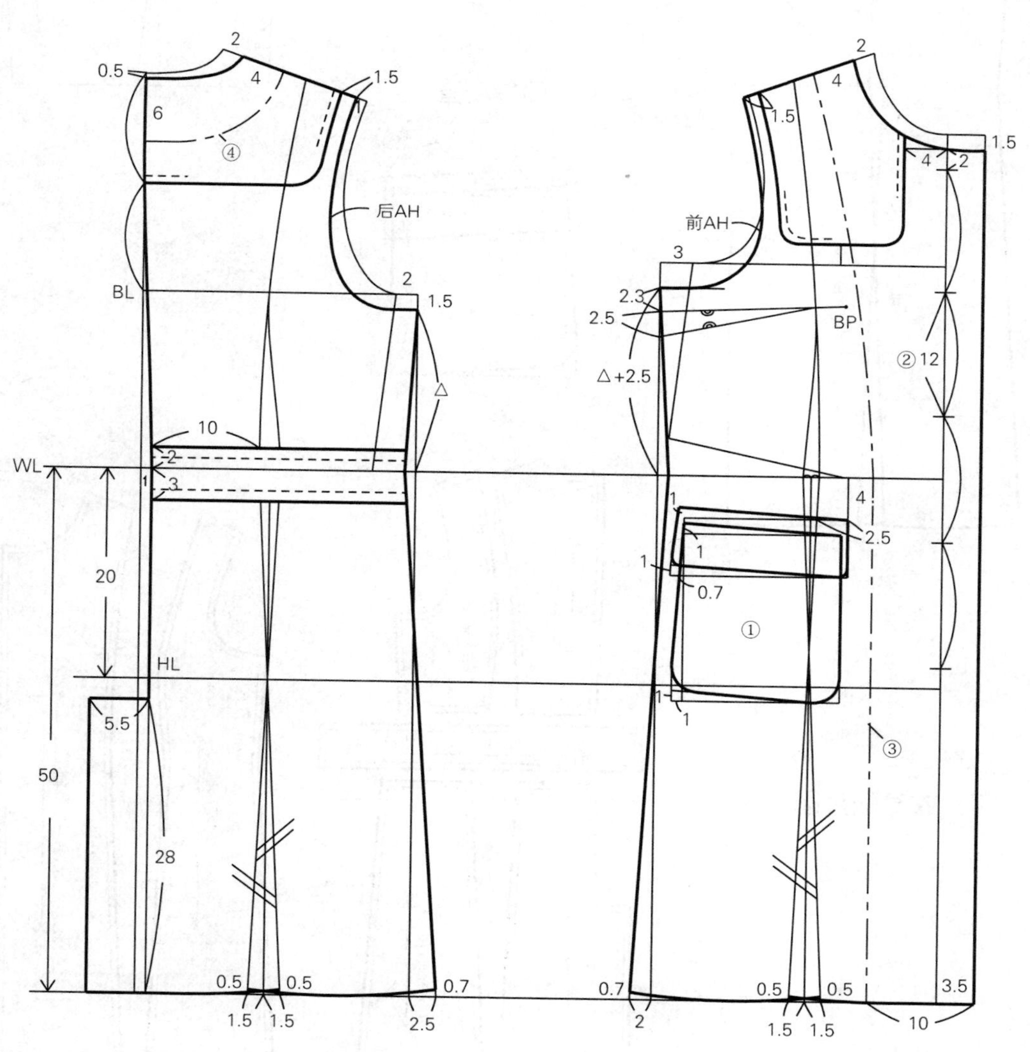

4. 前片纸样整理

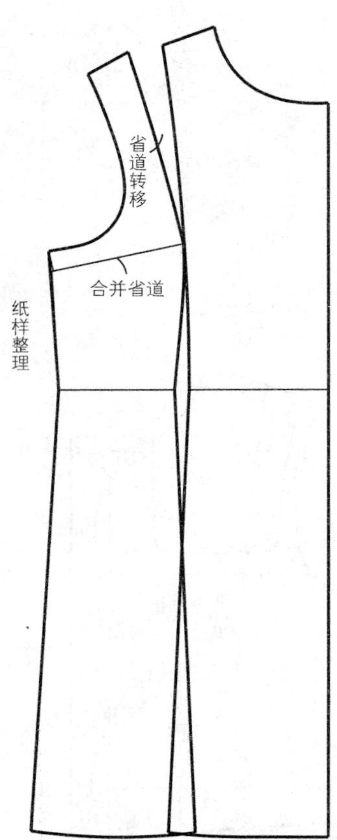

5. 后覆肩制图

由于面料的厚度与伸展活动的需要，后覆肩中心线与肩线分别大于衣片0.3cm。

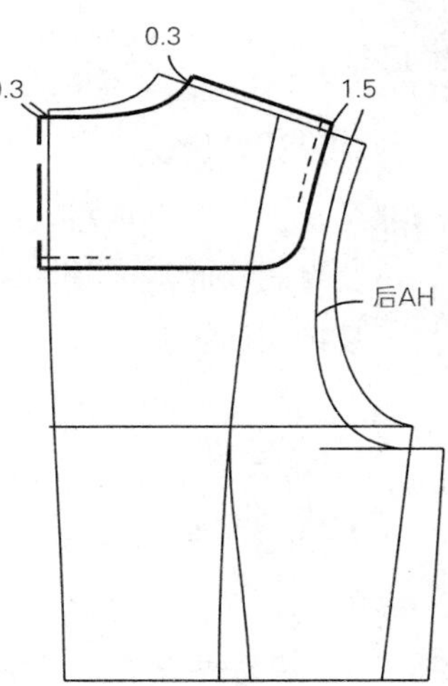

6. 口袋制图

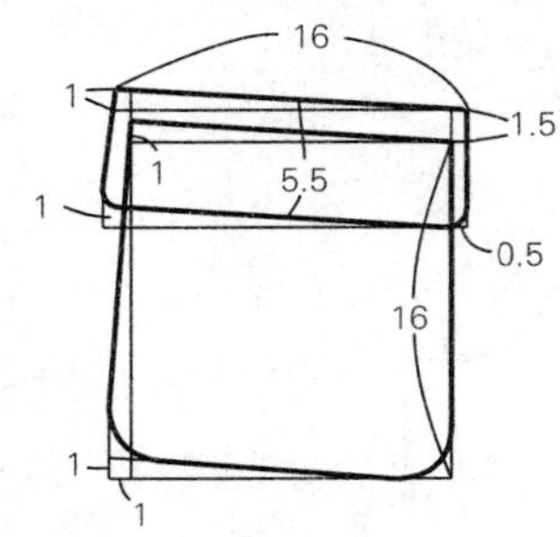

7. 衣身裁片图

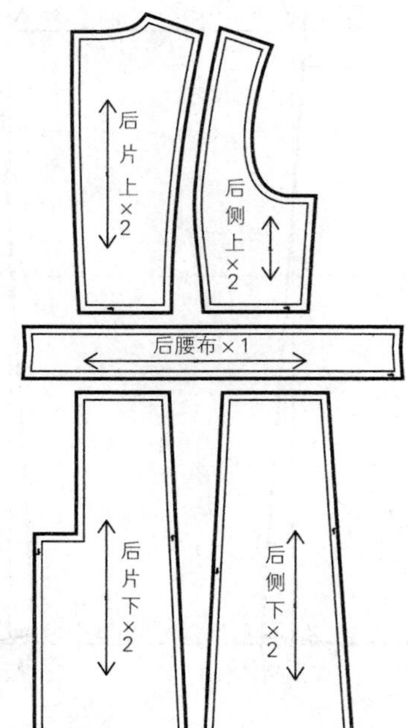

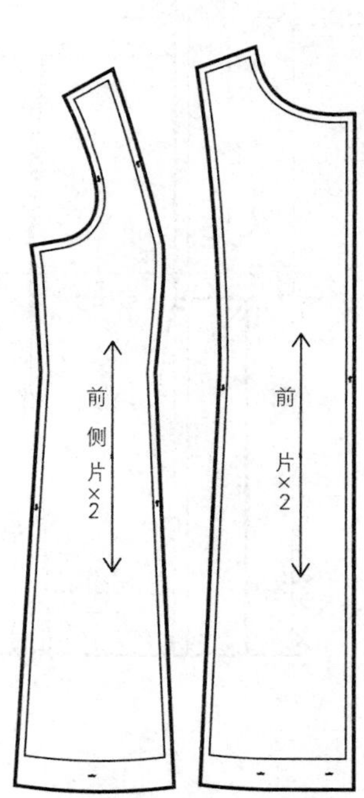

8. 袖子制图

首先测量出AH尺寸，前、后衣身的袖窿弧长度。

① 画出相互垂直的两条基础线。

② 画出袖山高18cm，确定袖山顶点。

③ 由袖顶点向下量袖长56cm，画出底边线，与袖山深线平行。

④ 画出EL线：从袖山深线向下量取14cm，画与袖山深线平行的线。

⑤ 由袖顶点向后袖山深线画后AH+1cm，相交于后袖山深线。

⑥ 由袖顶点向前袖山深线画前AH+0.5cm，相交于前袖山深线。

⑦ 画出袖山弧线。

⑧ 做两片袖处理。

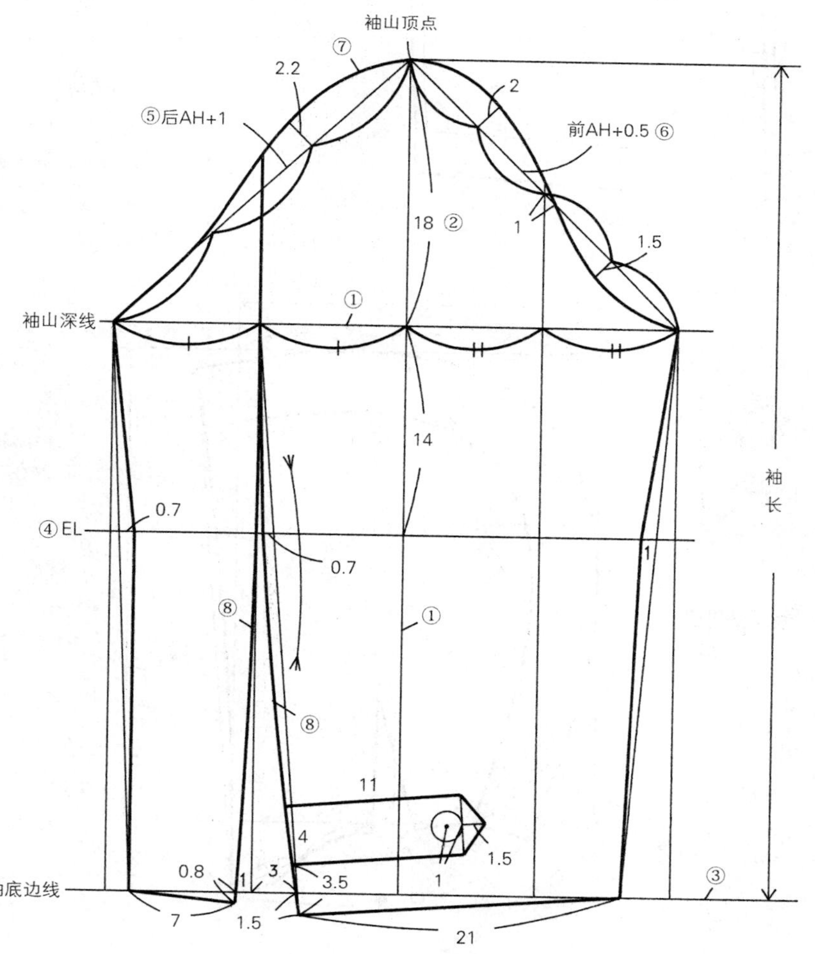

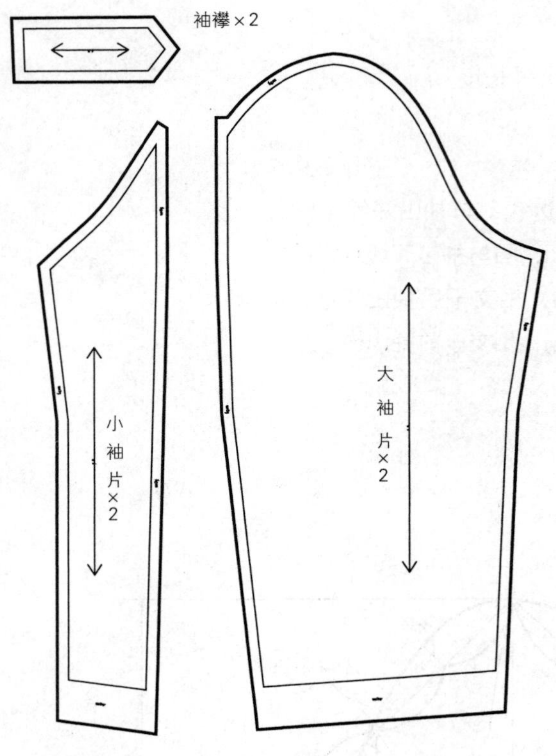

9. 袖子裁片图

10. 帽子制图

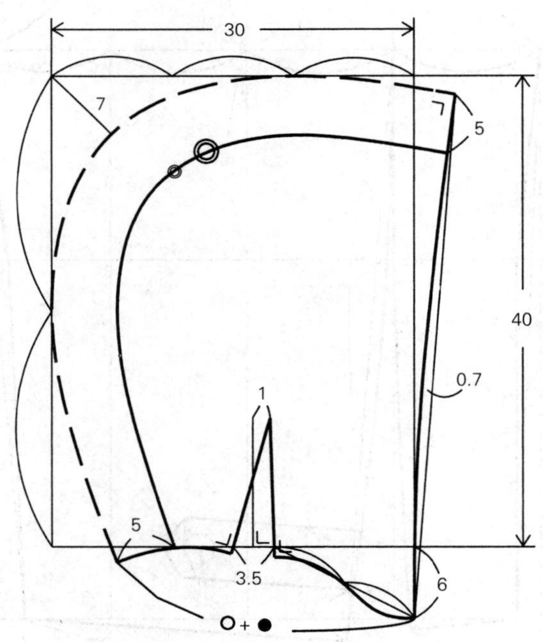

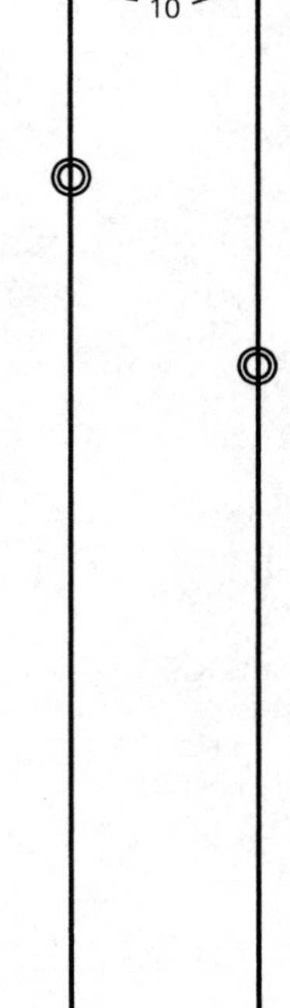

11. 帽子裁片图

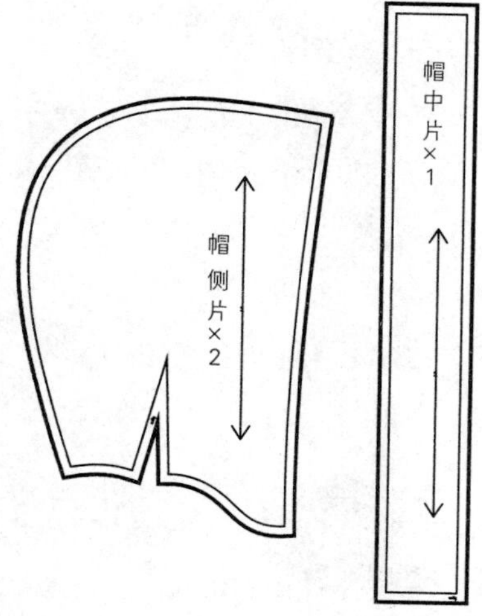

12. 零件裁片图

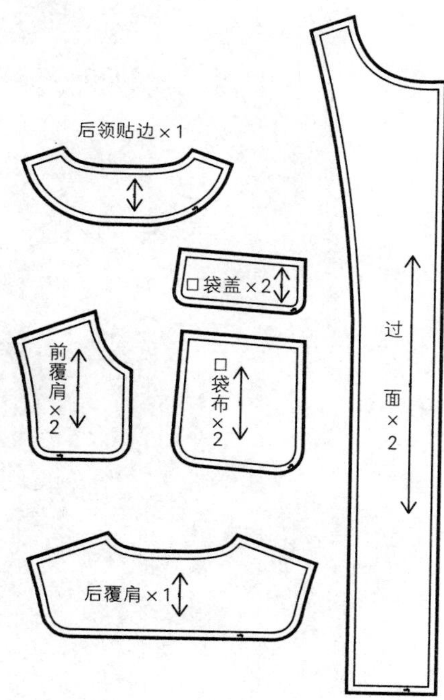

五、紧密排料图

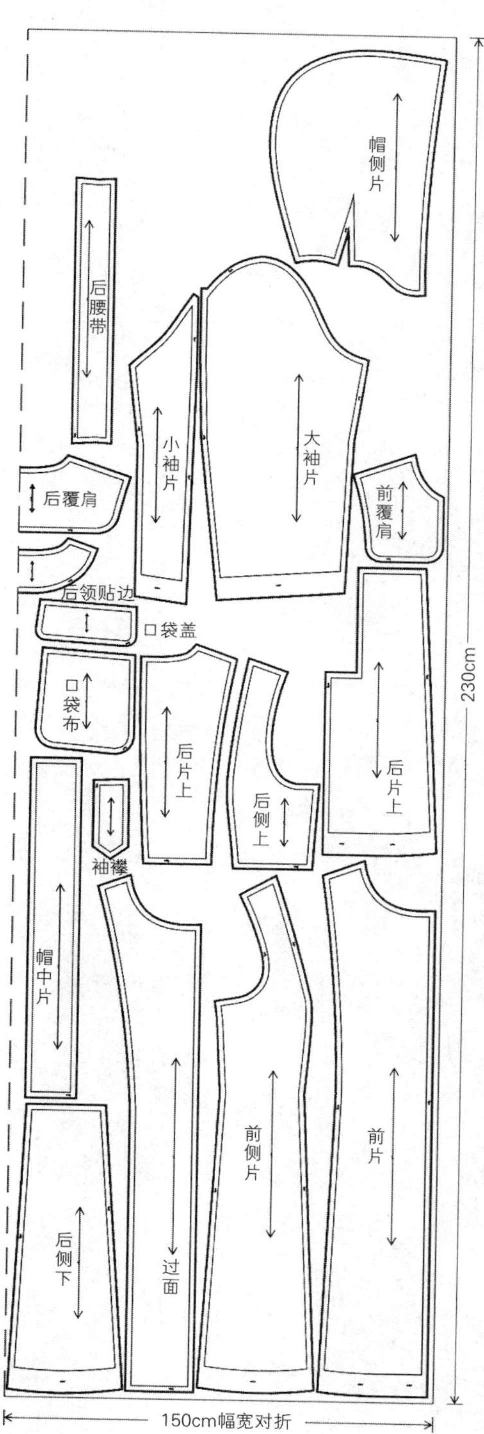

第六章

男式大衣

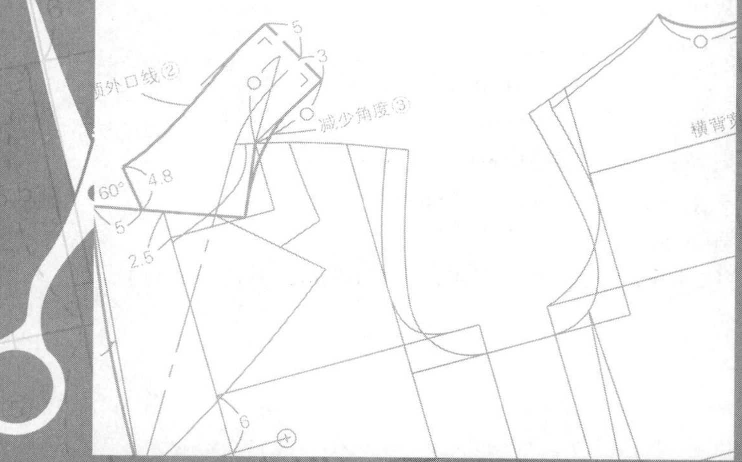

第一节
翻驳领男大衣

一、款式分析

· 衣身廓型：三开身，箱型设计。
· 前衣片：三粒扣，左衣片有手巾袋，左、右前片腰线以下斜插袋设计。
· 后衣片：后中缝臀围线以下开衩。
· 衣领造型：驳折领。
· 衣袖造型：两片袖、袖口有开衩。

二、面料、里料、辅料

· 面料：幅宽150cm，长220cm。
· 里料：幅宽130cm，长220cm。
· 厚黏合衬：幅宽90cm，长130cm（前身用）。
· 薄黏合衬：幅宽90cm，长100cm（零部件用）。
· 厚、薄兼用的黏合衬：幅宽90cm，长100cm。
· 黏合牵条：宽1.2cm斜丝牵条，长280cm。
· 肩垫：厚度0.7cm，一副。
· 纽扣：直径2.5cm，3粒，前门襟用，直径1.5cm，6粒，袖口用。

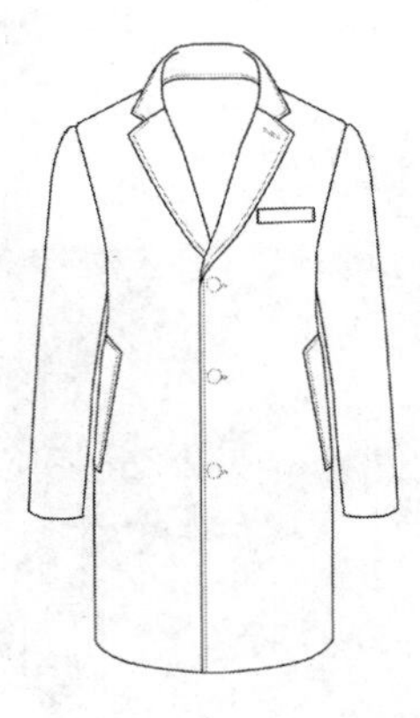

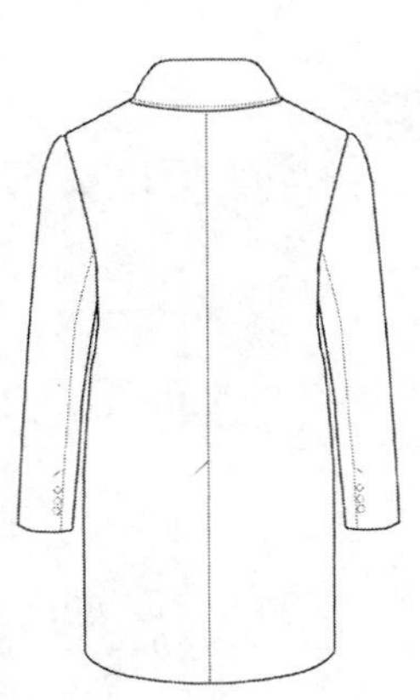

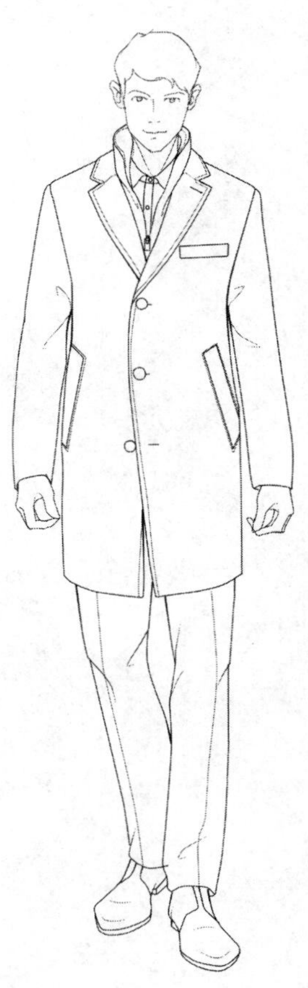

三、规格设计与结构设计流程

① 示例规格：180/94A。

单位：cm

部位	净尺寸	成品尺寸	放松量
后衣长（*L*） （BNP～底边）	95	95	—
胸围（*B*）	94	118	24
腰围（*W*）	84	120	36
臀围（*H*）	96	122	26
肩宽（*S*）	46	48	2
背长	45	45	—
袖长 （SP～腕骨）	57.5	60	2.5
袖肥	—	42	—
袖口宽（1/2）	—	17	—
前搭门宽	—	3	—
后领面宽	—	5	—
后领座宽	—	3	—
领口宽	—	4	—
袖窿底点～BL	—	2	—

② 准备文化式男装原型。

③ 根据面料的厚度、款式造型进行主要部位放松量的设计。

④ 设计成衣胸围放松量。

⑤ 设计成衣衣长尺寸。

四、制图步骤与方法

1. 原型借助（略）

2. 衣身制图

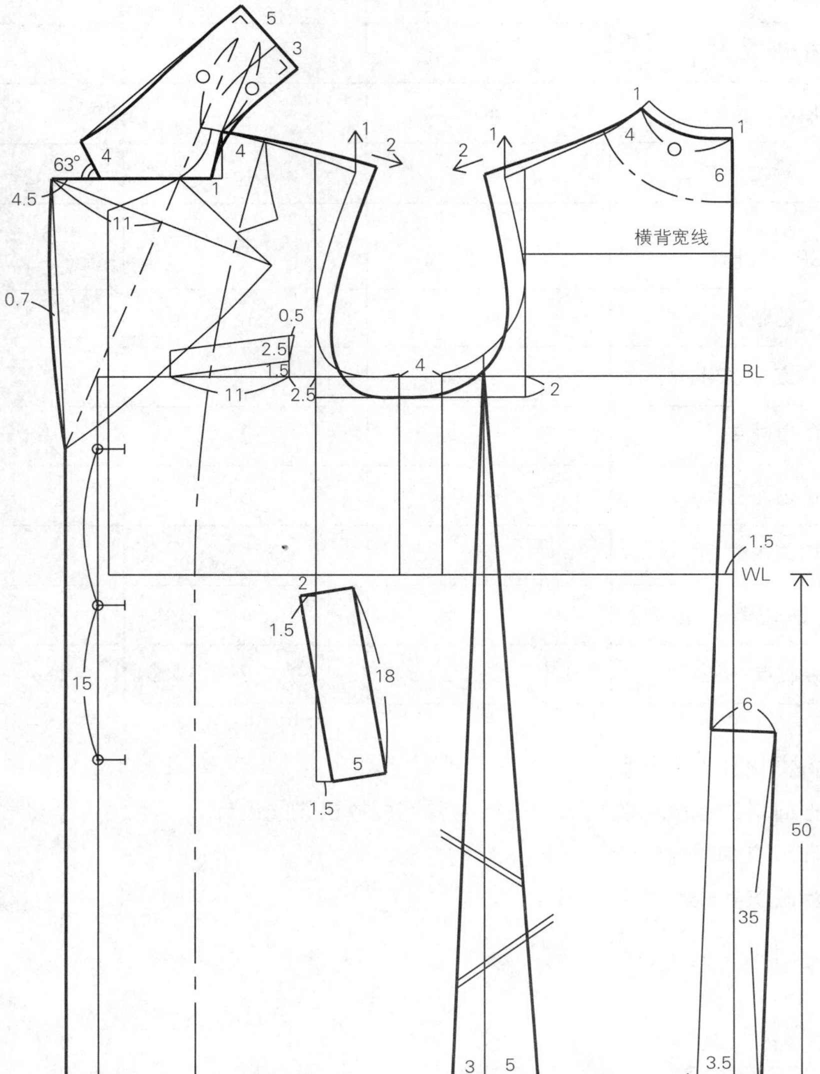

3. 衣身制图步骤

步骤1

① 与后中心线垂直以及相交画出腰围线，放置后身原型。在距离后身原型4cm处留出松量，放置前身原型。

② 底边线：在WL线向下取50cm，画水平线，作为底边线。

③ 与前中心线平行，向左加放1cm画线，1cm作为面料的厚度量，作为该板的前中心线。

④ 画前衣身领口线：前原型肩颈点扩大1cm，向下做垂线4.5cm，画水平线相交于前中心线。

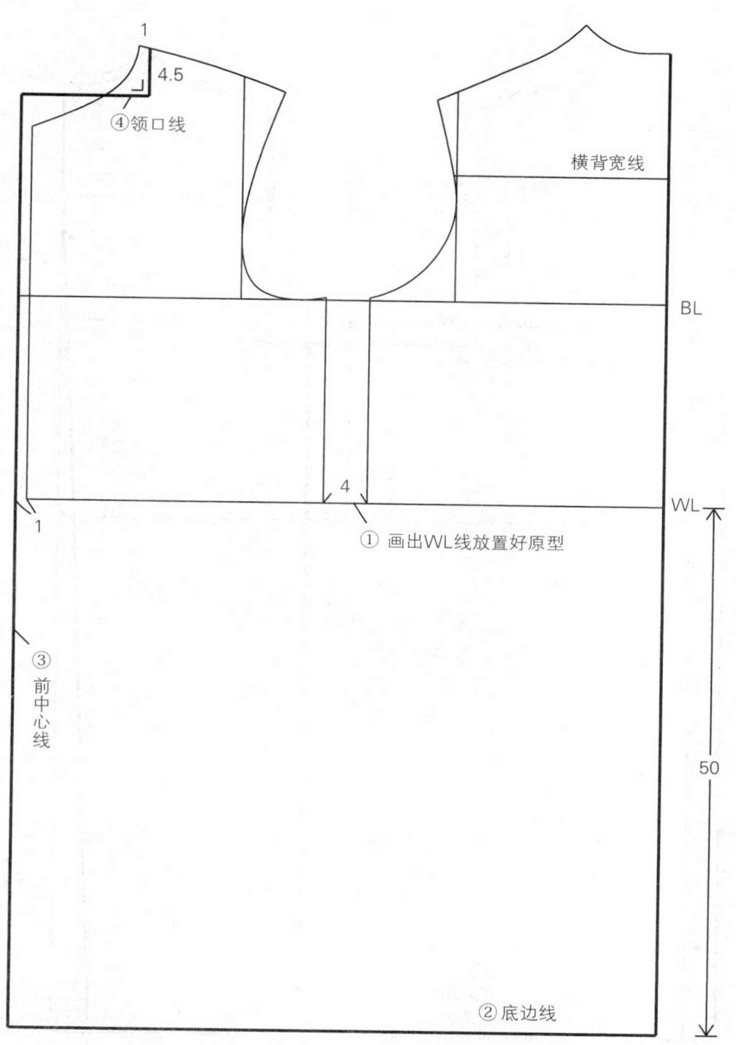

步骤2

① 后衣身领弧线、肩线：后原型肩颈点扩大1cm，与后领深下降1cm的点连接领弧线；后肩端点向上取1cm与新肩颈点连接肩线。

② 后中心线：由背宽线起，在WL线上向左取1.5cm背省，底边线向左取3.5cm连接后背中心线。

③ 前片肩线：由前肩端点向上取1cm与新肩颈点连接肩线。

④ 前止口线：由前中心线向左取3cm画与前中线平行的止口线。

⑤ 画驳口翻折线及驳头宽11cm。

⑥ 袖窿深线：由原型BL线下降2cm画线，作为袖窿深浅。

⑦ 腋下线：确定出前、后衣身腋下侧缝点位置。

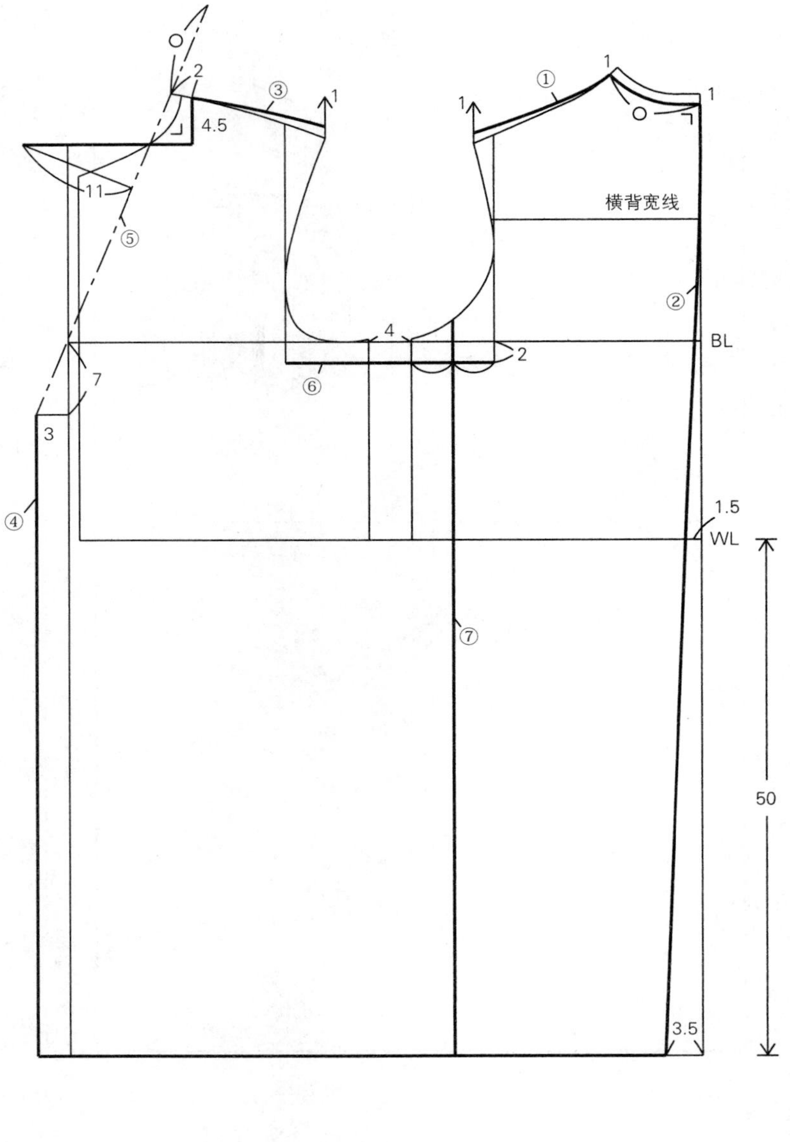

步骤3

① 前、后片肩端向外扩2cm，确定前、后衣身的肩端点。

② 袖窿弧线：肩端点与袖窿深线连接光滑的曲线，画袖窿弧线时要考虑到胸宽量和背宽量。

③ 侧缝线：做出前、后衣身侧缝线。

④ 确定后开衩位置。

⑤ 画出驳头止口线。

⑥ 确定胸袋的位置。

⑦ 设计领尖的角度与绱领点位置。

⑧ 确定绱领倒伏量4.3cm。

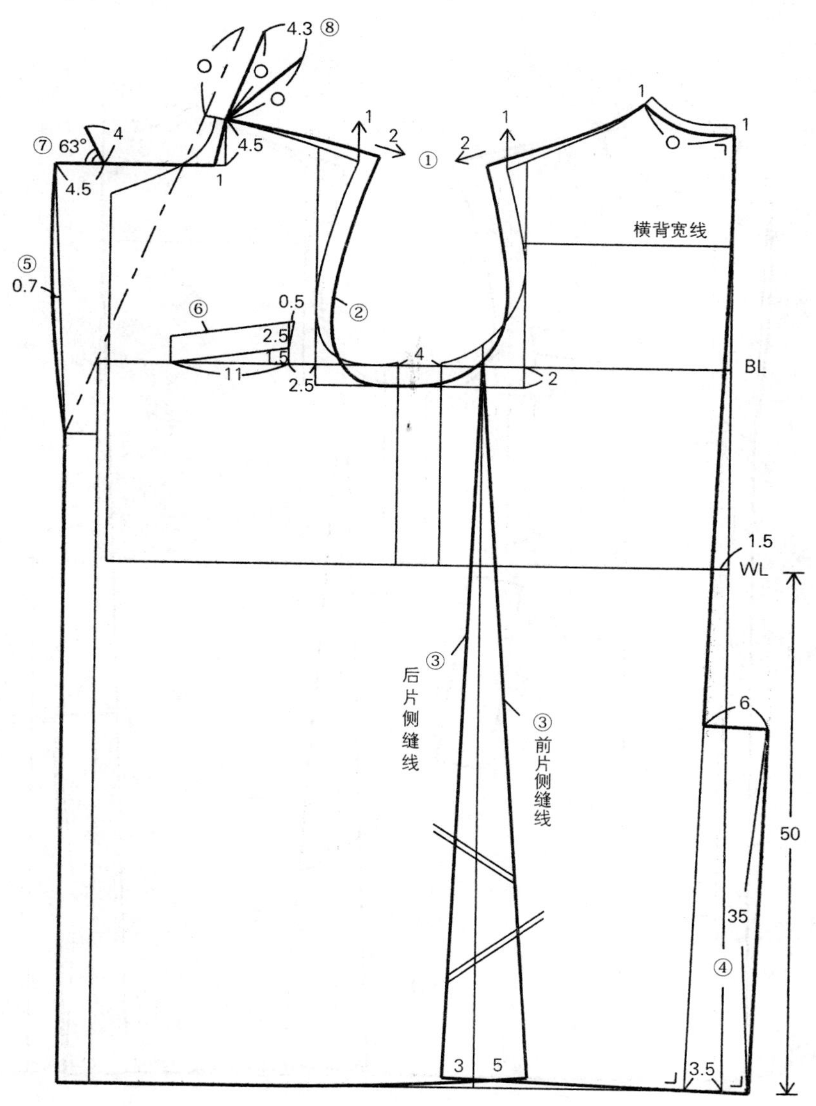

步骤4

① 完整画出衣领（参考领子部分）。
② 设计插袋袋口位置。
③ 设计扣眼位置。
④ 确定过面、后领贴边。

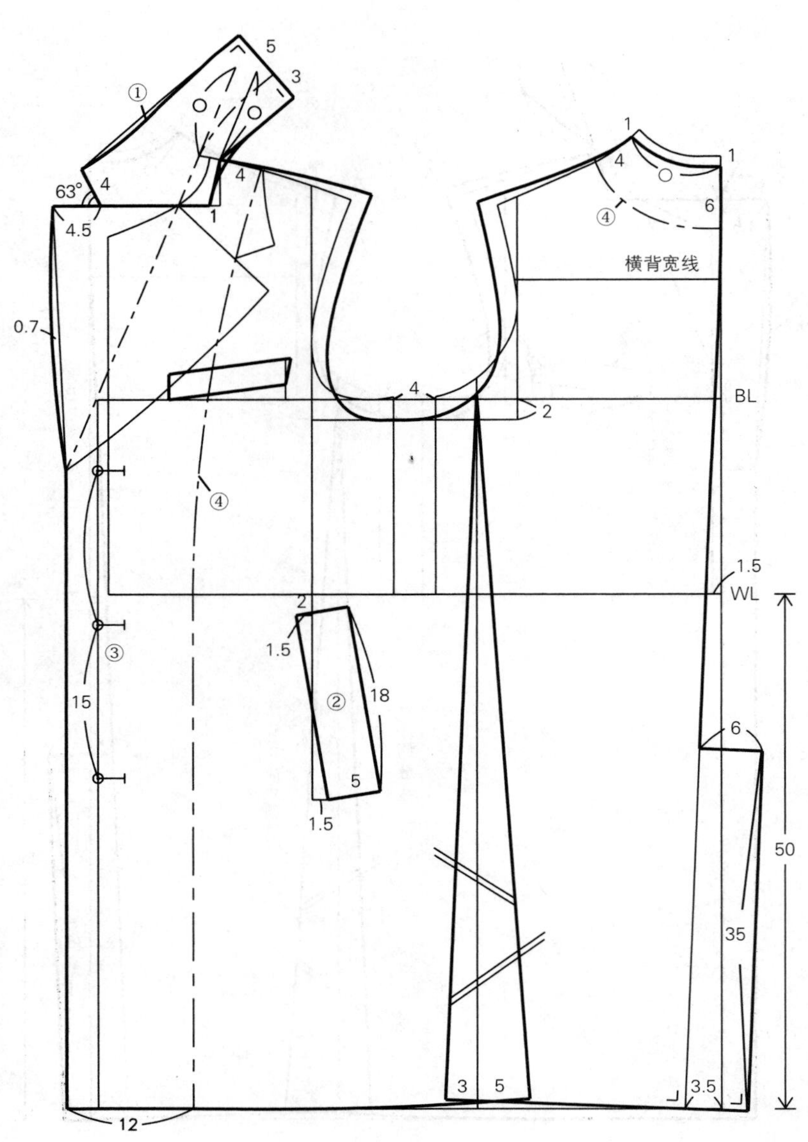

4. 衣身裁片图

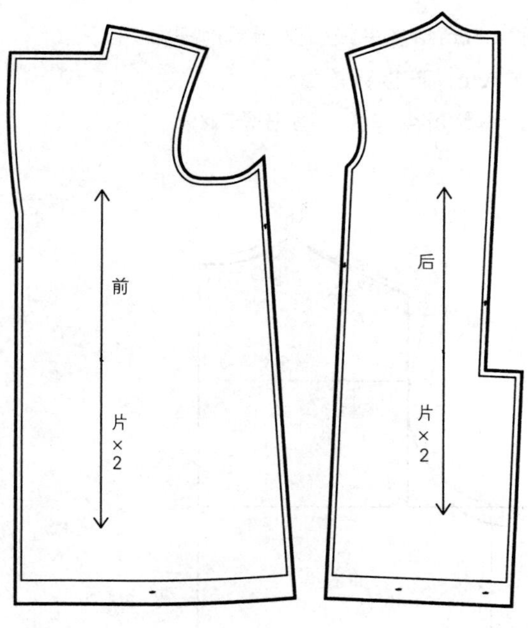

5. 零件裁片图

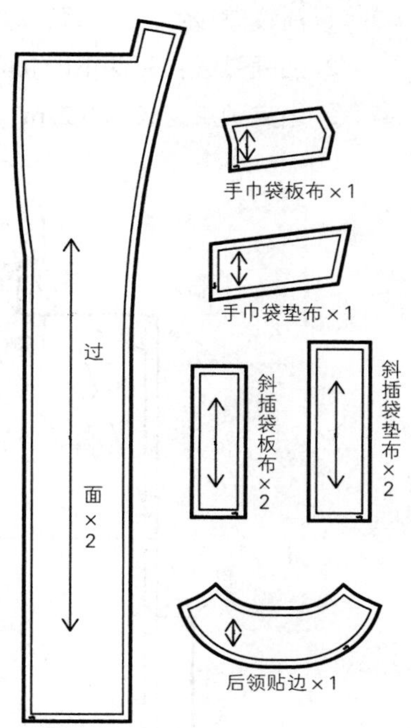

6. 领子制图

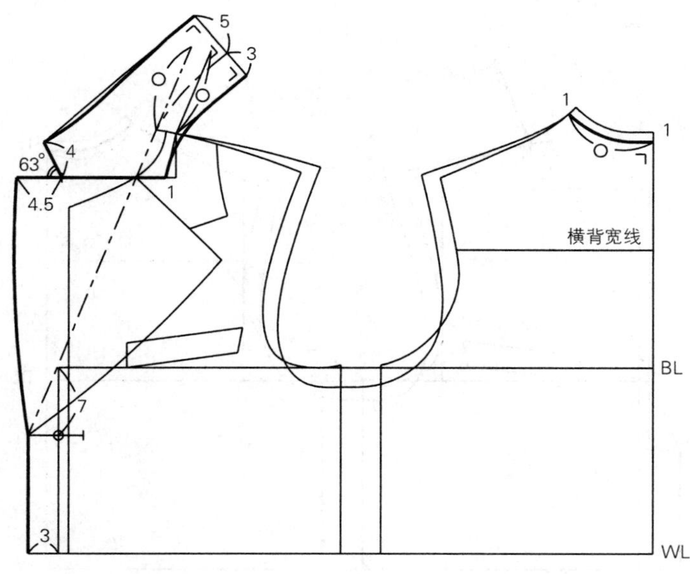

步骤1

① 前领口线：原型肩颈点扩1cm，向下垂直4.5cm画水平线相交于与前中心线。

② 后领弧线：领深下降1cm，原型肩颈点扩1cm，连接新领弧线。

③ 由肩颈点延长肩线2cm，即为前领座宽，与翻折点连线，画出驳口线。

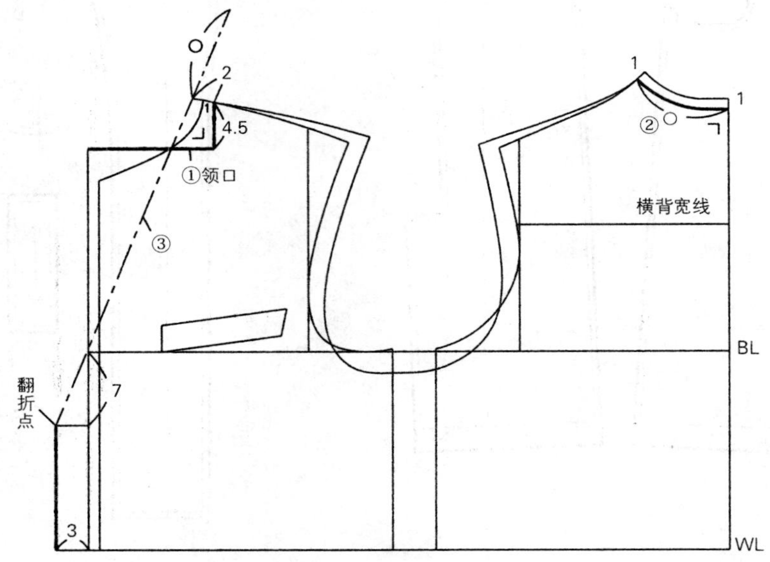

步骤2

后绱领线：从肩颈点画出一条线与驳口线平行，在此线上取后领口尺寸（○），作为绱领线；这条线比实际的领口弧线尺寸稍短，绱领子时在颈侧点附近将领子稍微吃缝。

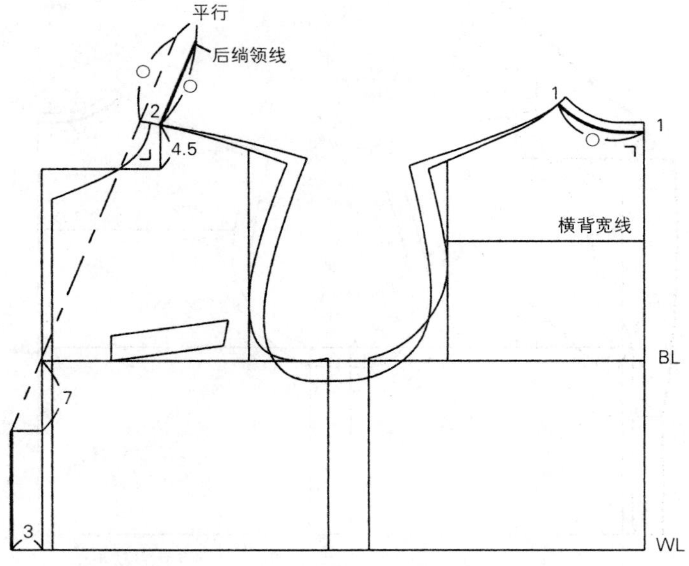

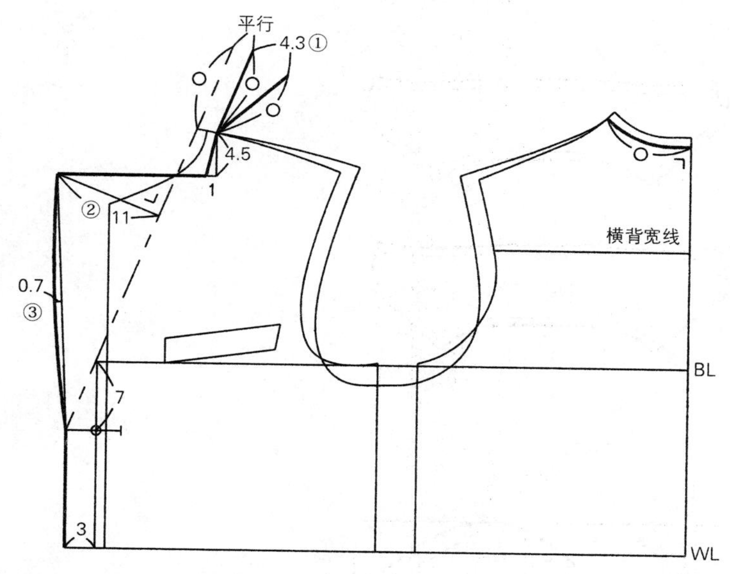

步骤3

① 将绱领线倒伏4.3cm，这个量称为放倒尺寸（倒伏量），多出的领外口长度可以使领子服帖。

② 驳头宽：在驳口线与串口线之间，截取11cm驳头宽。

③ 画驳头止口线：在辅助线基础上向外0.7cm画圆顺驳口弧线。

步骤4

① 在倒伏后的绱领线上画垂线，作为领子后中心线；并画出领座宽3cm，翻领宽5cm（可以盖住绱领线）。直角要用直角板准确画出。

② 在串口线上，从驳头端点沿着串口线取4.5cm，确定领口止点，过此点画63° 线，取前领宽4cm。

③ 流畅连接翻领外领口线。

④ 将绱领线和翻领线修正为圆顺的线条。

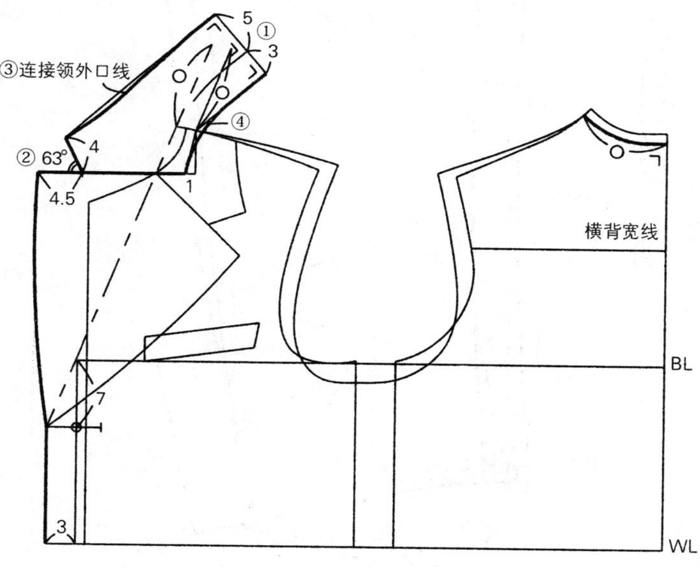

7. 领子裁片图

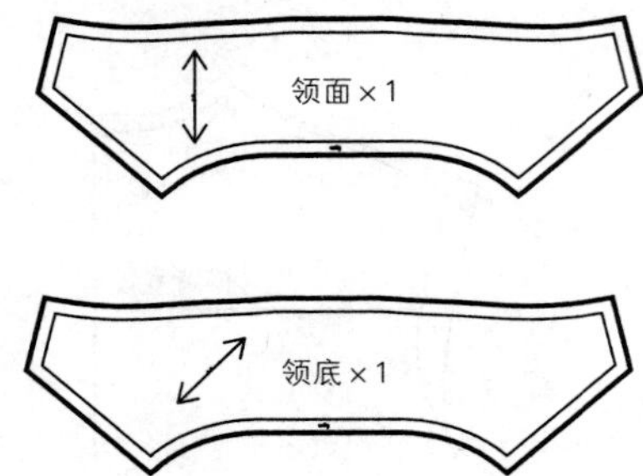

8. 袖子制图

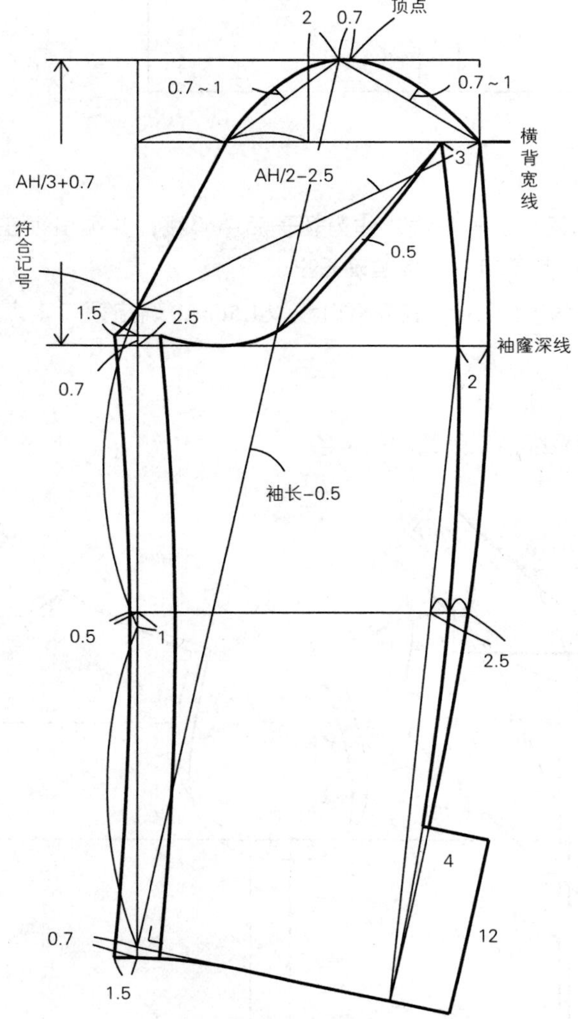

步骤1

首先测量衣身的袖窿（AH）长度。

① 垂直画出一条袖子的基础线。

② 延长衣身的袖窿深线（与基础线垂直），作为袖子的袖山深线。

③ 延长后衣身横背宽线（与基础线垂直）。

④ 袖山高：取AH/3+0.7cm为袖山高。

⑤ 袖肥：由基础线袖窿深浅处向上2.5cm点到横背宽线，量取AH/2−2.5cm确定袖肥，定点A。

⑥ 袖长线：由袖肥1/2点向右量取2cm定点，从此点量取袖长−0.5cm为袖口点。

⑦ 袖口辅助线：由袖口点垂直于袖长线画线，量取17cm定点B，作为袖口尺寸。

⑧ 画出EL袖肘线。

⑨ 画袖窿弧线的辅助线。

⑩ 确定袖子顶点。

⑪ 连接*A*、*B*点，作为大袖外袖缝辅助线。

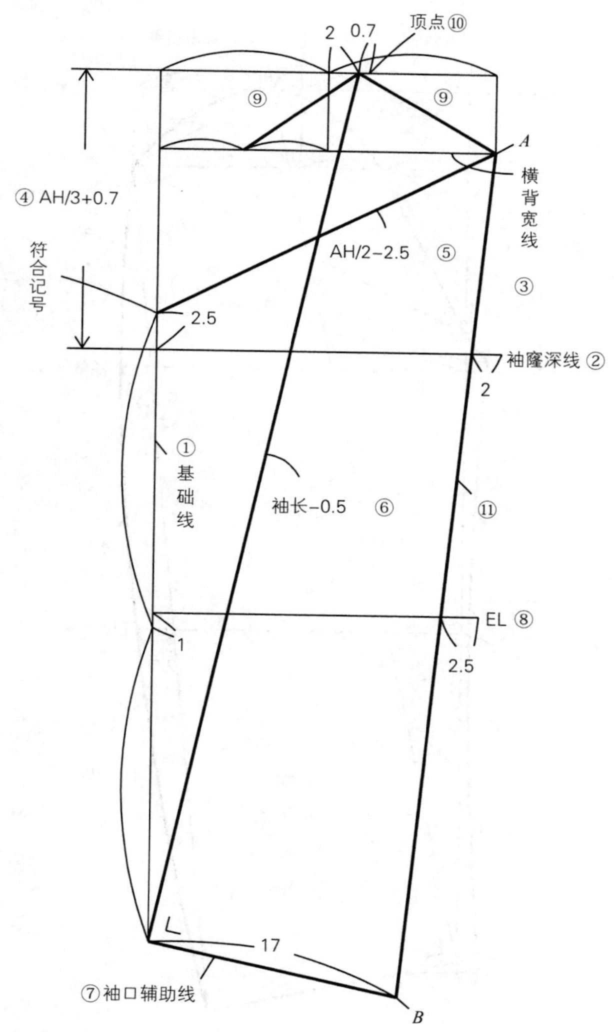

步骤2

① 大袖片内袖缝：从袖子基础线与袖山深线的交点向上取0.7cm再垂直向左取1.5cm定点，过该点连接EL线向左取0.5cm点，再连接袖口点向下0.7cm向左取1.5cm的点。

② 画袖山弧线：由内袖缝上端点，通过辅助点、袖山顶点，连接到袖肥端点。

③ 大袖片外袖缝：由袖肥端点起通过外袖缝辅助线与袖山深向右2cm点、EL线向右2.5cm点连接到袖口线端点。

④ 圆顺画出袖口线。

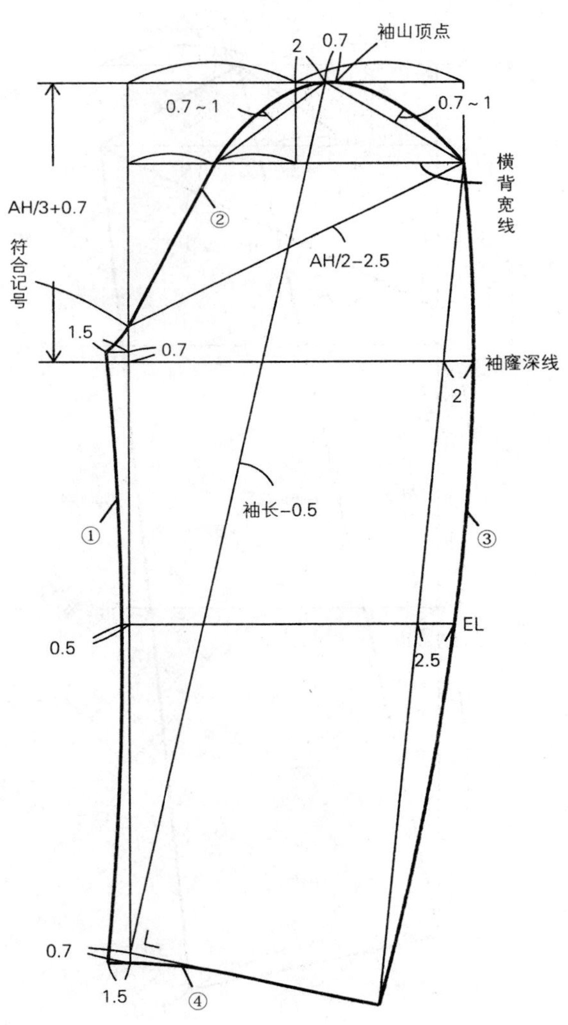

步骤3

① 小袖片内袖缝：由大袖内缝向右画3cm上下同宽。

② 小袖片外袖缝：由背宽线向左3cm定点，从该点通过外袖缝辅助线与袖窿深线向左2cm点、EL线向左2.5cm的1/2点连接到袖口端点。

③ 圆顺画出小袖片袖山弧线。

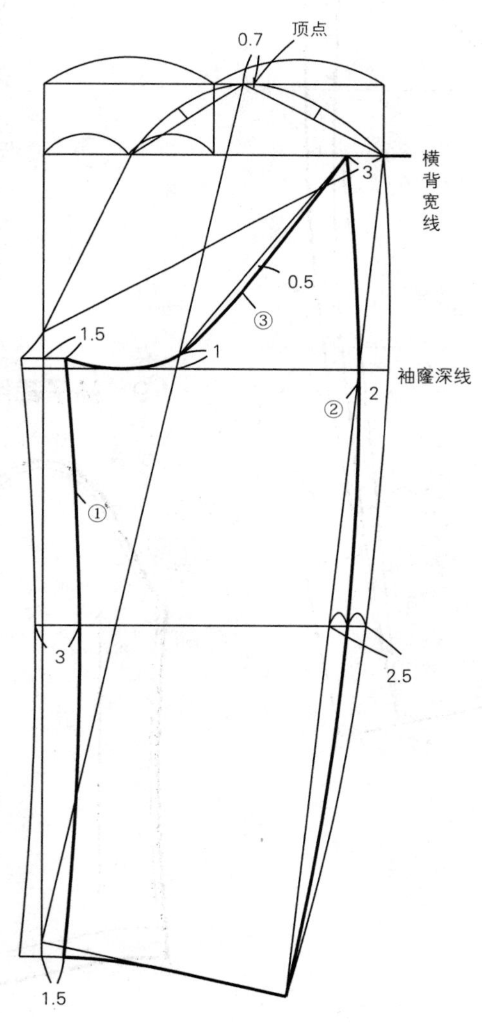

步骤4

确定袖口开衩位置：在大、小袖外袖缝袖口12cm处。

最后测量袖山的吃缝量（袖山弧线与袖窿弧线尺寸的差量），此款大衣吃缝差量应该是4.5cm左右。

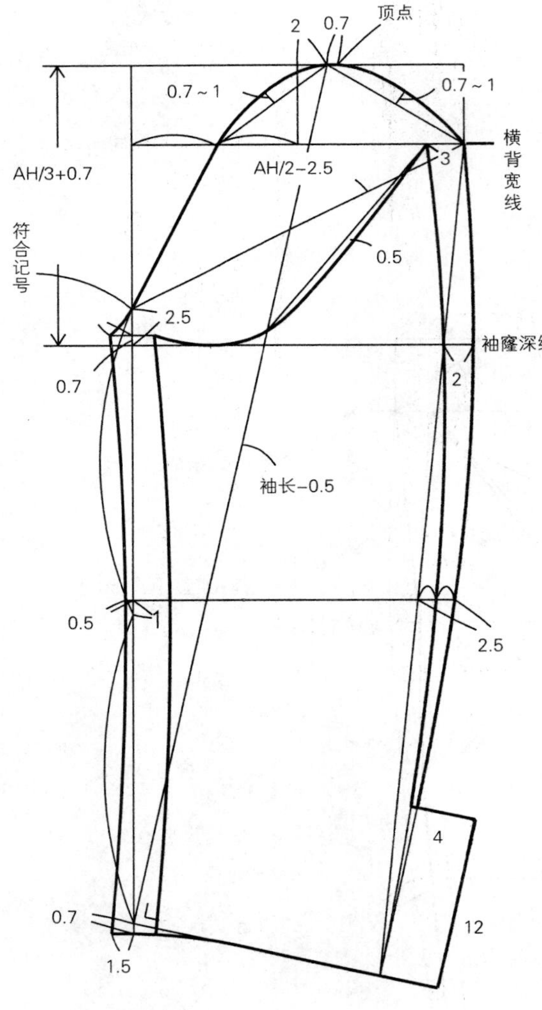

9. 袖子裁片图

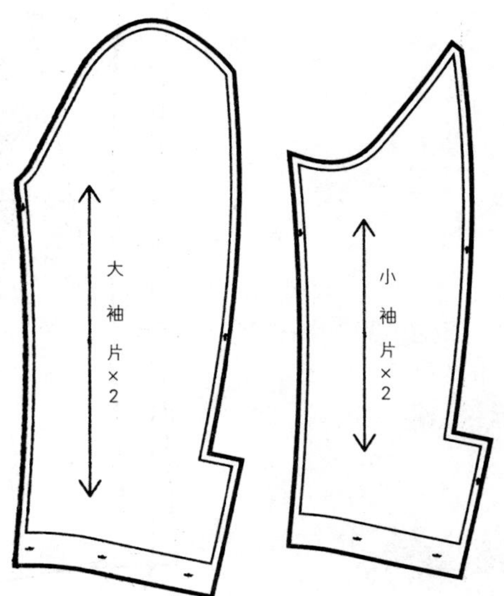

五、紧密排料图

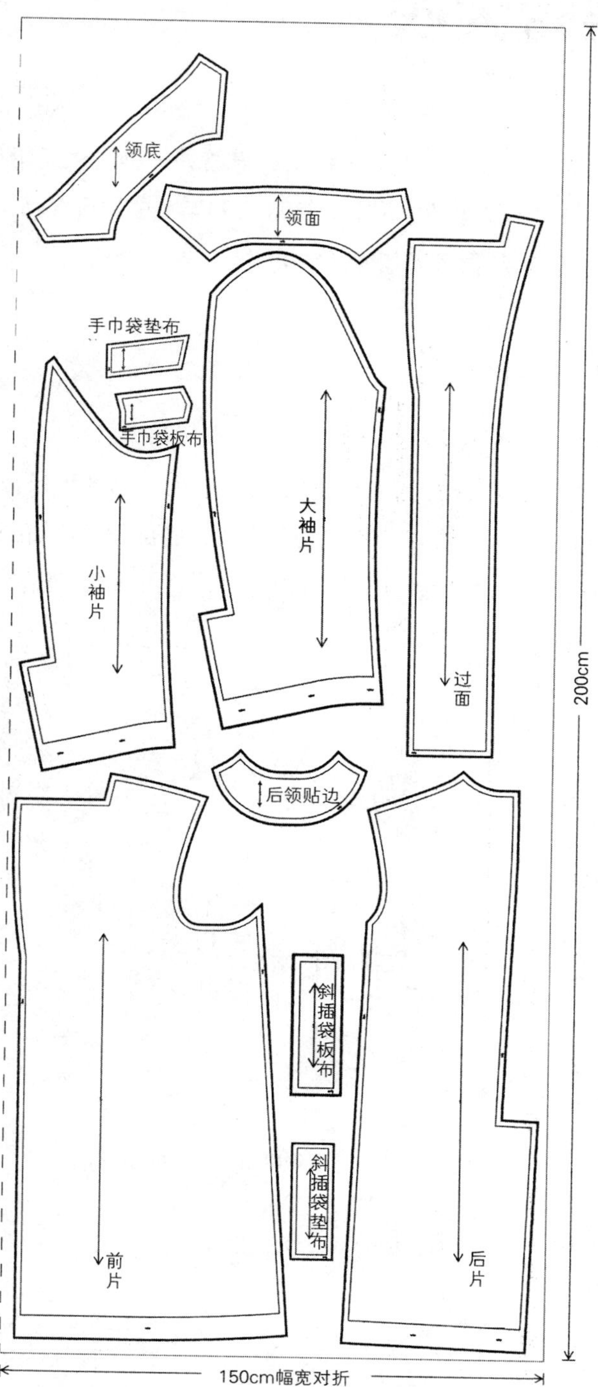
领底
领面
手巾袋垫布
手巾袋板布
大袖片
小袖片
过面
200cm
后领贴边
斜插袋板布
斜插袋垫布
前片
后片
150cm幅宽对折

第二节
猎装式男短大衣

猎装，又称卡曲服，起源于欧美猎人打猎时穿着的一种衣服。猎装的款式轻松明快，四个口袋实用美观。猎装不受年龄的限制，适应各种年龄的男子穿着。在国外它也作为交往、娱乐、上班的便服，有“男子万能服”的美誉。

一、款式分析

· 衣身廓型：三开身，腰部略有收腰。

前衣片：双排六粒扣，止口缉明线，贴袋，各部位加适当的放松量。

后衣片：后中缝收腰，腰部以下开衩，便于活动。各部位加适当的放松量。

· 衣领造型：翻驳领——翻折线开剪，分为领面、领座两个部分。

· 衣袖造型：圆装袖——弯袖、两片袖。

二、面料、里料、辅料

- 面料：幅宽150cm，长220cm。
- 里料：幅宽130cm，长220cm。
- 厚黏合衬：幅宽90cm，长130cm（前身用）。
- 薄黏合衬：幅宽90cm，长100cm（零部件用）。
- 厚、薄兼用的黏合衬：幅宽90cm，70cm。
- 黏合牵条：1.2cm宽斜丝牵条，220cm。
- 肩垫：厚度0.7cm，一副。
- 纽扣：前衣襟6粒直径2.5cm，袖襻2粒直径2.5cm。

三、规格设计与结构设计流程

① 示例规格：180/94A。

单位：cm

部位	净尺寸	成品尺寸	放松量
后衣长（*L*）（BNP～底边）	90	90	—
胸围（*B*）	96	124	28
腰围（*W*）	86	112	26
臀围（*H*）	98	126	28
肩宽（*S*）	46	48	2
背长	45	45	—
袖长（SP～腕骨）	58	61	3
袖肥	—	42	—
袖口宽（1/2）	—	17	—
前搭门宽	—	8.5	—
后领面宽	—	5	—
后领座宽	—	3	—
领口宽	—	4.5	—
袖窿底点～BL	—	3	—

② 准备文化式男装原型。

③ 根据面料的厚度、款式造型进行主要部位放松量的设计。

④ 设计成衣胸围放松量。

⑤ 设计成衣腰围放松量。

⑥ 设计成衣衣长尺寸。

四、制图步骤与方法

1. 原型借助（略）

2. 衣身制图

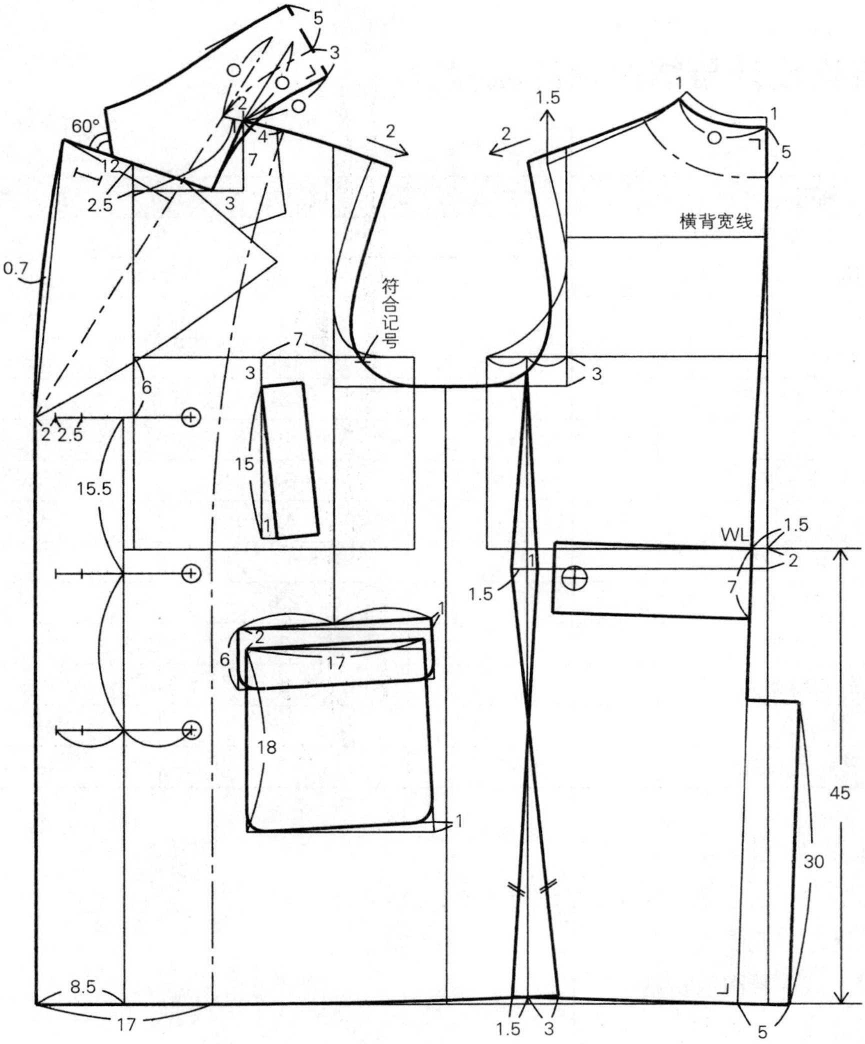

3. 衣身制图步骤

步骤1

①与后中心线垂直并相交A点，过该点画出腰围线，放置后身原型，在距离后身原型7cm处留出松量，放置前身原型。

②过A点加放0.7cm画与前中心线平行的线，0.7cm作为面料的厚度量。

③底边线：在WL线向下取45cm，画水平线，作为底边线。

④后领弧线：原型后领深下降1cm点与领宽扩大1cm点，连接新的领弧线。

⑤后肩线：原型后肩端点向上加放1.5cm，向左2cm，与新的肩颈点连接，形成后肩线。

⑥前领口线：原型前肩颈点向右1cm，向下做垂线7cm，画水平线相交于前中心线。

⑦前肩线：原型前肩端点向右2cm，形成前衣身肩线。

⑧袖窿深线：由BL线下降3cm，为袖窿深线。

⑨袖窿弧线：肩端点与袖窿深线连接圆顺的曲线，画袖窿弧线时要考虑到胸宽量和背宽量。

⑩确定前、后衣身侧缝位置：原型后背宽线与侧缝线1/2点画垂线直到底边。

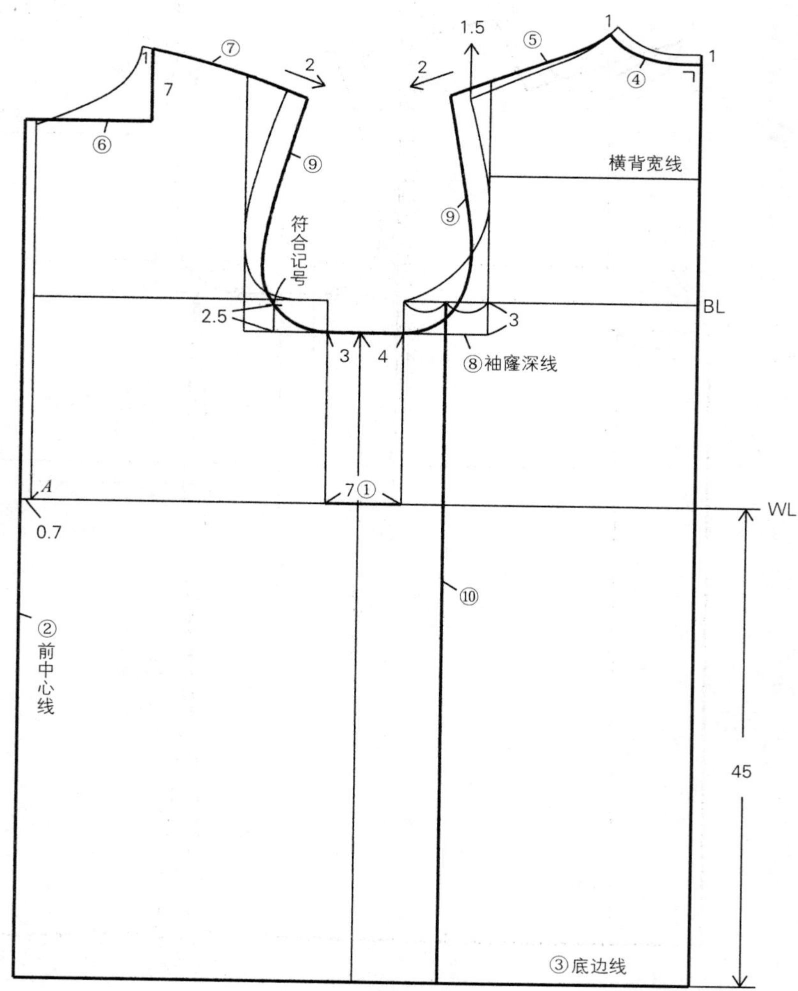

步骤2

① 后中心线：由背宽线起，连接WL线上向左1.5cm点，到底边线上向左3cm点，为后背缝线。

② 腰围线下降2cm，相交于侧缝辅助线。

③ 后片侧缝线：侧缝辅助线在WL向右1cm，底边处下摆向左1.5cm，连接后片侧缝。

④ 前片侧缝线：侧缝辅助线在WL向左1.5cm，底边处下摆向右3cm，连接前片侧缝。

⑤ 止口线：由前中心线画搭门宽8.5cm，为止口线。

⑥ 连接驳口线、确定驳头宽12cm。

⑦ 后片底边线：垂直于后中心线，相交于后侧缝线，相交点为后侧缝止点。

⑧ 前片底边线：由前止口起相交于前侧缝线，使前侧缝长度与后片侧缝长度相等。

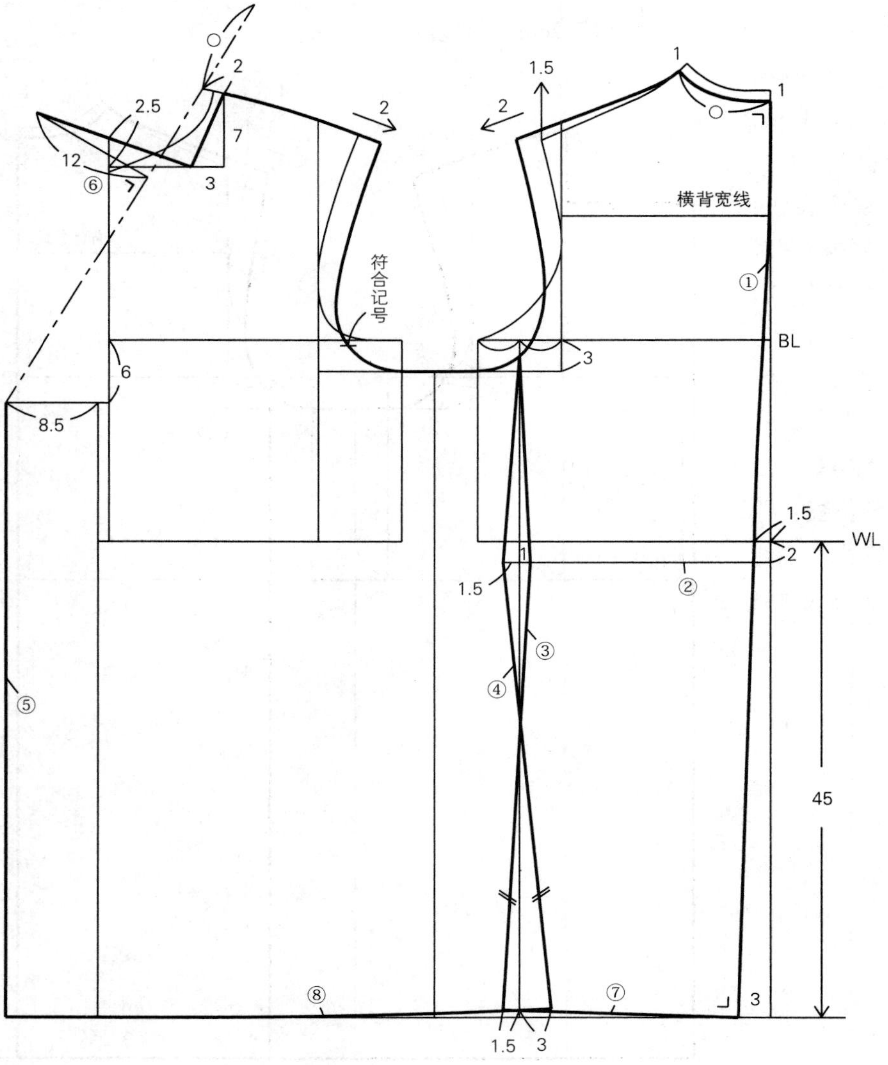

横背宽线
符合记号
BL
WL
45

步骤3

① 画驳头止口线。

② 画领子（详细制图参考领子制图部分）。

③ 确定后背缝开衩位置。

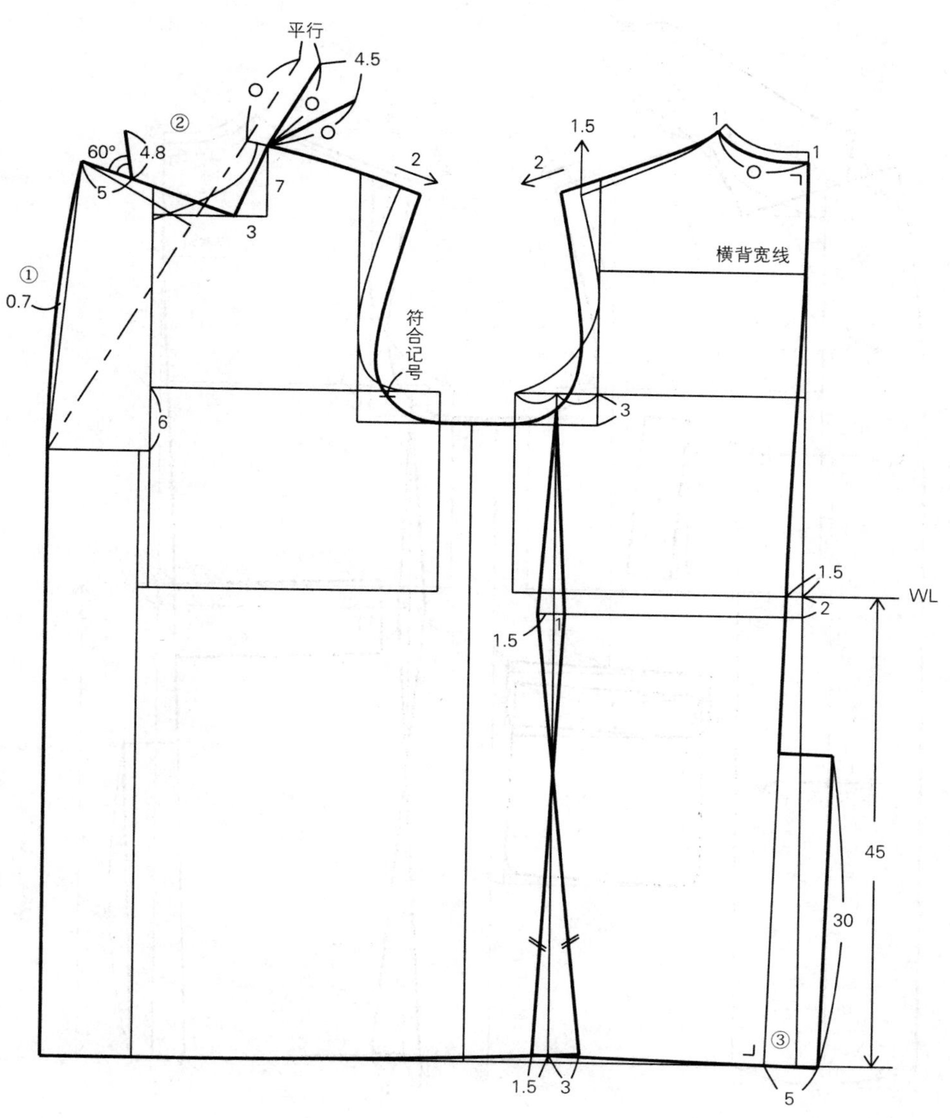

步骤4

① 完整画好领子（具体制图方法参考领子制图部分）。

② 确定后腰装饰腰襻位置。

③ 绘制大衣口袋并确定位置。

④ 确定胸袋位置。

⑤ 确定扣眼、纽扣位置。

⑥ 前片过面：肩线处宽4cm，底边处宽17cm，连接顺畅线条。

⑦ 后片领贴边：肩线处宽4cm，后中心点下5cm，连接顺畅曲线。

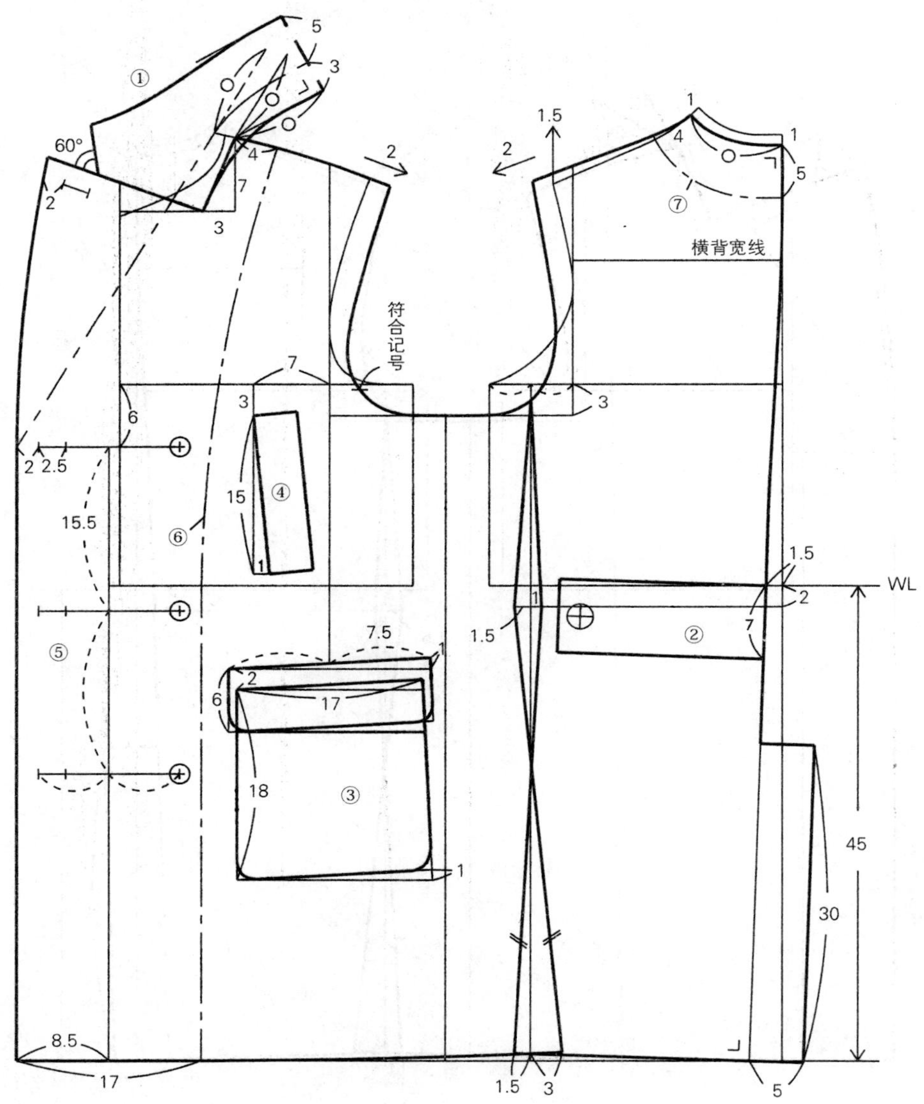

4. 衣身裁片图

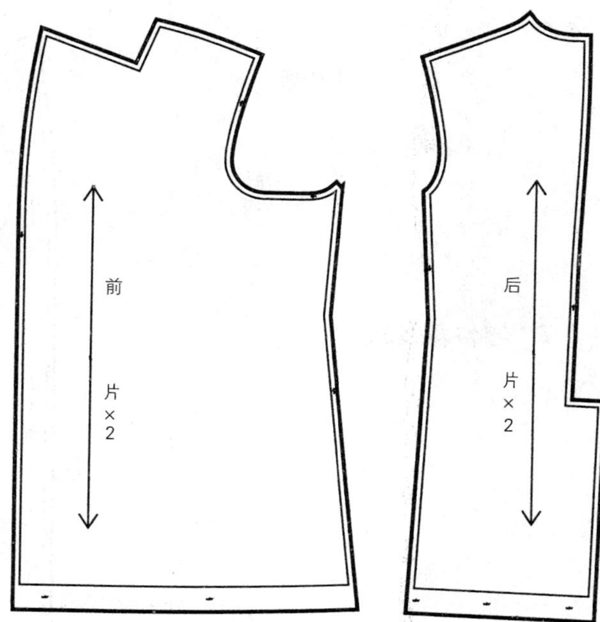

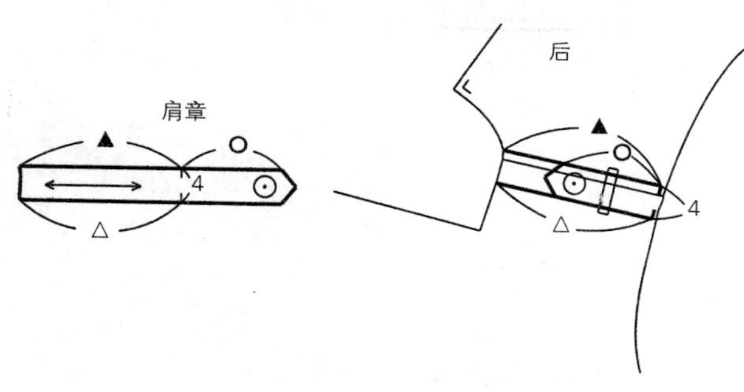

5. 肩章制图

6. 口袋制图

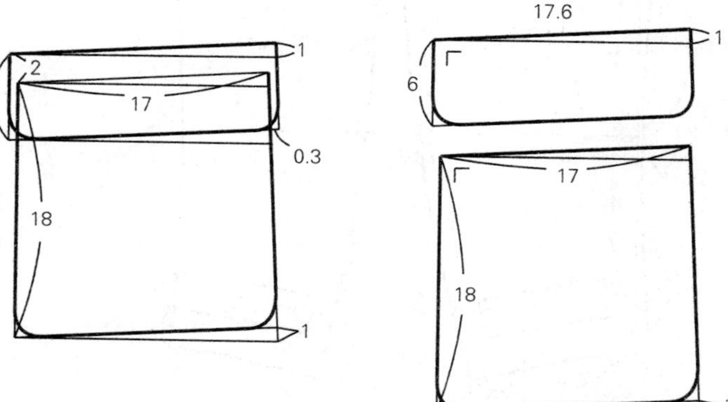

7. 零件裁片图

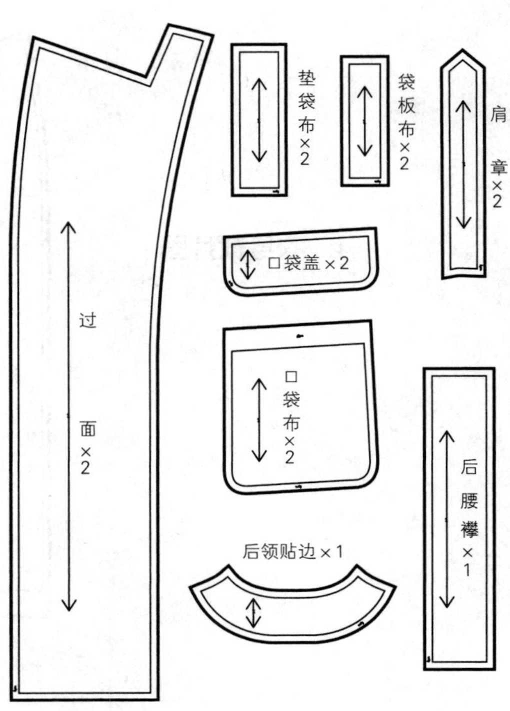

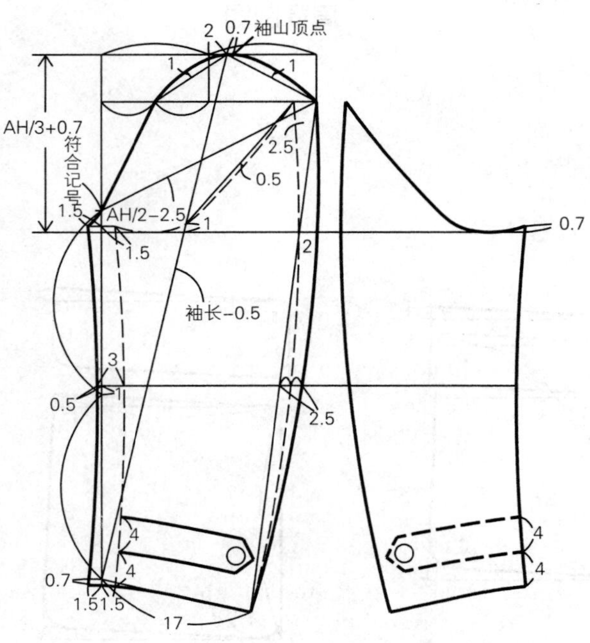

8. 袖子制图

步骤1

首先测量衣身的袖窿（AH）长度。

① 延长后衣身横背宽线。

② 延长衣身的袖窿深线，作为袖子的袖山深线。

③ 基础线：画垂线相交于背宽线、袖窿深线。

④ 袖山高：由袖窿深线沿基础线向上量取AH/3+0.7cm为袖子袖山高。

⑤ 袖肥：由袖窿深线沿基础线向上2.5cm定B点，以*B*点为圆心以AH/2−2.5cm为半径画弧与背宽线相交于*C*点，连接*B*点、*C*点作为袖肥。

⑥ 袖长线：由1/2袖肥点向右量取2cm，从此点量取袖长−0.5cm确定袖口点，该线为袖长线。

⑦ 袖顶点：由1/2袖肥点向右量取2cm，再向右量取0.7cm为袖山顶点。

⑧ 画袖山弧线的辅助线。

⑨ 袖口辅助线：由袖口点垂直于袖长线量取17cm作为袖口尺寸。

⑩ 连接袖子外袖缝辅助线。

⑪ 画出袖肘线。

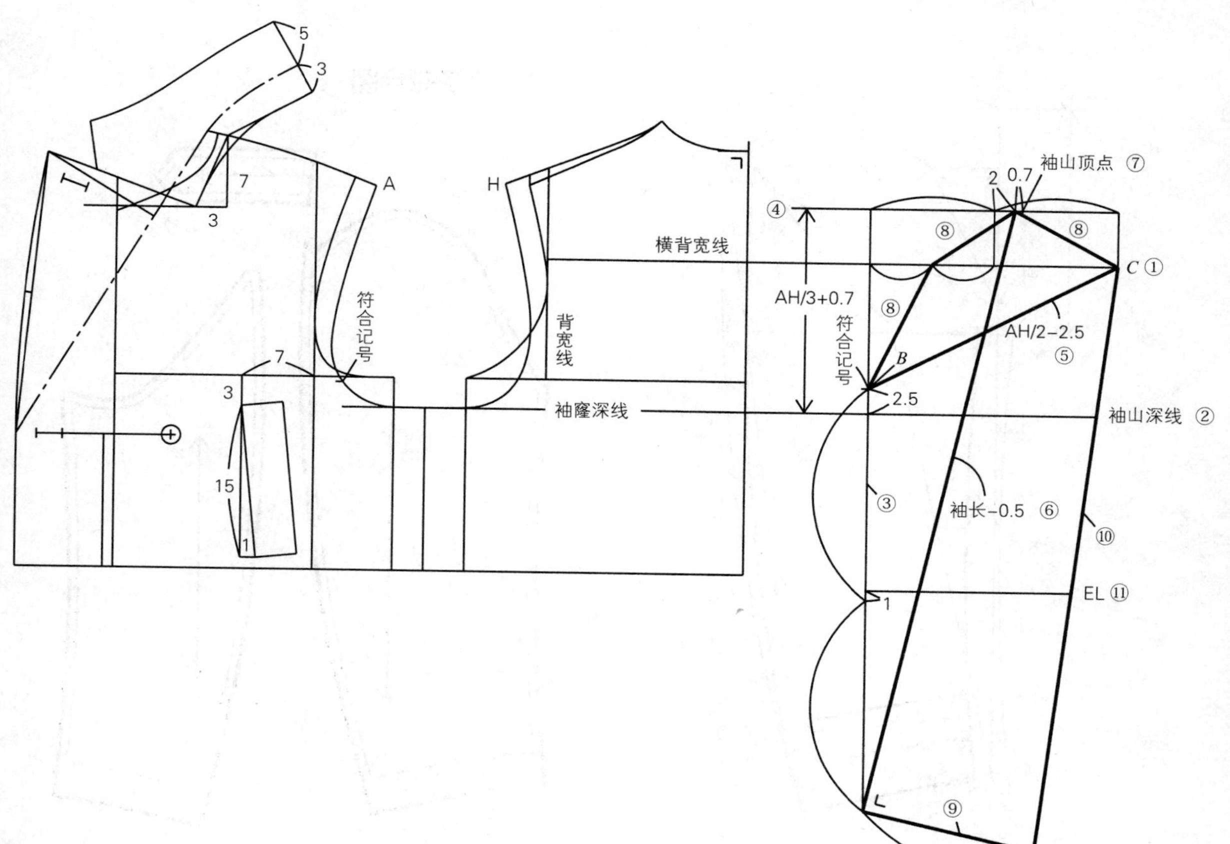

步骤2

① 通过袖山顶点连接袖山弧线。
② 绘制大袖片内袖缝。
③ 绘制大袖片外袖缝。
④ 绘制大袖片袖口线。

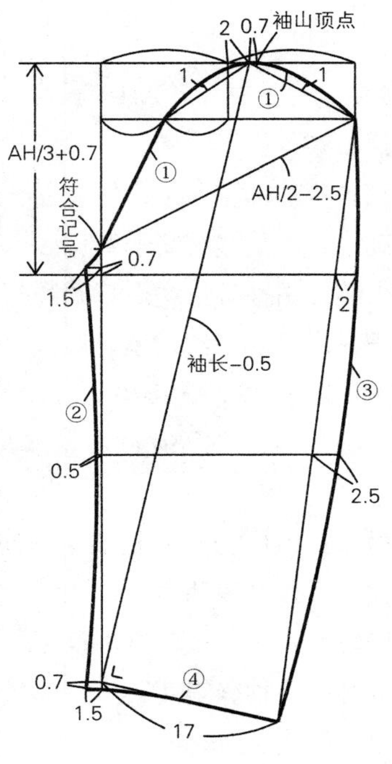

袖子步骤3

① 绘制小袖片内袖缝。
② 绘制小袖片外袖缝。
③ 绘制小袖片袖山弧线。
④ 绘制小袖片袖口线。
⑤ 确定袖襻位置。

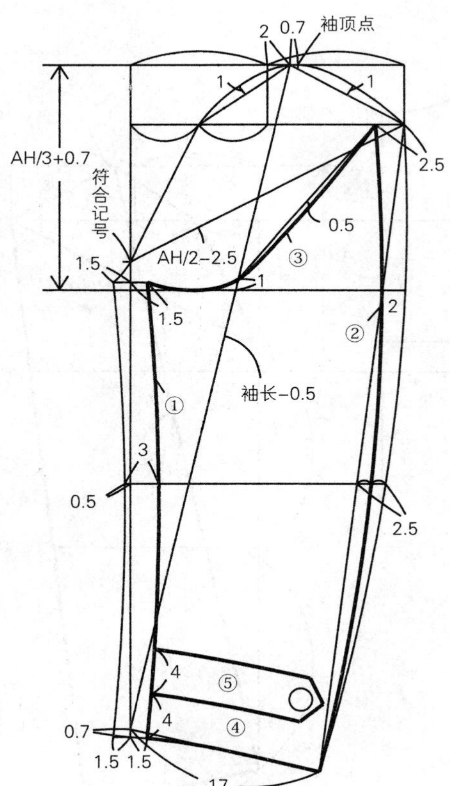

9. 袖子裁片图

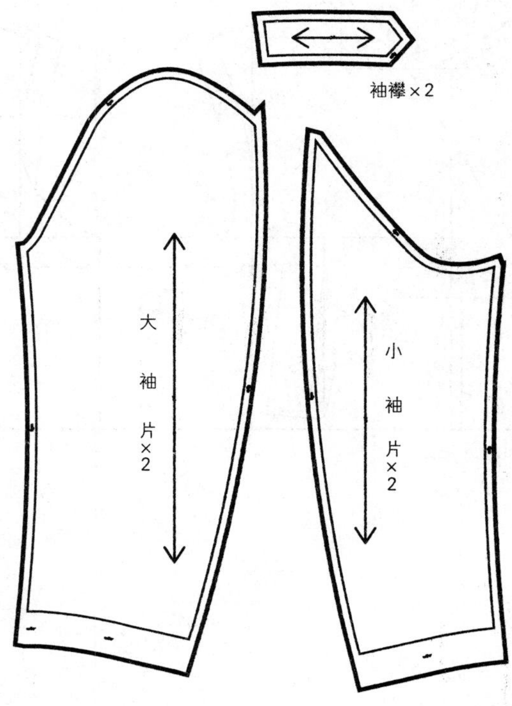

10. 领子制图

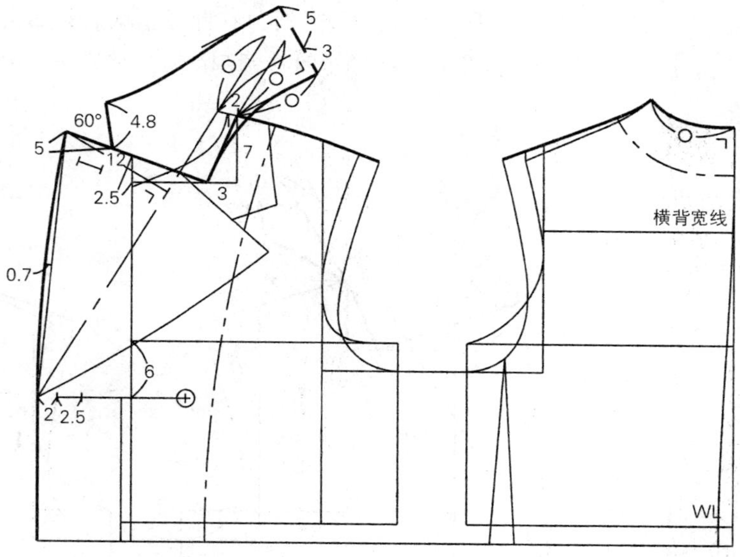

步骤1

① 前领口辅助线：原型肩颈点向右1cm为新SNP点，向下垂直7cm定点*S*，过该点画水平线相交于前中心线。

② 后领弧线：原型后领弧线不变动。

③ 驳口线：由肩颈点向左延长肩线2cm，与翻折点连线，画出驳口线。

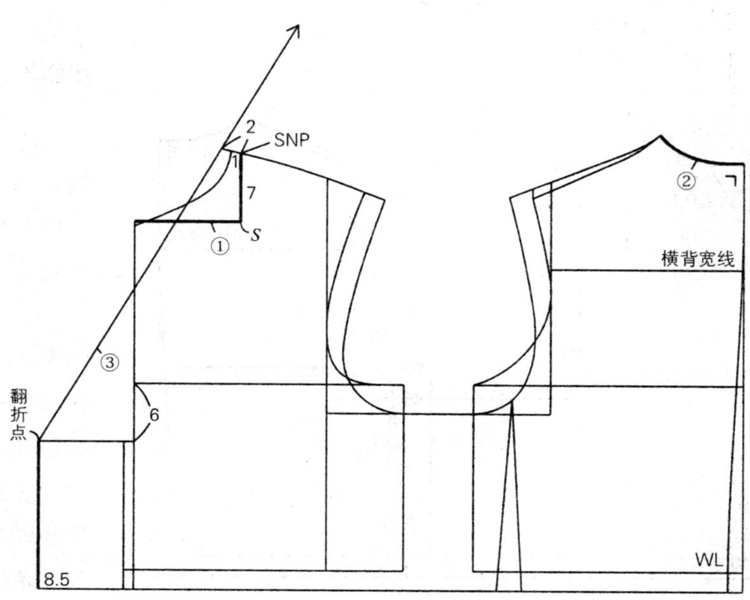

步骤2

① 后绱领线：从肩颈点画出一条线与驳口线平行，在此线上取后领口尺寸（○），成为绱领线，这条线比实际的领口弧线稍短，绱领子时在颈侧点附近将领子稍微吃缝。

② 倒伏量：将绱领线倒伏4.8cm，这个量称为放倒尺寸（倒伏量），多出的领外口长度可以使领子服帖。

③ 领口线：*S*点延前领口深线向左移动3cm定点*S'*，该点与前中心线与领深线相交点向上2.5cm点连线，确定领口位置，画出串口线。

④ 驳头宽：在驳口线与串口线之间，垂直截取12cm驳头宽。

⑤ 绘制驳头止口线的辅助线。

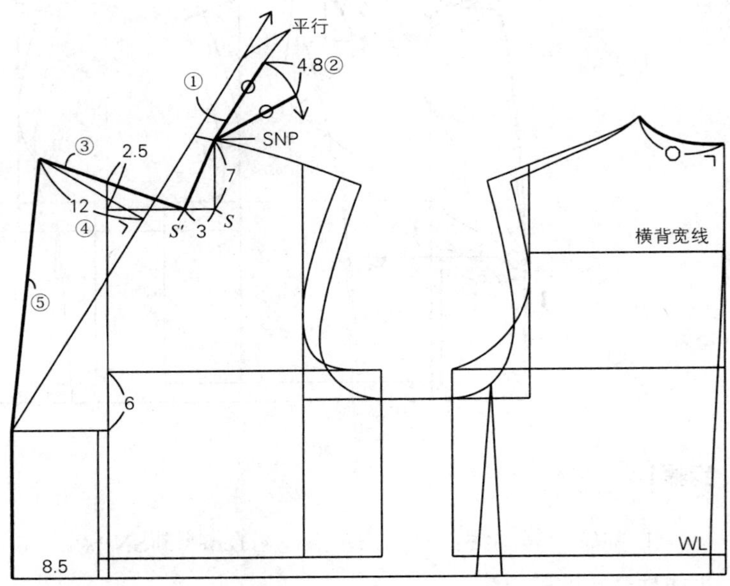

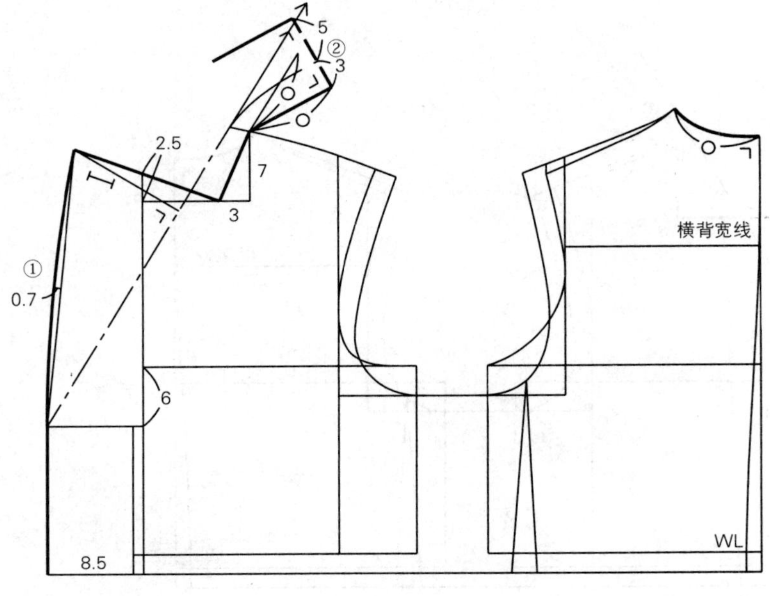

步骤3

① 画驳头止口线：在辅助线基础上向外0.7cm画圆顺的弧线。

② 在倒伏后的绱领线上画垂线，作为领子后中心线，并画出领座宽3cm，翻领宽5cm（可以盖住绱领线）。直角要用直角板准确画出。

步骤4

① 在串口线上，从驳头端点沿着串口线取5cm，确定领口止点，过此点画60°线，取前领宽4.8cm。

② 流畅连接翻领外领口线。

③ 将绱领线和翻领线修正圆顺。

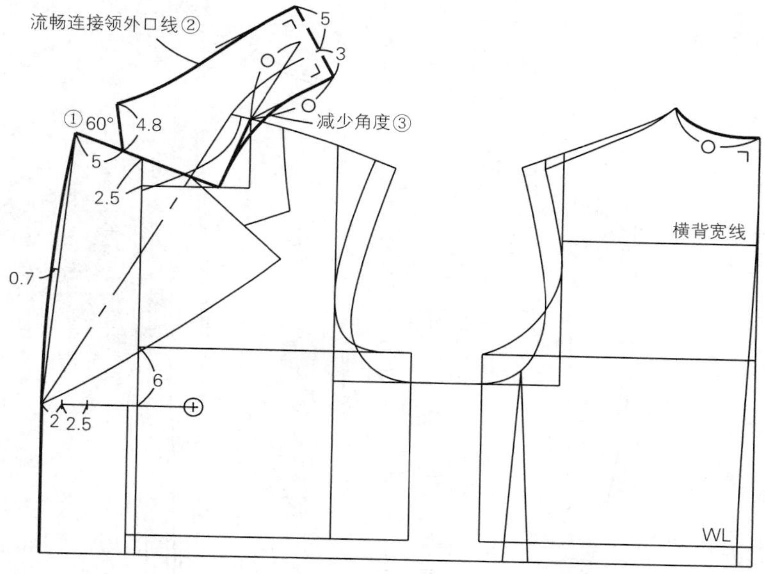

11. 领子裁片图

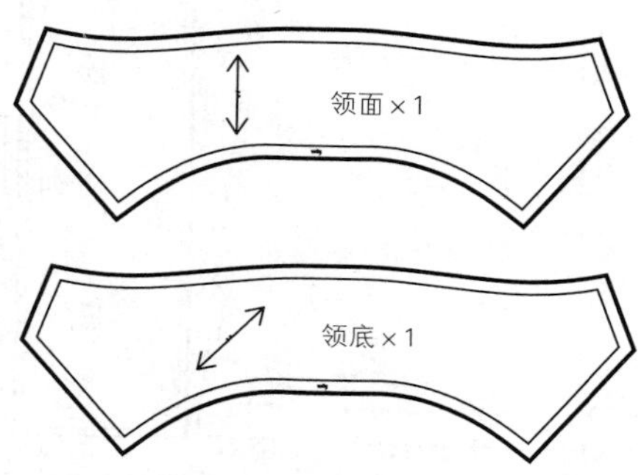

五、紧密排料图

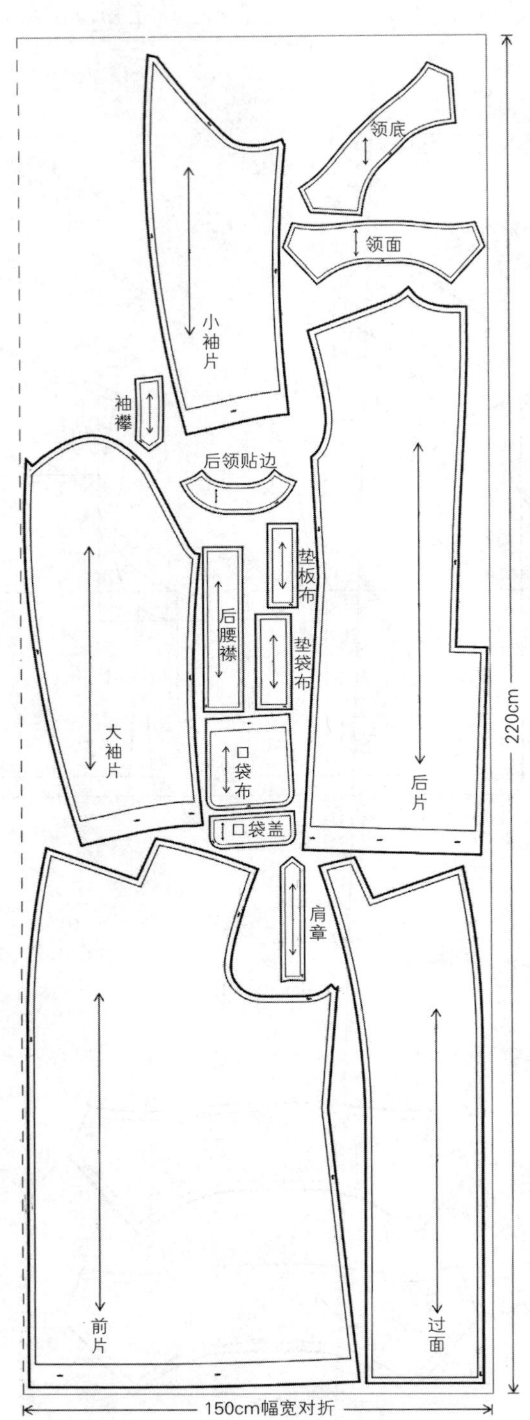
领底
领面
小袖片
袖襻
后领贴边
垫板布
后腰襟
垫袋布
大袖片
口袋布
口袋盖
后片
220cm
肩章
前片
过面
150cm幅宽对折

第三节 方领男大衣

一、款式分析

· 衣身廓型：H型、四开身、小下摆。前衣片，直身型、斜插型口袋、侧缝下摆撇5cm。后衣片，后中缝收腰、腰以下20cm做开衩、侧缝下摆撇3cm。

· 衣领造型：翻领、领口造型接近方形。

· 衣袖造型：圆装袖、弯袖、两片袖。

二、里料、里料、辅料

· 面料：幅宽150cm，长220cm。

· 里料：幅宽130cm，长220cm。

· 厚黏合衬：幅宽90cm，长130cm（前身用）。

· 薄黏合衬：幅宽90cm，长100cm（零部件用）。

· 厚、薄兼用的黏合衬：幅宽90cm，长200cm。

· 黏合牵条：宽斜1.2cm丝牵条，长280cm。

· 肩垫：厚度0.7cm，一副。

· 纽扣：前衣襟4粒，直径2.5cm。
　　　袖口6粒，直径1.5cm。

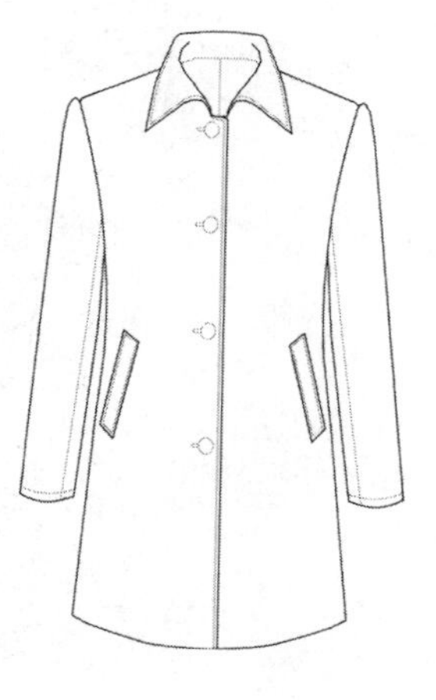

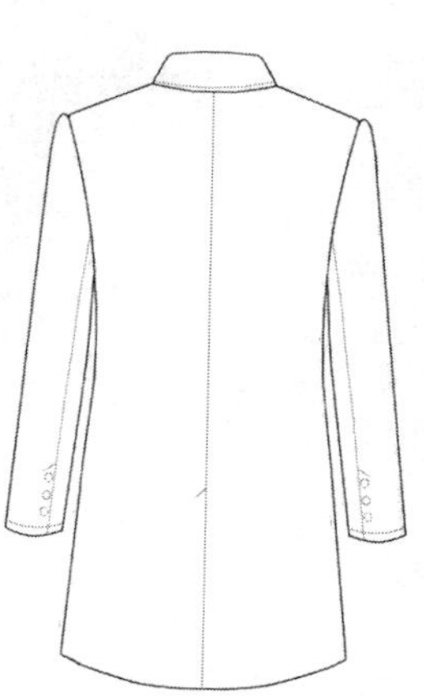

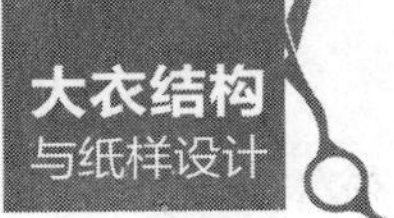

三、规格设计与结构设计流程

① 示例规格：180/94A。

单位：cm

部位	净尺寸	成品尺寸	放松量
后衣长（L）（BNP～底边）	97	97	—
胸围（B）	94	115	23
腰围（W）	82	—	—
臀围（H）	96	—	—
肩宽（S）	46	48	2
背长	45	45	—
袖长（SP～腕骨）	58	60.5	2.5
袖肥	—	42	—
袖口宽（1/2）	—	17	—
前搭门宽	—	3	—
后领面宽	—	5	—
后领座宽	—	4	—
领口宽	—	9.5	—
袖窿底点～BL	—	2	—

② 准备文化式男装原型。

③ 根据面料的厚度、款式造型进行主要部位放松量的设计。

④ 设计成衣胸围放松量。

⑤ 设计成衣衣长尺寸。

四、制图步骤与方法

1. 原型借助（略）

2. 衣身制图

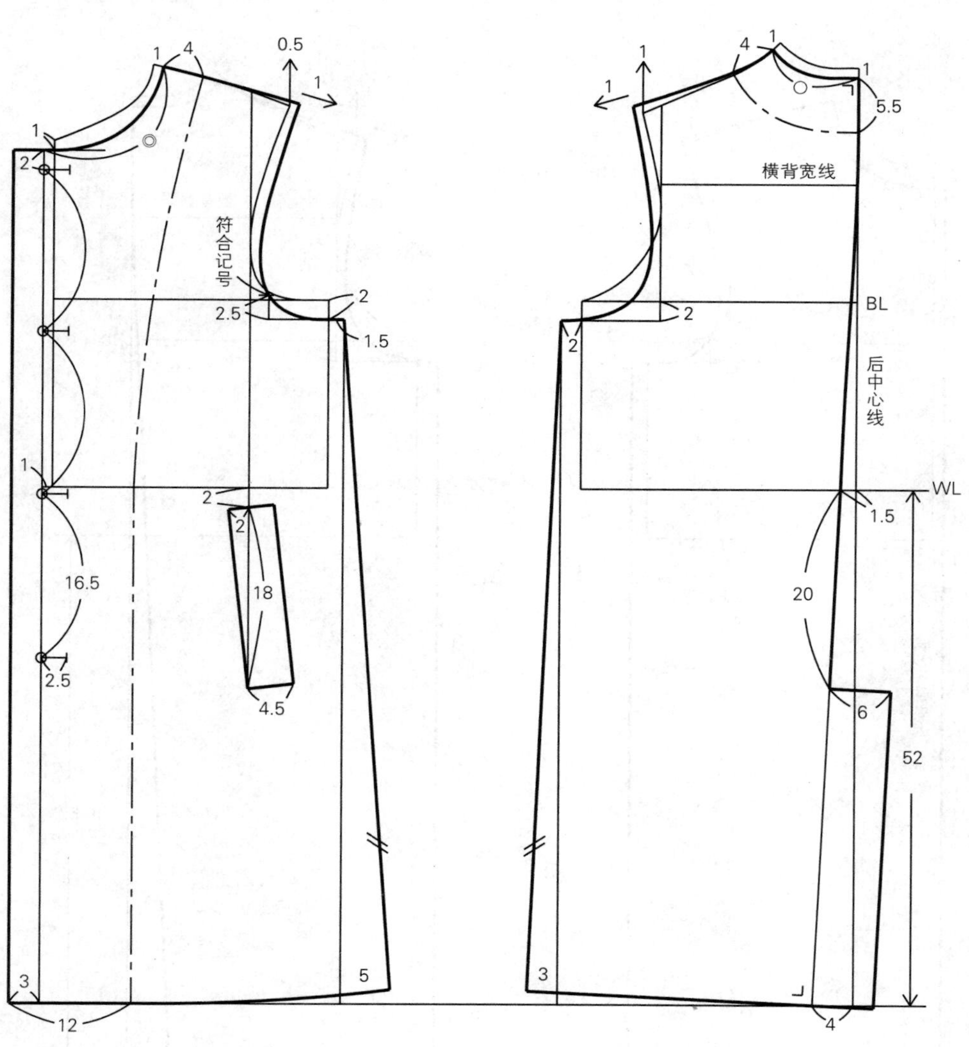

3. 衣身制图步骤

步骤1

① 底边线：WL线向下取52cm画与WL线平行的线。

② 前中心线：由于面料厚度，从原型前中线向左取1cm画与原型前中心线平行的线。

③ 后中心线与WL相交处收腰1.5cm，底边线收4cm。

④ 前、后片侧缝辅助线：原型袖窿深线下降2cm，前、后片分别增加放松量1.5cm、2cm，由此两点向下画垂线，相交于底边线。

⑤ 绘制前、后领口弧线。

⑥ 绘制前、后肩线。

⑦ 连接袖窿弧线。

⑧ 确定符合记号位置。

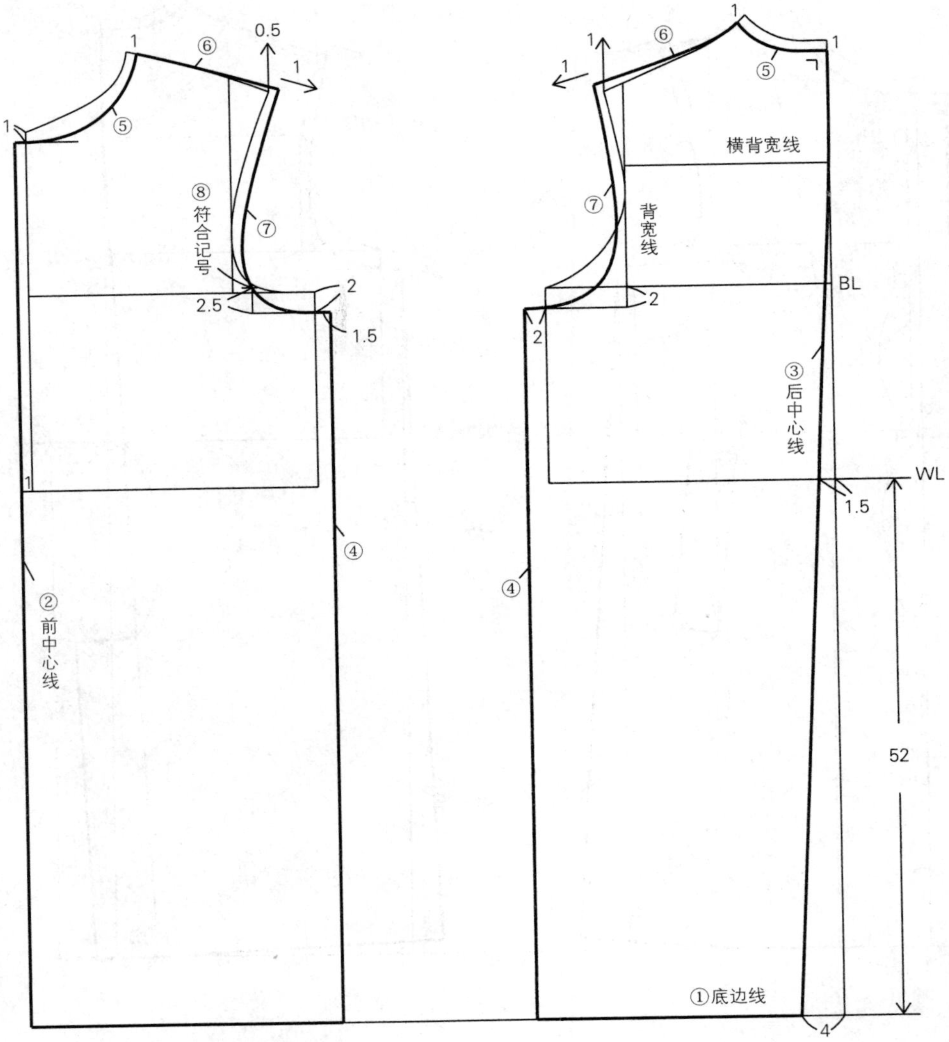

步骤2

①止口线：前中心线向左取3cm搭门宽，画平行前中心线的止口线。

②后衣片侧缝线：下摆撇3cm。

③后片底边线：由后衣片底边中心线向侧缝线做直角，相交于后侧缝线，为后片底边线。

④前衣片侧缝线：下摆撇5cm，在前侧缝量取后侧缝长度，使前、后侧缝长度相同。

⑤绘制前衣片底边线。

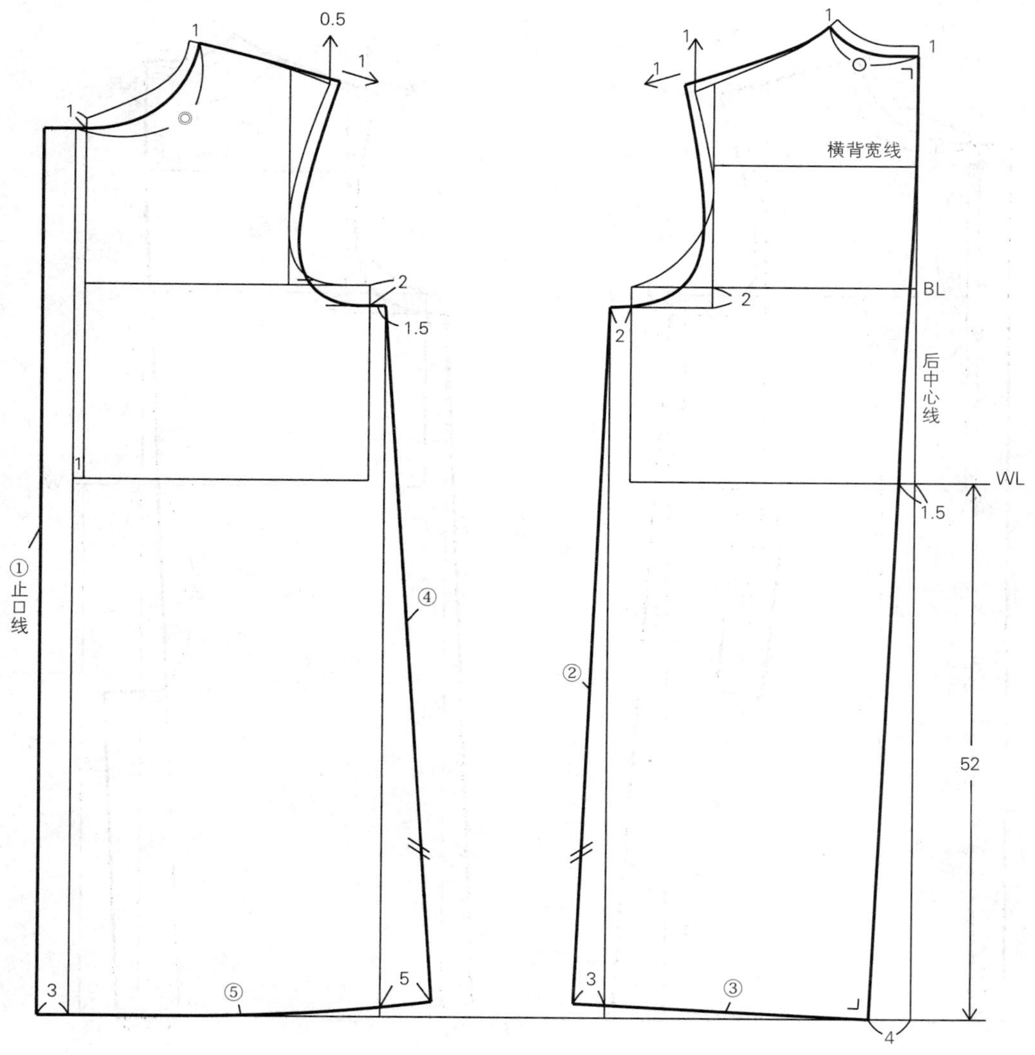

步骤3

① 确定后片中缝开衩位置。

② 设计前片口袋位置。

③ 绘制前片过面、后领贴边。

④ 确定、扣眼位置。

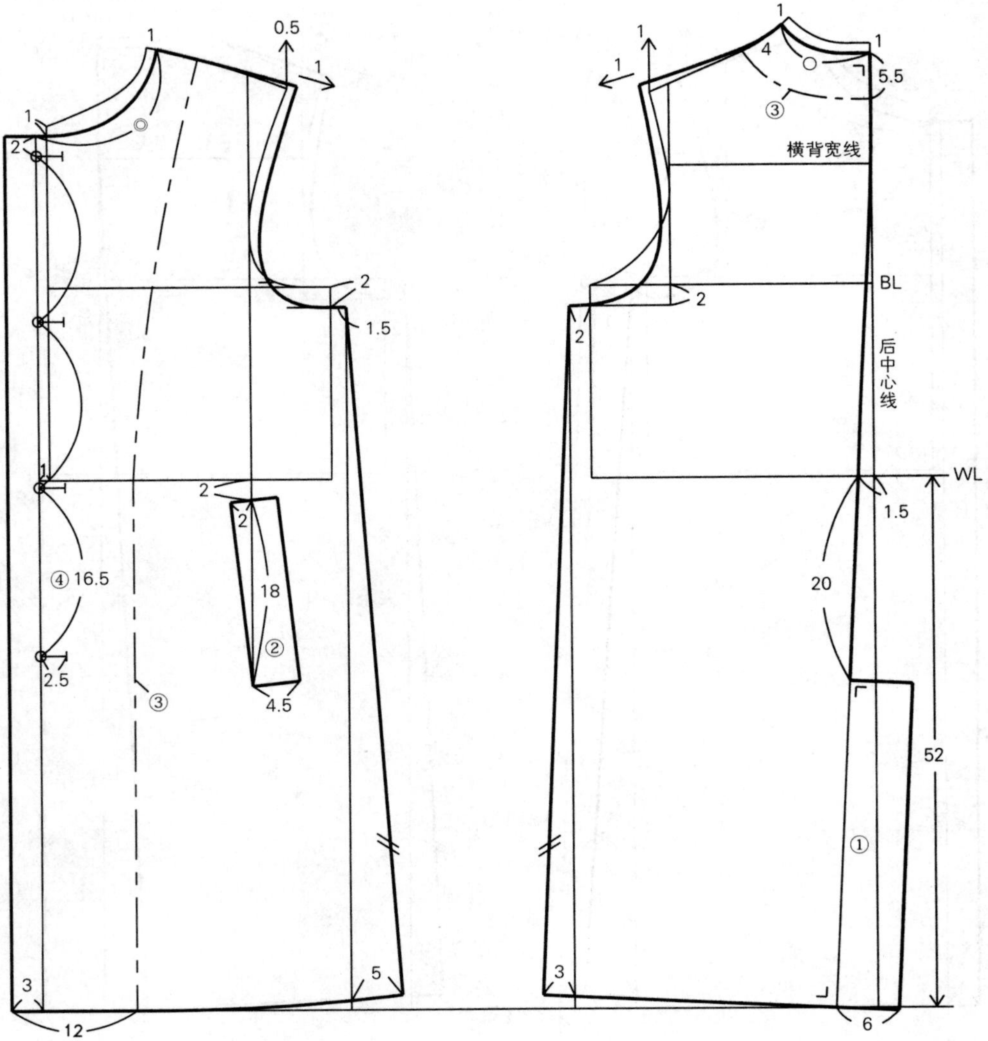

4. 衣身裁片图

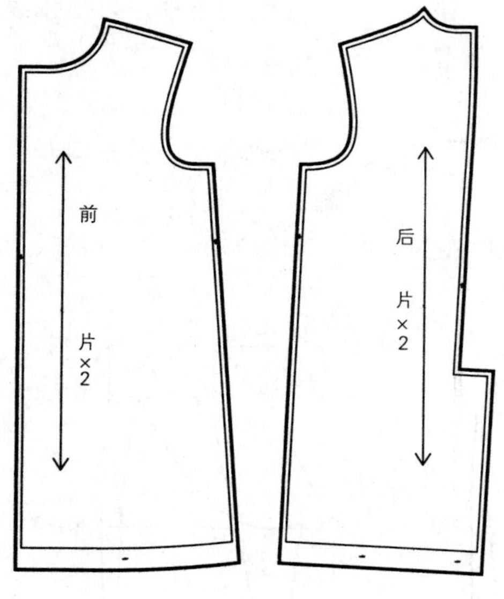

5. 袖子制图

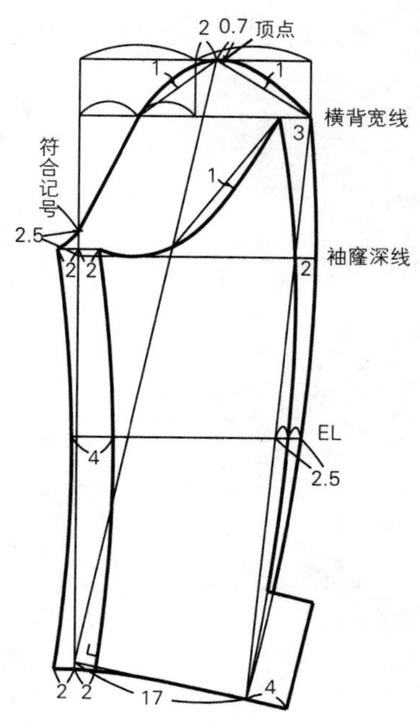

步骤1

测量AH长度，通过AH计算出袖山高、袖肥，绘制袖弧线的辅助线、袖长线以及袖肘线。

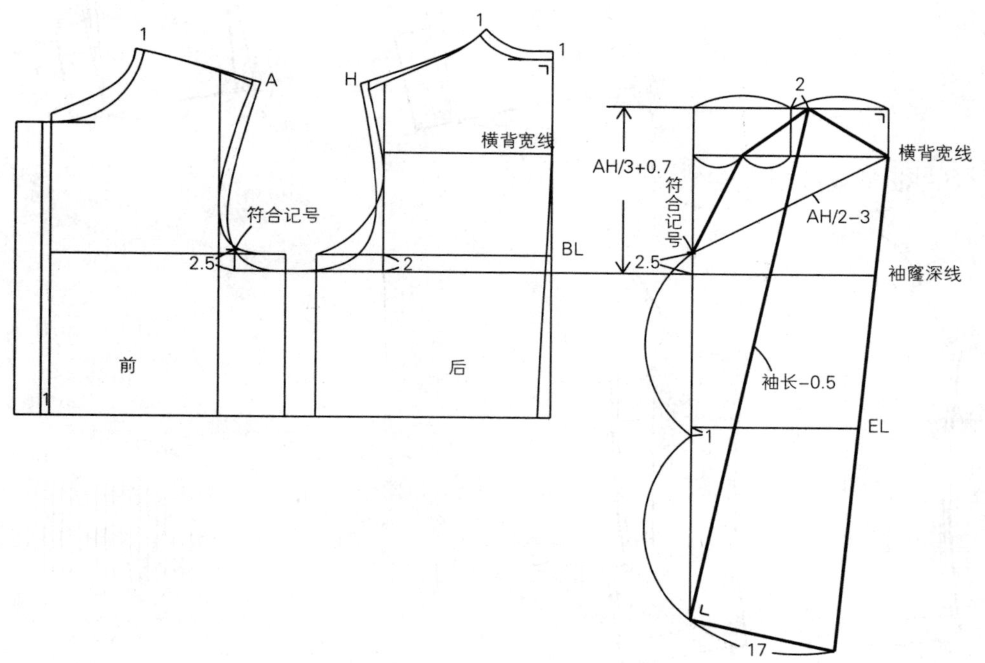

步骤2

① 找到袖顶点及绘制袖山弧线的辅助点。

② 找到绘制大袖片各辅助点。

步骤3

① 绘制大袖片袖山弧线。

② 绘制大袖片内袖弧线及外袖弧线。

③ 确定大袖片袖口开衩位置。

④ 绘制大袖片袖口线。

步骤4

① 绘制小袖片内袖弧线及外袖弧线。

② 绘制小袖片袖山弧线。

③ 确定小袖片袖口开衩位置。

④ 绘制小袖片袖口线。

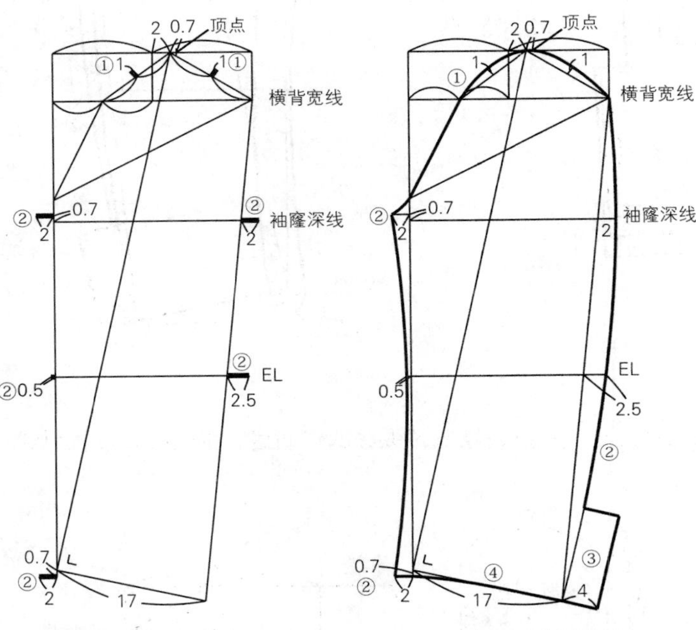

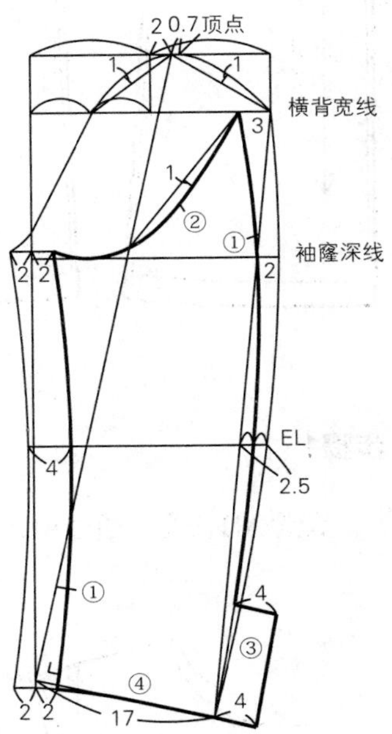

6. 袖子裁片图

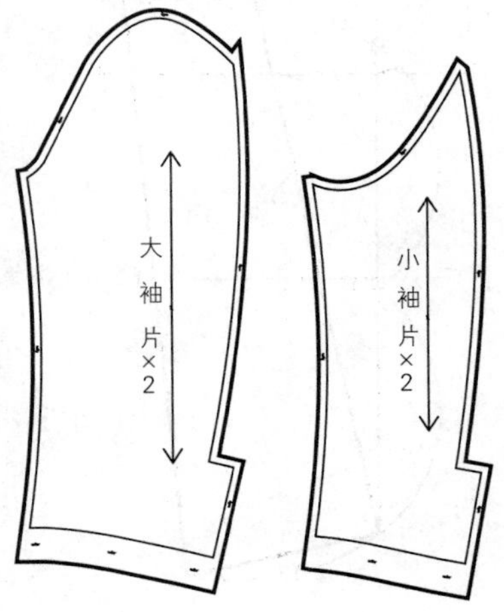

7. 领子制图

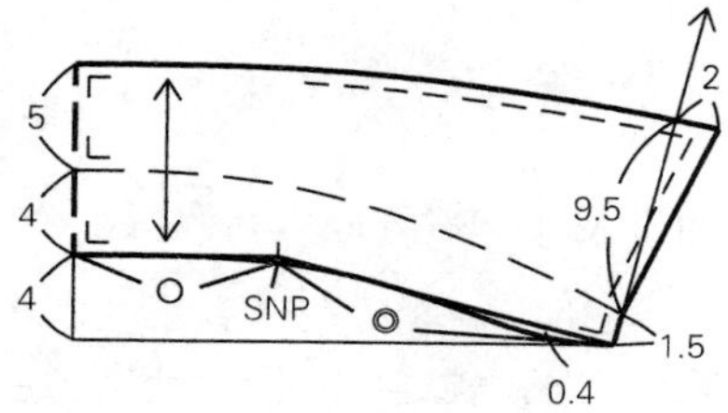

8. 领子裁片图

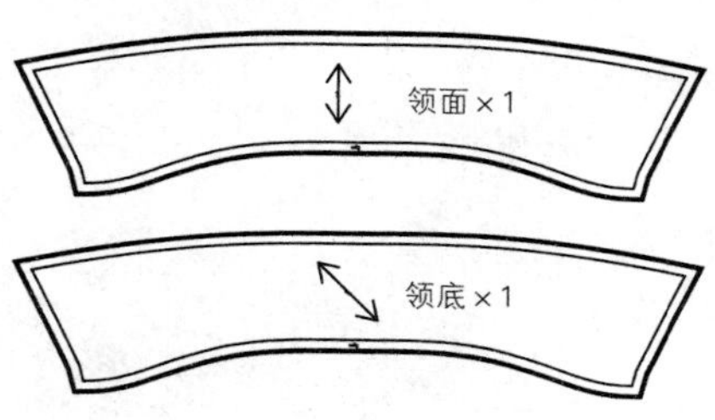

9. 零件裁片图

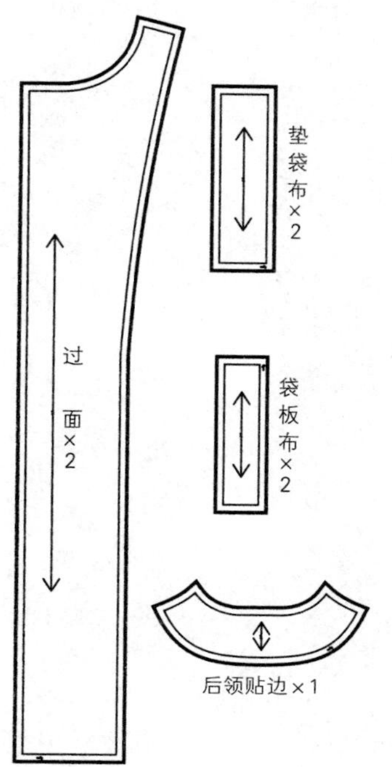

五、紧密排料图

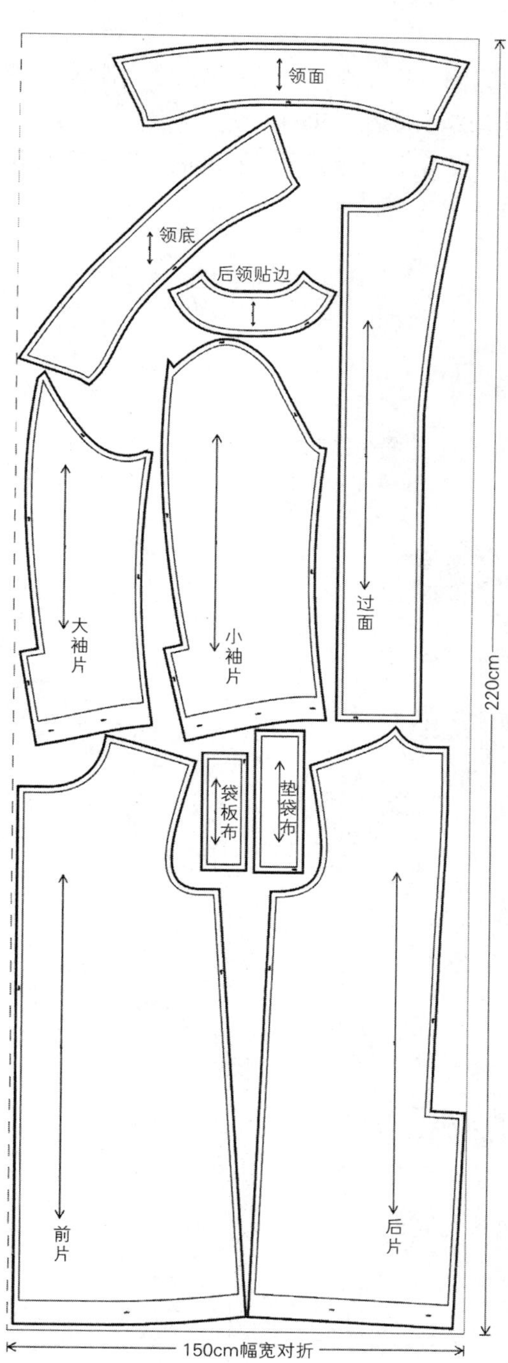

参考文献

[1] 中屋典子，三吉满智子．服装造型学．技术篇Ⅱ[M]．李祖旺，等译．北京：中国纺织出版社，2004.

[2] 三吉满智子．服装造型学．理论篇[M]．郑嵘，张浩，韩洁羽，译．北京：中国纺织出版社，2006.

附录

服装制图、缝制工艺基础知识

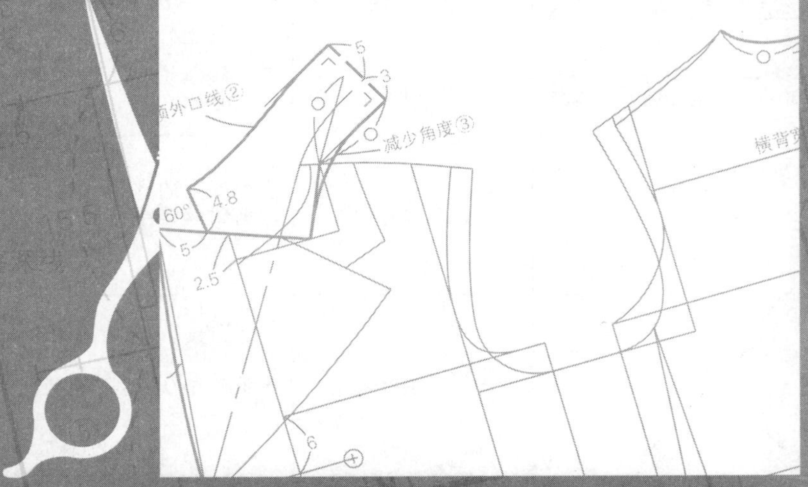

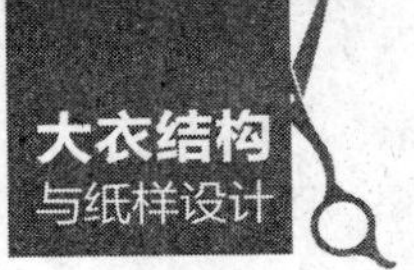

附录一　服装术语、常用代号与符号

编号	符号图例	符号名称	备注说明
1		细实线	用作纸样设计制图过程中或纸样上的结构基础线、辅助线以及尺寸标注线
2		粗实线	表示纸样完成后的外轮廓结构线以及内部结构线
3		虚线	用作制图辅助线，以及纸样完成后的缝纫针迹位置线
4		点画线	表示衣片翻折位置
5		等分符号	表示该线段长度按数量等分
6		等量标记	表示线段长度，以及同符号的线段长度等长
7	或	丝缕线标记	表示衣片的丝缕方向，衣片排料裁剪时丝缕线标记与经向不变或丝缕平行
8		斜丝缕标记	表示衣片为斜丝缕排料裁剪
9		拔开标记	表示衣片该部位拔开
10	或	归拢标记	表示衣片该部位归缩

续表

编号	符号图例	符号名称	备注说明
11	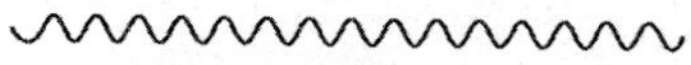	缝缩标记、抽褶符号	表示衣片该部位归缩或者抽碎褶
12	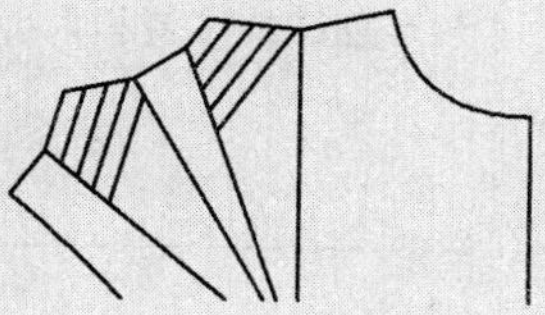	衣裥符号	表示该部位折叠衣裥缝制
13	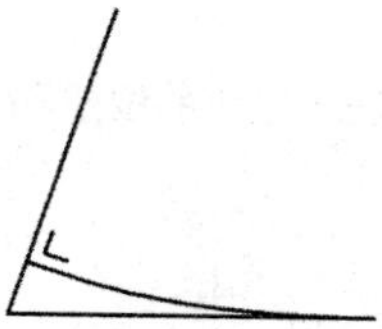	直角符号	表示两边呈直角相交
14	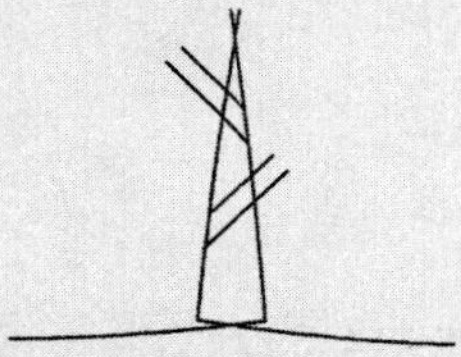	重叠标记	表示重叠状态的两片衣片
15	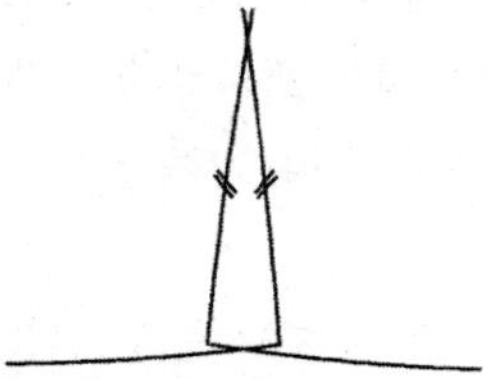	等长标记	表示对应的两条衣边相等
16	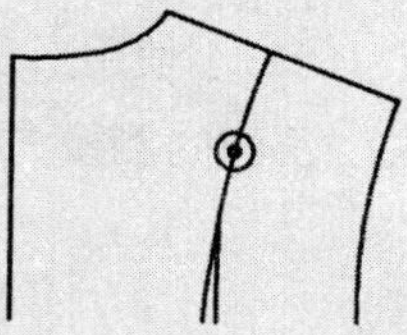	省道合并符号	表示省道的两边合并
17		衣片相连符号	表示衣片相连裁剪

续表

编号	符号图例	符号名称	备注说明
18		纽眼标记	表示纽眼的位置和大小
19		纽扣标记	表示纽扣的位置和大小

附录二　人体测量方法

人体是服装造型的核心，人体测量是了解和掌握人体体型的方法。不同造型的服装与人体体型的相关程度不同，可分为非成型类服装、半成型类服装以及成型类服装。服装的成型度越高，和人体体型特征的吻合度越高，则人体测量的部位越多，要求越高。

人体测量的方法根据测量部位特征以及测量要求有区别，常用的有三维扫描、马丁仪测量和软尺测量。

三维扫描的人体测量方法可以获得人体虚拟体型写真，可以准确提取人体高度、围度、厚度和角度等多项数据。马丁仪测量可以测量人体高度、厚度和角度等多项数据，精度较高。两者目前多用于人体体型研究。软尺测量虽然精度有限，但由于使用方便、操作简单，仍然是服装生产中最常用的人体测量和服装尺寸测量的方法。正确的测量方法是准确测量人体的关键，常用的人体部位测量部位如下。

① 身高：背面测量头顶到脚后跟的高度。

② 颈根围：通过后颈点（BNP）、颈侧点（SNP）、前颈点（FNP）围量颈根一周的围度尺寸。

③ 胸围：通过BP水平围量一周的围度尺寸。

④ 下胸围：通过乳房下缘水平围量一周的围度尺寸。

⑤ 腰围：腰部最细处水平围量一周的围度尺寸。

⑥ 腹围：腹部最丰满处水平围量一周的围度尺寸。

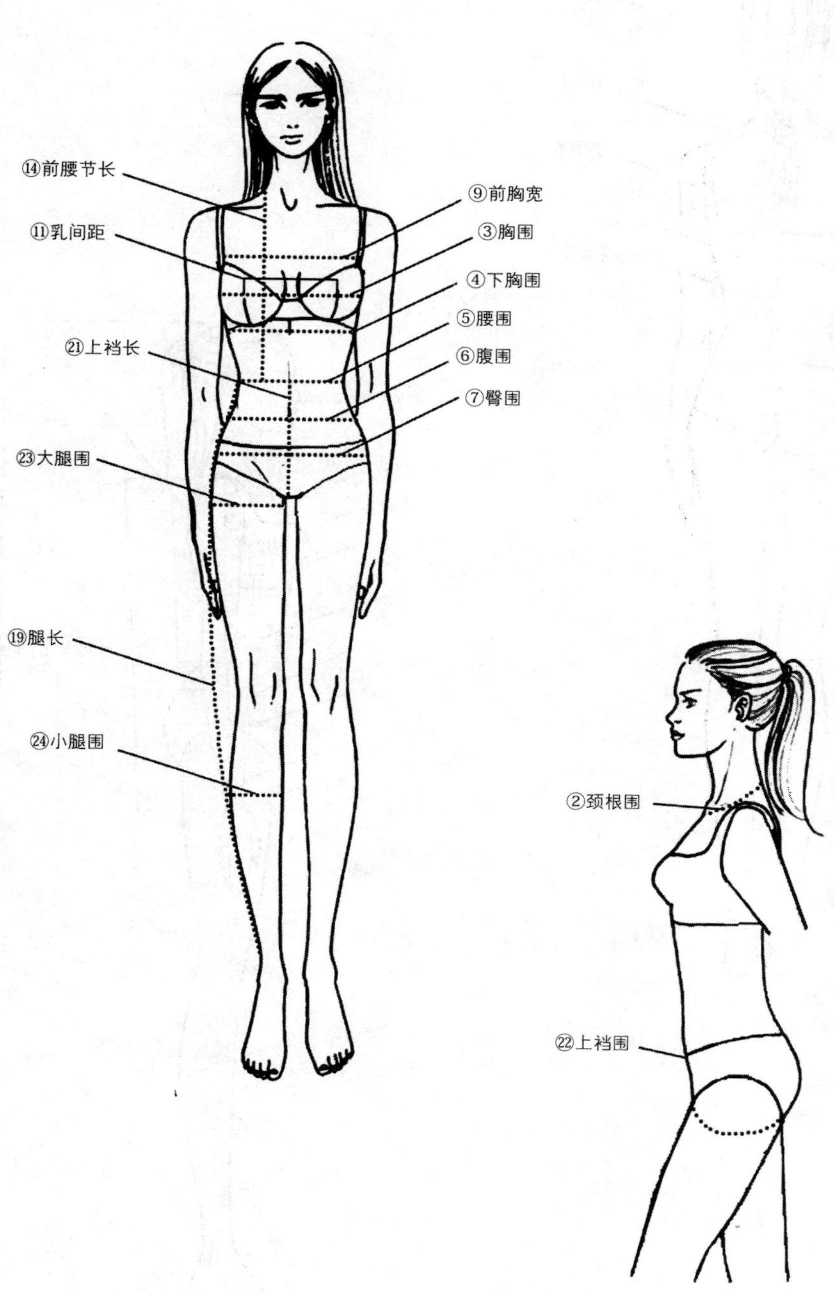
⑭前腰节长
⑨前胸宽
⑪乳间距
③胸围
④下胸围
⑤腰围
㉑上裆长
⑥腹围
⑦臀围
㉓大腿围
⑲腿长
㉔小腿围
②颈根围
㉒上裆围

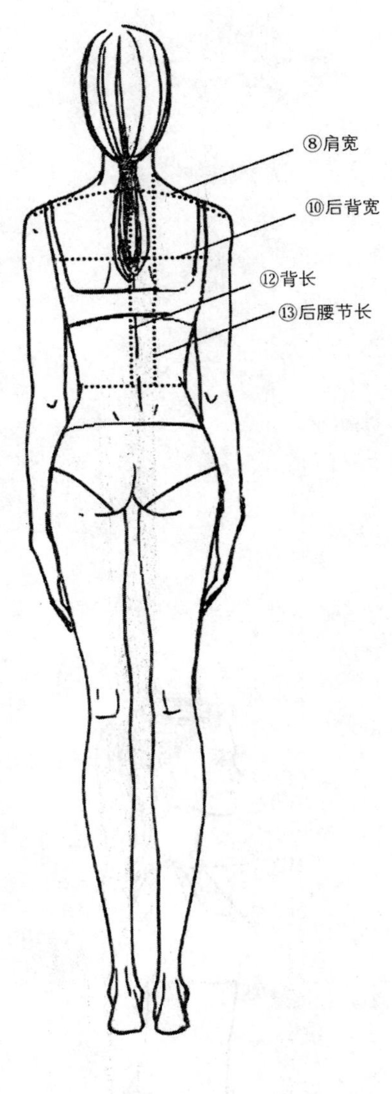
⑧肩宽
⑩后背宽
⑫背长
⑬后腰节长

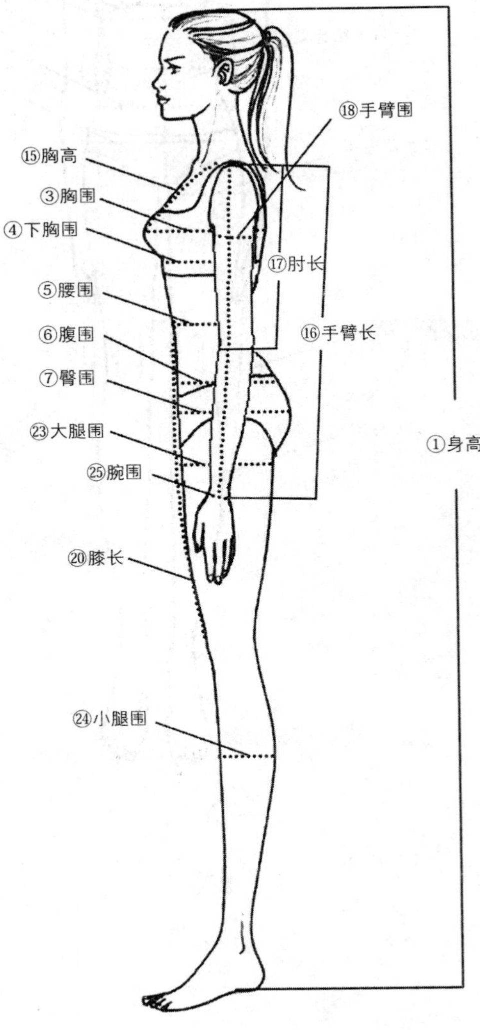
⑱手臂围
⑮胸高
③胸围
④下胸围
⑰肘长
⑤腰围
⑯手臂长
⑥腹围
⑦臀围
㉓大腿围
①身高
㉕腕围
⑳膝长
㉔小腿围

⑦ 臀围：臀部最丰满处水平围量一周的围度尺寸。

⑧ 肩宽：背面量取，从左肩端点（SP）自然通过后颈点（BNP）到右肩端点（SP）的长度尺寸。

⑨ 前胸宽：正面量取，从左前腋点自然水平到右前腋点的长度尺寸。

⑩ 后背宽：背面量取，从左后腋点自然水平到右后腋点的长度尺寸。

⑪ 乳间距：左右BP点之间的距离。

⑫ 背长：背面量取，从BNP垂直量到WL的长度尺寸。

⑬ 后腰节长：背面量取，从SNP自然经过肩胛骨到WL的长度尺寸。

⑭ 前腰节长：正面量取，从SNP自然经过BP点到WL的长度尺寸。

⑮ 胸高：正面量取，从SNP自然到BP的长度尺寸。

⑯ 手臂长：侧面量取，从SP自然经过肘部到手腕的长度尺寸。

⑰ 肘长：侧面量取，从SP自然到肘部的长度尺寸。

⑱ 手臂围：手臂最丰满处水平围量一周的围度尺寸。

⑲ 腿长：侧面量取，腰围线（WL）到脚踝骨点的长度尺寸。

⑳ 膝长：侧面量取，腰围线（WL）到膝盖中部的长度尺寸。

㉑ 上裆长：正面量取，腰围线（WL）到大腿根部的长度尺寸。

㉒ 上裆围：从腰围线（WL）前中心点自然通过裆部到腰围线（WL）后中心点的长度尺寸。

㉓ 大腿围：大腿最丰满处围量一周的围度尺寸。

㉔ 小腿围：小腿最丰满处围量一周的围度尺寸。

㉕ 腕围：手腕处围量一周的围度尺寸。